Das Geheimnis der Champions

Prof. Dr. Jörg Knoblauch ist als »Unternehmer-Berater« und Bestsellerautor international unterwegs. Er ist geschäftsführender Gesellschafter der tempus-Gruppe in Giengen. Das mittelständische Unternehmen wurde mit zahlreichen Preisen ausgezeichnet: Gewinner des Best Factory Award, des BestPersAward (Preis für exzellente Personalführung) sowie des Ludwig-Erhard-Preis-Wettbewerbs. Immer wieder hat das Fernsehen über die originelle und erfolgreiche Unternehmensphilosophie berichtet. Jörg Knoblauch gilt heute als der führende Personalvordenker für den Mittelstand. Seine mehr als 30 Bücher sind mittlerweile in über ein Dutzend Sprachen übersetzt.

Benjamin Kuttler, Betriebswirt B. Sc., legte während des BWL-Studiums seinen Fokus auf das Thema Personalmanagement. Als Assistent der Geschäftsleitung bei tempus Akademie und Consulting ist er verantwortlich für die Beratung von Unternehmen im Bereich Recruiting und Personalentwicklung. Sein Schwerpunkt sind Seminare zu den Themen »Die besten Mitarbeiter finden und halten« sowie »Auf die Chefs kommt es an – die 7 zentralen Aufgaben einer Führungskraft«.

Jörg Knoblauch, Benjamin Kuttler

Das Geheimnis der Champions

Wie exzellente Unternehmen die besten Mitarbeiter finden und binden

Campus Verlag
Frankfurt/New York

MIX
Papier aus verantwortungsvollen Quellen
FSC
www.fsc.org
FSC® C089473

ISBN 978-3-593-50536-7 Print
ISBN 978-3-593-43346-2 E-Book (PDF)
ISBN 978-3-593-43360-8 E-Book (EPUB)

Umschlaggestaltung: Sandro Brezger Kommunikationsdesign, Giengen-Sachsenhausen
Satz: Publikations Atelier, Dreieich
Gesetzt aus der Sabon, der ITC Officina Serif und der ITC Officina Sans
Druck und Bindung: Beltz Bad Langensalza
Printed in Germany

www.campus.de

Inhalt

Das Gebot der Stunde:
Mehr verlangen – und noch mehr bieten

Viele erfolgsverwöhnte Unternehmen werden bald eine kalte Dusche erleben, wenn sie im Personalmanagement nichts ändern. Das Geheimnis der Champions sind die Mitarbeiter – und die besten Leute gehen zu den besten Unternehmen. Das Mittelmaß im Mittelstand geht leer aus. Wer will schon zum Drittligisten, wenn er Talent für die Champions League hat? Die besten Unternehmen der Welt überlassen es nicht dem Zufall, ob ihre Mitarbeiter top sind oder flop. Vom mittelständischen Weltmarktführer in Ostwestfalen bis hin zum Global Player im Silicon Valley eint sie eine radikale Fokussierung auf A-Mitarbeiter. Warum es so oft erfolgsentscheidend ist, Mitarbeiter in A, B, und C einzuteilen und sich allein auf die A-Mitarbeiter zu konzentrieren, werden Sie in diesem Buch mehr als einmal sehen. Lesen Sie dazu unbedingt das Kapitel über General Electric und Jack Welch.

Das Schockierende: Mehr als 70 Prozent aller Unternehmen leben keine konsequente A-Orientierung. Sie haben deshalb nicht die geringste Chance, in Zukunft ganz vorne mit dabei zu sein. Mit diesem Buch wollen wir dazu beitragen, dass sich das ändert. Als Berater ist es unser Kerngeschäft, Firmen zu zeigen, wie man an die Spitze kommt. Mit drei bis fünf Jahren konsequenter Projektarbeit kann es jedes Unternehmen in die Champions League schaffen. Lesen Sie in diesem Buch, wie es 30 exzellente, durchweg preisgekrönte Unternehmen geschafft haben, die besten Mitarbeiter zu finden und zu binden. Als Experten entschlüsseln wir für Sie überall klar und prägnant, worauf es ankommt. Am Schluss des Buches haben wir für Sie die 25 wichtigsten Erfolgsfaktoren der Champions zusammengefasst. Darin steckt unser geballtes Wissen als Unternehmer, die andere Unternehmen beraten. Wenn Sie auf Dauer zu den Besten zählen wollen, dann schauen Sie sich diese Handlungsfelder in Ihrem Unternehmen an.

Hören wir auf zu jammern über Mitarbeitermangel, Fachkräftemangel, demografischen Wandel und wie all die Schlagworte heißen. Das sind am Ende nur Ausreden. Wir brauchen ein Umdenken: Mitarbeiter sind längst nicht mehr austauschbar, denn Innovationskraft und Produktivität hängen an Spitzentalenten. Die Konsequenz für das Personalmanagement lautet: Von Mitarbeitern mehr verlangen als früher – und ihnen gleichzeitig viel mehr bieten! Die besten Unternehmen der Welt tun alles, damit es ihren hoch talentierten Mitarbeitern gut geht. Selbst wenn das viel Geld kostet. Für die Besten ist eben nur das Beste gut genug.

Giengen an der Brenz, im April 2016
Professor Dr. Jörg Knoblauch und Benjamin Kuttler

In unserer Online-Mediathek zum Buch unter www.geheimnis-der-champions.de/mediathek finden Sie eine Fülle von kostenlosen Zusatzangeboten: Formulare und Vorlagen, Videos, Artikel, Buchtipps und mehr!

Talentmaschine Google:
Eine freie Stelle – 6 000 Bewerber

Unternehmen: Google Inc.
Hauptsitz: Mountain View, Kalifornien, USA
Branche: Internetdienstleistung, -handel, Werbung, Softwareentwicklung
Umsatz: 66 Mrd. US-Dollar
Website: www.google.com/about
Gründungsjahr: 1998
Anzahl der Mitarbeiter: 52 000

Googles erster Versuch, die besten Talente anzuziehen, geriet im wahrsten Sinn des Wortes plakativ. Sechs Jahre nach der Gründung hatte Google gerade einmal knapp 2 000 Mitarbeiter – viel zu wenige, um mit Hightech die Welt zu verändern. Da brachten die Kalifornier eine Stellenanzeige auf riesige Plakatwände, sogenannte Billboards. Sie stellten diese entlang Autobahnen im Silicon Valley und nahe den Eliteuniversitäten an der Ostküste auf. Doch halt: Soll man das eine Stellenanzeige nennen, was da in der Landschaft stand? Auf den Werbetafeln war nämlich nur dies hier zu lesen: {first 10-digit prime found in consecutive digits of *e*}.com. Die mit hundert Sachen vorbeirauschenden Autofahrer sollten mal eben die erste zehnstellige Primzahl in der Zahlenfolge der Eulerschen Zahl finden. Dann galt es, ein ».com« anzuhängen und das Ganze als Internetadresse einzugeben. Wozu? Na, das war die Überraschung: Auf dem Plakat gab es nicht den geringsten Hinweis auf den Sinn der Aktion oder auf Google als Urheber.

Marketingleute sprechen bei so etwas von Mystery-Advertising – die Werbebotschaft bleibt zunächst rätselhaft. Wer nicht Mathematiker oder Programmierer war, hatte ohnehin kaum eine Chance, das Rätsel zu lösen. Neugierige Mathe-Cracks hingegen gaben 7427466391.com (so

Rätsel für Bewerber: So sah eine Stellenanzeige von Google aus – riesengroß auf einer Plakatwand neben der Autobahn. Quelle: Bock: *Work Rules!*, 2016

lautet die Lösung – wir haben es nicht ausgerechnet, sondern gegoogelt) in ihre Browser ein. Sie landeten auf einer Webseite mit einer weiteren schwierigen Rechenaufgabe. Erst nach deren Lösung gab sich der potenzielle Arbeitgeber zu erkennen: »Glückwunsch von Google«, hieß es. »Wir haben eine gute und eine schlechte Nachricht für Sie. Die gute Nachricht: Sie sind ein schlauer Kopf, und wir werden Ihnen auf jeden Fall ein Angebot machen. Die schlechte Nachricht: Wir brauchen jetzt noch sieben bis zehn Interviews, um zu wissen, welches Angebot wir Ihnen machen werden. Aber – *be happy* – ein Angebot wird es auf jeden Fall.«

Fand Google durch die Werbung an der Autobahn die begehrten Top-Mitarbeiter? Nein. Keinen einzigen. Als Recruiting-Instrument war die Aktion ein totaler Flop. Klar kamen auf diese Weise jede Menge Bewerbungen herein, doch es zeigte sich schnell: Um Google weiterzubringen, genügt es nicht, ein Mathe-Crack zu sein. Was sollte Google mit Genies, die so teamfähig waren wie Egoshooter Rambo und außerdem unfähig, Märkte und Kunden zu verstehen? Nun gilt im Silicon Valley die Devise: »Du darfst Fehler machen. Du darfst mit einer Idee scheitern, ja, das ist sogar gut, denn nur so lernst du dazu.« Bei der erfolglosen

Plakataktion überwog aber am Schluss das Positive. Erstens war es ein gigantischer PR-Coup, über den bis heute gesprochen wird – wir Autoren beweisen es gerade selbst. Zweitens konnte Google umso besser verstehen, was für Talente die Firma brauchte, je deutlicher wurde, welche Leute *nicht* zu gebrauchen waren. Und last but not least setzte die Aktion ein mächtiges Signal nach innen: So riesig die Plakatwände waren, so unübersehbar war geworden, welche Bedeutung die Jagd nach den besten Talenten künftig für Google haben würde. Das einstige Start-up war 2004 nicht nur an die Börse gegangen, sondern hatte auch den Startschuss dafür gegeben, sich in eine Talentmaschine zu verwandeln. Innerhalb der nächsten zehn Jahre stellte Google mehr als 50 000 Leute ein. Fünfzigtausend! Es konnten und durften nur die Besten der Besten sein. Wie war das möglich?

Tal der unbegrenzten Möglichkeiten: Das Silicon Valley

Das Silicon Valley in der Nähe von San Francisco erlebt seit mittlerweile mehr als vierzig Jahren einen permanenten Zustrom von Top-Talenten. Der weltweit bedeutendste Standort für Informationstechnologie und Hightech hat eine enorme Anziehungskraft – auch ohne ausgefallene Recruiting-Aktionen. Hier wird ein riesiges Rad gedreht, das gewaltige Spuren hinterlässt. Die Companies dort sind eine Klasse für sich. Mit großem Vorsprung gegenüber Europa arbeiten sie an der digitalen Zukunft und verdienen bereits heute das große Geld. Milliarden Menschen nutzen täglich die Produkte und Dienste von Google, Apple oder Facebook. Hewlett-Packard, Oracle, Cisco und andere liefern die IT für Unternehmen auf der ganzen Welt. Die Mitarbeiter dieser Technologieunternehmen finden unter der kalifornischen Sonne eine Art Schlaraffenland vor. Wenn hierzulande ein Unternehmen seine Kantine frisch gestrichen hat, schreibt es eine Pressemitteilung. Im Silicon Valley kochen Sterneköche kostenloses Bio-Essen. Der Pausenkaffee wird entweder in einer bestens ausgestatteten Büroküche getrunken oder in durchgestylten firmeneigenen Cafés, die so viel Auswahl bieten wie Starbucks.

Bei uns ist ein Unternehmen stolz, wenn es für die Mitarbeiter einen Fitnessraum gibt. Im Silicon Valley gibt es kaum eine Sportart, die Mitarbeiter auf den riesigen firmeneigenen Trainingsplätzen nicht ausüben könnten. Die besten Instruktoren, die es überhaupt gibt, stehen bereit, damit alle ihre Trainingsziele erreichen. Es gibt Volleyballfelder, Kegelbahnen, Kletterwände, Rutschen, Fitnessstudios mit »persönlichen Trainern« und Schwimmbecken, die sich für die Austragung von olympischen Wettkämpfen eignen würden. Wer nach viel Sport (oder vielen Stunden am Computer) eine Massage benötigt, bekommt diese bezuschusst. Bei Google stehen bunte Fahrräder bereit, mit denen Mitarbeiter sich über das weitläufige Firmengelände bewegen. Selbstverständlich können die Kinder mit zur Arbeit gebracht werden. Sogar die Partner, Eltern und Großeltern dürfen jederzeit mitkommen und sich umschauen.

Der *Googleplex*, die Unternehmenszentrale im Silicon Valley: Hier läuft das ultimative Mitarbeiter-Verwöhnprogramm. Quelle: Google

Niemand sollte hierzulande glauben, die Verwöhnprogramme im Silicon Valley gäbe es nur deshalb, weil die Unternehmen im Geld schwimmen. Alles ist durchdachtes Personalmanagement und folgt dem Gedanken der Effizienz. Ein Prinzip lautet: Wir geben unseren Mitarbeitern das Beste – und erwarten umgekehrt die maximale Leistung. Beim Thema Effizienz schaut man auf den großen Zusammenhang. Als Google zum ersten Mal Sterneköche verpflichten wollte, legten die Investoren ihr Veto ein: Zu teuer! Sergey Brin, einer der beiden Gründer, überzeugte die Investoren so: Unsere hochbezahlten Mitarbeiter fahren zum Mittagessen in die besten Lokale, das können wir ihnen kaum verbieten. Wenn sie genauso gutes oder noch besseres Essen in der Firma bekommen, dann sparen sie sich die Autofahrt und die Wartezeit im Restaurant. Das sind täglich mindestens 30 Minuten. Auf dieses Weise finanzieren sich die Gourmetköche von selbst.

Ist das Schlaraffenland für die Mitarbeiter nun das Geheimnis der Talentmaschine Google? Nein, das ist es sicher nicht. Oder sagen wir: Es ist nicht das ganze Geheimnis. Bei Google mag vieles noch etwas größer und toller und bunter sein als in der Nachbarschaft, doch Verwöhnprogramme sind typisch für das gesamte Silicon Valley. William Hewlett und David Packard, die 1939 in einer Garage in Palo Alto das Unternehmen HP gründeten, schufen schon in den 1960er-Jahren Zeltplätze für ihre Mitarbeiter. In den Siebzigern kamen überall die firmeneigenen Fitnessstudios hinzu. Ein Jahrzehnt später sorgte Apple mit seinen mittlerweile legendären Freitagspartys für Furore. Seitdem ist es ein einziger Wettlauf unter den Companies, wer Spitzentalenten das meiste zu bieten hat. Google ist hier ganz vorne mit dabei, das ist richtig. Doch der eigentliche Erfolgsschlüssel ist ein anderer: Google hat die Mitarbeiterauswahl zum alles beherrschenden Thema gemacht.

Wie sich bei Google alles um das Thema Mitarbeiterauswahl dreht

Eric Schmidt war von 2001 bis 2011 CEO bei Google und repräsentiert heute als Executive Chairman die Firma nach außen. Als CEO sorgte er maßgeblich dafür, dass aus einem Start-up ein weltweit führendes Technologieunternehmen wurde. Schon an seinem ersten Arbeitstag merkte Schmidt, dass es bei Google eine besondere Kultur gibt, die anders ist als in den meisten Unternehmen. Den erfahrenen Topmanager erwartete nicht etwa ein repräsentatives Chefbüro, sondern er musste sich erst einmal auf die Suche nach einem freien Schreibtisch machen. Als er endlich einen Platz gefunden hatte, bekam er sofort Besuch von einem Programmierer, der ebenfalls auf Platzsuche war und sich für die nächsten Monate neben ihm niederließ. Eine erste Lektion über seine neue Firma hatte Eric Schmidt damit bereits gelernt: Die Kreativen, also die Programmierer, sind wichtiger als die Manager. Bald erkannte Eric Schmidt, bis heute der einzige Krawattenträger im Managementteam von Google, etwas noch Entscheidenderes: Das Einstellen von Mitarbeitern ist das Wichtigste, was ein Chef hier tut. »Stell genug tolle Leute ein«, erklärt Schmidt, »und die daraus resultierende intellektuelle Mischung wird zwangsläufig zu Kreativität und Erfolg führen.«

Google stellt traditionelles Personalmanagement infrage – und manchmal sogar auf den Kopf. Mitarbeiterauswahl ist in der typischen deutschen Firma nicht das beherrschende Thema. Sie wird eher als lästig empfunden, als etwas, das man neben den vielen anderen Aufgaben auch noch erledigen muss. Bei Google dreht sich alles, wirklich alles um Personalauswahl. Die wichtigste Frage lautet dort: Wie finden wir immer wieder die größten Talente? Denn nur die besten Leute entwickeln die besten Produkte. Larry Page, einer der Gründer von Google, verbringt bis heute mit nichts mehr Zeit als mit der Auswahl neuer Mitarbeiter. Kritiker werfen ihm vor, das seien 70 bis 80 Prozent seiner Arbeit. Zu einem Zeitpunkt, als Google bereits mehr als 5000 Mitarbeiter hatte, hat er sich sogar noch um jeden Einzelnen persönlich gekümmert. Derweil machte sein Kollege Sergey Brin durch ungewöhnliche Fragen in Bewerbungsgesprächen von sich reden. Jonathan Rosenberg, später Entwicklungschef für das mobile Betriebssystem Android, wurde vor seiner Einstellung von Sergey Brin gefragt: »Können Sie mir etwas Kompliziertes beibringen, das ich noch nicht weiß?« Da machte der Betriebswirt Rosenberg den Versuch, dem Informatiker Brin am Whiteboard ein bestimmtes ökonomisches Gesetz zu erklären. Damit geriet Rosenberg in die Falle, denn Brin schaute nur gelangweilt aus dem Fenster und begann, mit seinen Rollerblades zu spielen. Natürlich wollte der Mitgründer von Google nicht irgendetwas lernen, sondern etwas für ihn Interessantes und Relevantes. Jonathan Rosenberg merkte es, wechselte das Thema und bekam doch noch die Kurve.

Später erfanden die Google-Manager Page, Brin und Schmidt gemeinsam den »Flughafentest«. Der geht so: Stellen Sie sich vor, Sie sitzen mit dem künftigen Kollegen sechs Stunden lang auf einem der schrecklichsten Flughäfen der Welt fest. (Für Eric Schmidt sind das Los Angeles, London-Heathrow und Amsterdam, weshalb der Test nach dem Kürzel für »Los Angeles International Airport« auch »LAX«-Test genannt wird.) Können Sie sich mit dem Bewerber die ganze Zeit gut unterhalten? Oder nehmen Sie schon bald lieber Ihr Tablet und bearbeiten Ihre E-Mails? Bei diesem Test geht es nicht darum, ob einem der Bewerber sympathisch ist oder ob man ähnliche politische und gesellschaftliche Ansichten hat. (Anderswo sind so etwas ja durchaus Einstellungskriterien, auch wenn das keiner offen zugibt.) Vielmehr ist entscheidend, ob der Bewerber interessant ist, man von ihm etwas lernen kann, ob er eine intellektuelle Bereicherung darstellt. Manchmal war man bei Google so begeistert von einem Kandidaten, dass man ihn einstellte, ohne überhaupt eine freie Stelle zu haben. So war es auch bei Sheryl Sandberg. Google wollte die ehemalige McKinsey-Beraterin und Ex-Stabschefin im US-Finanzministerium unbedingt im Unternehmen haben. Larry Page und Sergey Brin stellten sie ein und baten sie, sich selbst ihre Aufgabe und ihr Team zu suchen. Sie wurde schließlich verantwortlich für den globalen Online-Verkauf. Zehn Jahre später war Sheryl Sandberg Geschäftsführerin von Facebook, internationale Bestsellerautorin und eine der reichsten Frauen der Welt.

Kompromisslose Fokussierung auf die Besten der Besten

Genauso wie das Markt- und Meinungsforschungsunternehmen Gallup, das jährlich den Gallup-Index zum Mitarbeiterengagement erstellt, unterscheiden wir zwischen A-, B- und C-Mitarbeitern. Der A-Mitarbeiter ist der Mitarbeiter mit Herz, Hand und Verstand, der die Firma voranbringt. Der B-Mitarbeiter macht Dienst nach Vorschrift. Der C-Mitarbeiter schließlich hat innerlich gekündigt und schadet dem Unternehmen. Bei Google weiß man: Ein C-Mitarbeiter wird es nie, nie schaffen, durch die Maschen zu schlüpfen. Dafür ist das Auswahlverfahren viel zu streng. Aber auch einen B-Mitarbeiter einzustellen, wäre schon ein schwerer Fehler. Die Verteilung der Mitarbeiter bei Google ist ganz klar: 95 Prozent »A«, 5 Prozent »B«, 0 Prozent »C«. Google ist sich bewusst, dass bei einer so rigorosen Auswahl immer wieder auch A-Kandidaten scheitern. Und natürlich ist es ein Fehler, einen A-Mitarbeiter zu früh auszusieben. Dieser Fehler gilt bei Google jedoch als deutlich leichter zu verzeihen, als wenn durch eine laschere Einstellungspraxis ein B-Mitarbeiter in die Reihen käme. Larry Page hat selbst immer wieder gesagt: Hast du erst mal einen mittelmäßigen Mitarbeiter eingestellt, dann zieht der anderes Mittelmaß nach sich. Das ist eine Katastrophe.

Die wenigen B-Mitarbeiter, die sich doch eingeschlichen haben oder die vom ursprünglichen A-Niveau abgerutscht sind, versucht Google regelmäßig zu identifizieren. Bis 2013 wurde jeder »Googler« – so nennen sich die Google-Mitarbeiter selbst – vierteljährlich bewertet. Ab 2013 wurde diese Bewertung auf einen halbjährlichen Turnus umgestellt. Bei

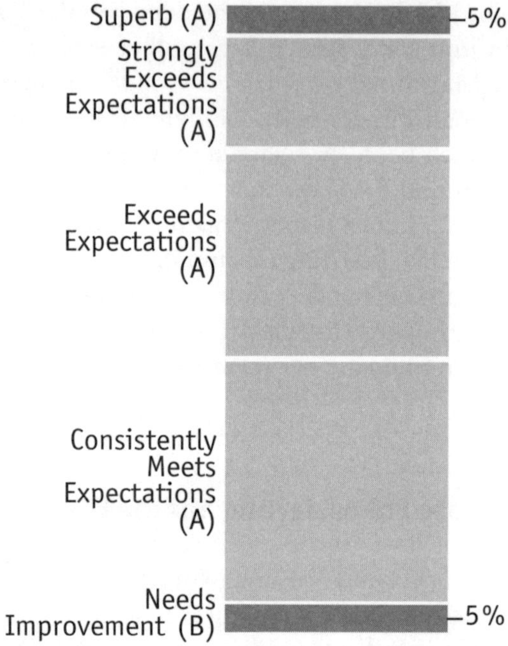

Mitarbeiterbewertung in einem Unternehmen, das fast ausschließlich A-Mitarbeiter hat.
Quelle: Bock: *Work Rules!*, 2016

den Bewertungen geht es stets um die beiden zentralen Fragen: Haben wir die wenigen »Low Performer« korrekt identifiziert? Und haben wir den richtigen Mitarbeitern eine Beförderung vorgeschlagen? Wenn wir Autoren uns die Bewertungsskala bei Google anschauen, dann sehen wir für deutsche Augen Überraschendes: Es handelt sich mit einer Ausnahme ausschließlich um Abstufungen von A-Mitarbeitern. Ob nun jemand »superb« war, die Erwartungen und Zielvorgaben *deutlich* übertroffen, die *Erwartungen übertroffen* oder zumindest *alle Ziele und Erwartungen erfüllt* hat – unserem Verständnis nach steht das alles für A-Mitarbeiter. Lediglich die schlechteste Kategorie, der *verbesserungsbedürftige* Mitarbeiter, wäre für uns der typische B-Mitarbeiter. Innerlich gekündigt hätte ein C-Mitarbeiter, aber bei Google gibt es keine innerlich Gekündigten. Und was sagen die Mitarbeiter selbst? Obwohl Bewertungen immer extrem schwierig sind, sagten 55 Prozent der Mitarbeiter in einer internen Befragung, dieser Prozess sei »sehr hilfreich«.

Welche Filter setzt Google nun ein, um von vornherein möglichst nur die Besten der Besten einzustellen? Eines vorweg: Von Denksportaufgaben ist man längst abgekommen. Sie sagen nicht nur viel zu wenig darüber aus, ob ein Kandidat das Unternehmen tatsächlich voranbringen kann, sondern die Lösungen lassen sich auch immer leichter im Internet recherchieren. Nicht zuletzt dank einer tollen Suchmaschine namens Google! Schulzeugnisse und Universitätsabschlüsse erwiesen sich auch als nur begrenzt aussagefähig. Laszlo Bock, seit 2003 bei Google und heute Personalchef, sagte gegenüber dem Fernsehsender CNN, natürlich wolle man die besten Absolventen der Eliteuniversitäten: die Cracks aus Harvard, Stanford oder vom Massachusetts Institute of Technology (MIT). Doch außergewöhnliche Talente fänden sich auch anderswo – an staatlichen Schulen, an weniger bekannten Unis oder im Ausland. Man habe gelernt, wie unwichtig Noten seien, da eine Auswertung gezeigt habe, dass sich durch sie lediglich für die ersten beiden Berufsjahre gute Leistungen voraussagen ließen.

Eine Zeit lang glaubte man bei Google, möglichst viele Bewerbungsgespräche führen zu müssen, damit am Ende nur die Besten übrig blieben. Es gab Jahre, da haben Kandidaten einen ähnlichen Interview-Marathon durchlaufen wie Hollywoodstars zur Premiere ihres neuesten Films. Ein Einstellungsprozess konnte durchaus sechs Monate oder länger dauern. Manchmal waren es 15 Interviews, manchmal 25 oder auch 30, bevor ein Angebot kam – oder eine Absage. Zwar dauerte ein Interview mit 30 Minuten nicht besonders lang, doch es waren viel zu viele. Die Statistikprogramme von Google zeigten schließlich: Waren einmal fünf Gespräche gelaufen, brachte jedes weitere Interview weniger als 1 Prozent Erkenntniszuwachs. Oder anders betrachtet: Nach vier Interviews pendelte sich die Entscheidungsgenauigkeit bei 85 Prozent ein. So wurde die Zahl der Gespräche schließlich auf fünf beschränkt. Am Zeitlimit von 30 Minuten hielt Google allerdings fest. Man hatte erkannt: Die meisten herkömmlichen Bewerbungsgespräche gleiten in Smalltalk ab, um die Stunde voll zu bekommen. Alles Wichtige lässt sich in einer halben Stunde besprechen.

Eine einzigartige Kultur sorgt für einmaliges Recruiting

Das Besondere bei Google waren nicht die Interviews, sondern die Menschen, die sie führten, und es war die Art und Weise, wie sie geführt wurden. Von der einzigartigen Kultur bei Google war bereits die Rede. Dazu gehört zum Beispiel, dass Google klare Werte hat und diese auch gelebt werden. So ist der inzwischen berühmt gewordene Grundsatz »Tue nichts

Böses« alles andere als eine hohle Phrase. Äußert jemand in einer Besprechung den Verdacht, ein bestimmtes Produkt oder eine Strategie könnte moralisch nicht in Ordnung sein, wird es sofort ganz still im Raum. Die »Googler« haben ihre Werte verinnerlicht und nehmen sie ernst. Sie gehören zu den Besten der Besten und haben ein waches Gespür dafür, wer mindestens so gut ist wie sie selbst und die gleichen Werte leben kann. Deshalb hat man bei Google mit der Zeit immer mehr Gewicht darauf gelegt, viele Mitarbeiter am Recruitingprozess zu beteiligen oder sogar zu Recruitern und Interviewern auszubilden. Recruiting ist heute eine Art Volkssport bei Google. Alle fühlen sich mitverantwortlich dafür, dass neue Talente hinzukommen, und wollen sich in den Prozess einbringen.

Wenn Personalchef Laszlo Bock gefragt wird, welche Leute Google sucht, so klingt die Antwort zunächst recht allgemein: »Menschen, die auch mal einen Fehler zugeben können, die gute kognitive Fähigkeiten besitzen, gerne Probleme lösen, Verantwortung übernehmen, aber auch im Team gut arbeiten können und sozial sind.« In der Praxis haben die »Googler« ein sehr gutes Gespür dafür entwickelt, wie ein solcher Mensch aussieht, wer tatsächlich zu ihnen passt. Die (halbe) Stunde der Wahrheit sind die Interviews. In den Gesprächen geht es nicht allein darum, gute Fragen zu stellen, sondern auch darauf zu achten, was der Kandidat fragt. Bewerbungsgespräche gekonnt zu führen, setzt viel Übung und Erfahrung voraus. Google ermuntert deshalb schon seine jüngeren Mitarbeiter, bei möglichst vielen Interviews mit dabei zu sein. Google sagt ihnen: Mitarbeiter einstellen ist bei uns das Wichtigste, und die dafür nötigen Fähigkeiten könnt ihr euch aneignen. Da ihr zunächst wahrscheinlich nicht die Vorgesetzten der neu Eingestellten sein werdet, braucht ihr nicht einmal die Konsequenzen einer Fehlentscheidung zu tragen.

Leitfaden für Neueinstellungen bei Google

- Stellen Sie Leute ein, die klüger und kompetenter sind als Sie selbst.
- Stellen Sie keine Leute ein, die Sie nicht herausfordern oder von denen Sie nichts lernen können.
- Stellen Sie Leute ein, durch die das Produkt und die Unternehmenskultur aufgewertet werden.
- Stellen Sie keine Leute ein, die zu beidem keinen großen Beitrag leisten.
- Stellen Sie Leute ein, die die Dinge erledigen.

- Stellen Sie keine Leute ein, die nur über Probleme nachdenken.
- Stellen Sie Leute ein, die engagiert, motiviert und leidenschaftlich sind.
- Stellen Sie keine Leute ein, die nur eine Arbeitsstelle suchen.
- Stellen Sie Leute ein, die andere inspirieren und gut mit ihnen zusammenarbeiten.
- Stellen Sie keine Leute ein, die lieber allein arbeiten.
- Stellen Sie Leute ein, die mit Ihrem Team und dem Unternehmen wachsen werden.
- Stellen Sie keine Leute ein, deren Fähigkeiten und Interessen begrenzt sind.
- Stellen Sie Leute ein, die vielseitig sind und außergewöhnliche Interessen und Begabungen haben.
- Stellen Sie keine Leute ein, die nur für die Arbeit leben.
- Stellen Sie Leute ein, die aufrecht sind und offen kommunizieren.
- Stellen Sie keine Leute ein, die taktieren oder manipulieren.
- Stellen Sie nur ein, wenn Sie einen tollen Kandidaten gefunden haben.
- Geben Sie sich mit nichts anderem zufrieden.

Quelle: Schmidt/Rosenberg: *Wie Google tickt*, Campus Verlag, 2015, Seite 135

Bei Google gibt es ein sogenanntes »Trusted Interview Program«. Das ist nichts anderes als eine Gruppe von Mitarbeitern, die sich als besonders gute Interviewer hervorgetan haben und diese Gespräche gerne führen. Google überlässt den Großteil der Interviews diesen intern »zertifizierten« Mitarbeitern. Im Gegenzug erhalten sie Pluspunkte für ihre halbjährliche Leistungsbeurteilung. Die Interviewer ihrerseits sollen den Feedbackbogen zu einem Bewerber möglichst unmittelbar nach dem Gespräch ausfüllen. Es zeigte sich nämlich in Googles Analysen, dass die Qualität der Feedbacks spätestens nach 48 Stunden rapide abnahm. In Deutschland schauen sich nach einer Umfrage des Digitalverbands Bitkom schon rund die Hälfte aller Chefs und Personaler bei einem Bewerber dessen Auftritte in Social Media an. 44 Prozent davon geben an, sich auch für private Aktivitäten zu interessieren. Und 34 Prozent wollen private Fotos sehen. Von Google können sie lernen, sich dabei locker zu machen. Denn solange sich nichts findet, was auf schwere Charakterfehler hindeutet, macht Google den Kandidaten selbst peinlichste Online-Fotos oder Kommentare niemals zum Vorwurf. Im Gegenteil, Google sagt sich: Wir suchen leidenschaftliche Menschen, und die toben sich eben auch mal aus. Wer es hierbei übertrieben hat, ist deshalb noch lange nicht aus dem Rennen.

Wenn es bei Google an das Thema Vergütung geht, wird es heiß. Ein von den Kaliforniern hochgehaltenes Prinzip lautet nämlich »pay unfairly« – bezahle unfair. Eigentlich müsste es heißen »pay unequally«, also: bezahle nach der erbrachten Leistung. Typischerweise ist es in Unternehmen ja so geregelt, dass es für bestimmte Tätigkeiten, also etwa Schreibarbeiten, Verkauf oder Programmierung, eine bestimmte Gehaltsvorstellung gibt. Je nach Leistung wird dann bis zu 20 Prozent mehr oder weniger bezahlt. Bei Personalern gilt diese 20-Prozent-Regelung in aller Regel als Grenze. Wenn jemand mehr verdienen will, dann muss er erst befördert werden. So erhält er möglicherweise nochmals 30 Prozent zusätzlich. Die Statistikprogramme von Google und viele andere Untersuchungen sagen jedoch etwas ganz anderes. Im Unternehmen geht es um Talente, und die verteilen sich nicht nach einer »Normalverteilung«, sondern verteilen sich nach der »Power Law Distribution« (siehe Grafik). Fünf Prozent an der Spitze leisten mehr als vier Mal so viel wie der Durchschnitt. Ein Prozent an der Spitze generiert zehn Mal mehr Leistung als der durchschnittliche Mitarbeiter. Herman O'Boyle und Ernest Aguinis haben umfassende Studien zu diesem Thema gemacht.

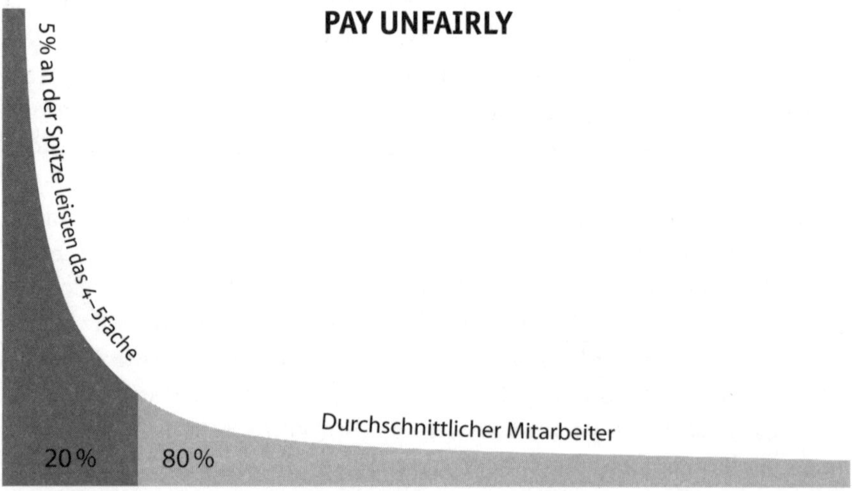

Pareto-Verteilung (»Power Law Distribution«): der Großteil der Menschen liegt unter dem Durchschnitt (rechter Bereich) und einige wenige so weit darüber (linker Bereich), dass sie den Schnitt nach oben treiben

Bleibt für uns die Frage: Warum darf ein Spitzenkönner, der zehnmal mehr Wert für die Firma generiert als andere, nicht das Doppelte oder Dreifache verdienen? Sie brauchen sich nur einmal Folgendes zu fragen: Wenn es darum geht, diese Spitzenkraft in Ihrem Umfeld zu behalten, wie viele »normale« Mitarbeiter würden Sie dafür eintauschen? Wenn Ihre Antwort lautet: »Mehr als fünf Mitarbeiter«, dann ist er vermutlich unterbezahlt. Weil »pay unfairly« zu den ehernen Grundsätzen bei Google zählt, ist es so gut wie unmöglich, einen Top-Google-Mitarbeiter für Geld abzuwerben. Umso erstaunlicher war die weltweite mediale Aufregung um Erica Baker im Sommer 2015. Über Twitter hatte sie in 34 Tweets als Erica Joy die Welt wissen lassen, was einzelne Google-Mitarbeiter verdienen. Hintergrund: An einem Sonntagnachmittag langweilten sich einige Google-Kollegen und unterhielten sich über ihre Gehälter. Erica Baker beschloss, eine Tabelle zu erstellen, mit der Bitte an die Kollegen, sich dort mit ihrem Gehalt einzutragen. Weltweit folgten Google-Mitarbeiter dieser Aufforderung. Dabei kamen gravierende Unterschiede ans Licht. So genial der Grundsatz »pay unfairly« für die Bindung von Top-Talenten ist, so schwer wird er von Mitarbeitern akzeptiert.

Gute Leute erkennen gute Leute – und kennen noch weitere

Bei Google sind die eigenen Mitarbeiter der wirksamste Einstellungsfilter. Sie werden früh ermutigt, sich am Recruiting zu beteiligen. Sie dürfen während ihrer bezahlten Arbeitszeit an so vielen Interviews teilnehmen, wie sie wollen. Sie lernen mit der Zeit immer mehr über den Einstellungsprozess und haben die Chance, sich für die Teams der Top-Recruiter zu qualifizieren. Google hat neben umfangreichen Tests eine Art soziales Ausleseverfahren entwickelt: Die besten Talente sollen ihresgleichen erkennen. Und sie tun das zuverlässig. Google wäre allerdings nicht Google, wenn die Ergebnisse der Interviews nicht ständig mit den neuesten Analyseverfahren überprüft würden. Die Technik gibt Impulse, was Menschen noch besser und effektiver machen können. Eines weiß jedoch auch der beste Computer bei Google nicht: Wo verstecken sich noch weitere unentdeckte Talente, die man für die Company gewinnen könnte? Das wissen wiederum die Mitarbeiter. Und sie werden ermutigt, ihr Wissen zu nutzen.

Google zahlt für persönliche Empfehlungen gutes Geld. Einer von uns Autoren, Jörg Knoblauch, war vor einiger Zeit auf einer Recruiter-Konferenz in San Diego. Dort kam er mit einem Google-Recruiter ins Gespräch.

Jörg Knoblauch fragte: Wenn Sie 6000 Bewerbungen pro offene Stelle haben, warum machen Sie sich dann die Mühe mit Empfehlungen der Kollegen? Die Antwort fiel lapidar aus: Wer einen Kollegen empfiehlt, spart uns ganz viel Geld, weil schon eine Vorauswahl stattgefunden hat. Ein A-Mitarbeiter wird nur jemanden empfehlen, von dem er total überzeugt ist. Und dafür bezahlen wir dann auch gerne Geld. Wie viel konkret? 2000 Dollar für den Hinweis, weitere 2000 Dollar, wenn der Vertrag unterschrieben ist, und noch einmal 2000 Dollar, wenn die Probezeit überstanden ist. Der typische »Googler« hat bereits sieben Personen vorgeschlagen und allein für die Vorschläge 14000 Dollar kassiert.

Als die Häufigkeit der Empfehlungen einmal nachließ, erhöhte Google auf 4000 Dollar. Man dachte, jetzt kämen wieder mehr Empfehlungen, aber funktioniert hat es nicht. Die Mitarbeiter hatten ihre Freunde nicht wegen des Geldes empfohlen, sondern weil sie sowohl von ihren Freunden als auch von ihrem Arbeitgeber überzeugt waren. Wer über eine Empfehlung kommt, besteht die Tests und die Interviews übrigens mit höherer Wahrscheinlichkeit als alle anderen. Bei Google fallen jedoch auch von den Empfohlenen noch 95 Prozent durch. Das zeigt, wie rigoros das Unternehmen mit dem bunten Logo seine Bewerber filtert. Die Interessenten lassen sich davon kaum abschrecken. Google erhält über eine Million Bewerbungen im Jahr – zehn Mal so viele wie Porsche, ein Unternehmen, das auch schon als überflutet gilt. Bei Google beherrschen sie die Kunst, den »einen in einer Million« zu finden, der vielleicht in Zukunft dem selbstfahrenden Auto oder dem Haushaltshilfe-Roboter zum Durchbruch verhelfen könnte. Nur weil sich alles um die Mitarbeiterauswahl dreht, hat der Konzern technologisch einen so gigantischen Vorsprung. Es gibt Experten, die sagen: Die nächsten acht Jahre werden über die Zukunft der Welt entscheiden. Und diese Entscheidungen werden im Silicon Valley getroffen.

Was macht Google, um die besten Mitarbeiter zu finden und zu binden?

- Google hat die Mitarbeiterauswahl zum alles beherrschenden Thema gemacht. Bereits junge Mitarbeiter nehmen regelmäßig an Bewerbungsgesprächen teil.
- In vielen Firmen ist Recruiting eine lästige Übung, die man gerne ans Personalbüro abtritt. Bei Google ist Mitarbeitergewinnung eine Art Volkssport.
- Erfahrene Mitarbeiter rücken in Kompetenzteams für Bewerbungsgesprä-

che auf. Künftige A-Mitarbeiter zu finden, gelingt den heutigen A-Mitarbeitern am besten.

- Fünf Interviews sind nicht die Ausnahme, sondern die Norm. Eine halbe Stunde pro Gespräch soll jedoch genügen.
- Google will ausschließlich A-Mitarbeiter. Die wenigen B-Mitarbeiter (5 Prozent) werden regelmäßig identifiziert, damit sie sich verbessern. C-Mitarbeiter gibt es keine.
- Lieber übertreibt Google die rigorose Auswahl und verliert damit einige mögliche A-Mitarbeiter, als dass sich durch zu laxe Auswahl B-Mitarbeiter einschleichen.
- Google zahlt für Empfehlungen von Mitarbeitern 2 000 Dollar, weitere 2 000 Dollar bei Vertragsschluss und noch einmal 2 000 Dollar, wenn die Probezeit überstanden ist.
- Spaß bei der Arbeit ist ein Muss. Geld soll nicht im Mittelpunkt stehen. Die meisten »Noogles« (Neulinge bei Google) verdienen 10 000 bis 20 000 Dollar p. a. weniger als bei ihrer vorherigen Stelle.
- Fehler zu machen ist erlaubt. Scheitern gilt als Chance. Immer ist die Frage: Was können wir aus unseren Fehlern lernen?
- Für die Größe von Teams gilt die »Zwei-Pizzen-Regel«: Wenn das Team von zwei Familienpizzen nicht satt wird, ist es zu groß.
- Google lebt Werte. Es gilt die Maxime »Don't be evil« (»Sei nicht böse«). Diese Ethik wird von den Mitarbeitern tatsächlich beherzigt.
- Ein Prinzip bei der Vergütung lautet »pay unfairly« – bezahle unfair. Enorme Gehaltsunterschiede werden toleriert, wenn Top-Talente auf diese Weise für Geld praktisch nicht mehr abzuwerben sind.

In unserer Online-Mediathek zum Buch unter www.geheimnis-der-champions.de/mediathek finden Sie eine Fülle von kostenlosen Zusatzangeboten: Formulare und Vorlagen, Videos, Artikel, Buchtipps und mehr!

Azubimagnet Festo: Wo lebenslanges Lernen die Basis für das Unternehmen ist

Unternehmen: Festo AG & Co. KG
Hauptsitz: Esslingen am Neckar, Baden-Württemberg, Deutschland
Branche: Automatisierungstechnik
Umsatz: 2,45 Mrd. Euro
Website: www.festo.com
Gründungsjahr: 1925
Anzahl der Mitarbeiter: 17 800

Freitagabend in Stuttgart: Weit über tausend Jugendliche strömen jedes Jahr zur »Nacht der Bewerber« bei Festo. Im Ausbildungszentrum am Stammsitz in Esslingen, einer Industriestadt vor den Toren Stuttgarts, können sie sowohl technische als auch kaufmännische Berufe und Studiengänge kennenlernen. Noch wichtiger als jede Theorie sind dabei die authentischen Eindrücke aus der Praxis und die intensiven Gespräche. Für die meisten Besucher sind Tipps und Erfahrungen der aktuellen Azubis das Highlight an diesem Abend. Wer sich für ein Studium interessiert, der kann mit Studenten vor Ort sprechen. Denn neben einer Ausbildung ist auch ein Studium mit Festo eine spannende Option – egal, ob als Werkstudent oder in Form eines Dualen Studiums, das zum Beispiel in Kooperation mit der Dualen Hochschule Stuttgart angeboten wird. Schließlich gibt es bei zahlreichen Vorträgen noch wertvolle Tipps für die Bewerbung und anderes nützliches Wissen für den Berufsstart. Seit 2004 existiert die »Nacht der Bewerber« nun schon. Davor lockte der alljährliche Tag der offenen Tür bereits hunderte Jugendliche an. Festo gelang es mit seiner »Nacht der Bewerber«, die Zahl der Besucher noch einmal kräftig zu steigern. Das Vorbild scheint klar – die »Nacht der Museen«. In Stuttgart und anderen Großstädten haben bei dieser Veranstaltung sämtliche Museen bis in die Nacht geöffnet, begleitet von einem umfangreichen Rahmenprogramm. Die besten Ideen finden sich bekanntlich beim Blick über den Tellerrand. Und tatsächlich: Die Nacht der Bewerber funktioniert ebenso gut wie die Nacht der Museen. Wichtig für die Jugendlichen: Der Termin liegt günstig am Freitagabend. Da kann man im schicken Outfit erst etwas für die Karriere tun und anschließend feiern gehen.

Die Natur dient bei Festo als Vorbild für die Industrie 4.0

Bei der Hannover Messe sorgte Festo in den letzten Jahren immer wieder für Aufsehen. Zur weltgrößten Industrieschau präsentierte das Unternehmen bereits mehrere »Robotertiere« (Bionic Projects). So bekam das staunende Publikum einmal eine künstliche Möwe zu sehen, die durch Messehallen glitt, als läge unter ihr der Strand von Sylt. Noch anspruchsvoller war die Roboter-Libelle, beherrscht sie doch getreu ihrem Vorbild in der Natur die unterschiedlichsten Flugzustände, bis hin zum Stillstand in der Luft. Vorläufiger Höhepunkt: das BionicKangaroo. Ein Roboter, der wie ein Känguru hüpft. Es ahmt nicht nur den hoch komplizierten Bewegungsablauf des bekanntesten Tiers der australischen Wildnis perfekt nach, sondern kann genau wie sein lebendiger Artgenosse einen Teil der Sprungenergie bei der Landung wiedergewinnen. Zwei Jahre lang haben die Ingenieure von Festo an dem Känguru gearbeitet, wie sie in einem spannenden Fernsehbeitrag des SWR über Festo erzählen. Den Link dazu finden Sie in unserer Online-Mediathek zum Buch.

Was für technische Laien wie Spiel auf höchstem Niveau aussieht, ist in Wirklichkeit Grundlagenforschung für die Automatisierungstechnik der Zukunft. In der Industrie 4.0 wird es ganz neue Schnittstellen zwischen Mensch und Maschine geben. Die Vorbilder dafür liefert vielfach die Natur, insbesondere das Tierreich. So greifen Roboter empfindliche Gegenstände mit einem Greifarm, der wie eine Fischflosse strukturiert ist. »Lernen von der Natur« lautet deshalb einer der Grundsätze bei dem schwäbischen Unternehmen mit über 2,45 Milliarden Euro Jahresumsatz. Das unabhängige Familienunternehmen in dritter Generation ist weltweit führend in der Automatisierungstechnik und Weltmarktführer in der industriellen Aus- und Weiterbildung.

Der Firmensitz von Festo in Esslingen bei Stuttgart: Lernen und Wissen sind hier die Basis für den Erfolg. Quelle: Festo

Der Erfinder des Ausbildungsblogs ist beim Recruiting führend

Wie der Alltag eines Azubis bei Festo aussieht, kann nicht nur bei der »Nacht der Bewerber« erfragt, sondern auch online auf dem sehr erfolgreichen Ausbildungsblog nachgelesen werden. Die Besonderheit: Hier bloggen Azubis völlig selbstständig. Sie erzählen direkt von ihren Erfahrungen während der Ausbildung und geben einen authentischen Einblick in die Lehrjahre bei Festo. Der Social-Media-Kanal war bei seiner Entstehung 2005 das erste Angebot dieser Art. Mit bis zu 1 400 Lesern pro Monat und rund 3 000 App-Nutzern erfreut sich der 2007 erstmals preisgekrönte Blog großer Beliebtheit. Mittlerweile haben etliche andere Unternehmen den Azubi-Blog von Festo kopiert. Doch bei weitem nicht überall sind die Berichte so authentisch wie hier.

Die zahlreichen Aktivitäten des Unternehmens für Jugendliche bleiben natürlich nicht folgenlos: Festo erhält sehr viele Initiativbewerbungen. Bewerber werden auf unterschiedlichsten Wegen auf Festo aufmerksam – über die Karriereseite auf der eigenen Website, durch Stellenanzeigen in Online-Jobbörsen oder auch durch Kontakt auf diversen Produkt-, Technologie- und Karrieremessen. Den Interessenten wird empfohlen, sich möglichst online zu bewerben. Hier sind die Chancen am größten. Nichtsdestotrotz besteht jederzeit die Möglichkeit, sich ohne den Bezug zu einer bestimmten Stelle in einem Pool zu registrieren. In diesem sogenannten Talent-Pool erhalten Bewerber eine persönliche Seite. Mit dem hinterlegten Profil können sie sich dann jederzeit auf ausgeschriebene Stellen bei Festo bewerben oder über den aktuellen Stand ihrer Bewerbung informieren. Sollte die Bewerbung zur jeweiligen Stelle passen, findet ein Telefoninterview statt. Bei Erfolg stehen dann als Nächstes Bewerbungsgespräche und bei Bedarf ergänzende Tests auf dem Programm. Festo zählt damit zu den Unternehmen, die einen klar definierten, mehrstufigen Einstellungsprozess haben.

Auf unsere Frage, was für das Unternehmen das Wichtigste im Recruitingprozess sei, erklärte Festo, dass es neben einer ansprechenden und vollständigen Bewerbung entscheidend sei, in den persönlichen Gesprächen zu überzeugen. Fachliche Qualifikationen seien das eine, ebenso großen Wert lege man auf persönliche Aspekte. Bei Festo sollen sich Bewerber mit den Werten des Unternehmens identifizieren, um später im Einklang mit diesen zu handeln. Einmal mehr zeigt sich: Die besten Unternehmen haben eine klare Werteorientierung.

Mitarbeiter binden und entwickeln: Festo hat den Bogen raus

Festo hat in Deutschland eine sehr niedrige Fluktuationsrate von unter 2 Prozent. Dementsprechend hoch ist die Dauer der Betriebszugehörigkeit. Sie liegt im Schnitt bei 13 bis 14 Jahren. Wer so loyale Mitarbeiter haben möchte, der muss natürlich sehr gute Arbeitsbedingungen und Karriereperspektiven bieten. Ein systematisches und transparentes Talentmanagement setzt Mitarbeitern bei Festo den Rahmen für ihre Karriereentwicklung. Die Mitarbeiter werden hier jeweils gezielt auf den nächsten Karriereschritt vorbereitet. In Mitarbeitergesprächen zeigen die

Vorgesetzten frühzeitig attraktive Entwicklungsperspektiven auf. So haben die Mitarbeiter stets das Gefühl, dass sie innerhalb des Unternehmens weiterkommen können, und denken über einen Wechsel dann meist gar nicht erst nach.

Für die Mitarbeiter gibt es jährliche Feedbackgespräche, die bei Festo »Berufsförderungsgespräche« genannt werden. Ebenso werden Führungskräfte beurteilt, und zwar sowohl durch ihre Vorgesetzten als auch durch die eigenen Mitarbeiter. Diese Beurteilung in alle Richtungen entspricht genau dem, was wir Autoren stets empfehlen und auch in unserem eigenen Unternehmen leben. Bei Festo ist ein externer Partner für die Auswertung zuständig, sodass die Rückmeldungen anonym aufgenommen werden. Im Nachgang werden die Ergebnisse in den Arbeitsalltag integriert.

Stetige Weiterbildung bildet das Rückgrat des Erfolgs von Festo. Die Besonderheit: Rund 1,5 Prozent des Umsatzes fließen alljährlich in das Aus- und Weiterbildungssystem. Dass Festo auf einem vorbildlichen Weg ist, zeigt sich schließlich auch in verschiedenen Auszeichnungen. Dazu zählen zum Beispiel die Platzierung als »Top-100-Arbeitgeber 2015« beim Trendence Graduate und Young Professional Barometer sowie als einer von »Europe's 500 Top employers« beim Trendence Graduate Barometer oder die Auszeichnung als »Fair Company 2015«. Festo ist damit weit mehr als ein Azubimagnet – Ingenieure und Softwareentwickler kommen zu Festo, weil das spannende Thema Industrie 4.0 hier schon mit Leben gefüllt ist.

Was macht Festo, um die besten Mitarbeiter zu finden und binden?

- Die »Nacht der Bewerber« findet seit 2004 jährlich statt und ist hochattraktiv für potenzielle Auszubildende.
- Mit seinen »Roboter-Tieren« (Bionic Projects) erregt Festo Aufsehen, bekommt zahlreiche Medienberichte und macht Bewerber auf das Unternehmen aufmerksam.
- Festo ist der Erfinder des Azubi-Blogs, den mittlerweile etliche Firmen kopiert haben. Azubis bloggen bei Festo vollkommen frei – es findet keine Überarbeitung des Blogs durch das Unternehmen statt. Den Azubi-Blog gibt es auch als App fürs Smartphone.

- Ein systematisches und transparentes Talentmanagement setzt Mitarbeitern bei Festo den Rahmen für ihre Karriereentwicklung. Die Mitarbeiter werden jeweils gezielt auf den nächsten Karriereschritt vorbereitet.
- Für die Mitarbeiter gibt es jährliche Feedbackgespräche. Ebenso werden Führungskräfte beurteilt, und zwar sowohl durch ihre Vorgesetzten als auch durch die eigenen Mitarbeiter.
- Bei Festo werden rund 1,5 Prozent des Umsatzes alljährlich in das Aus- und Weiterbildungssystem gesteckt.

In unserer Online-Mediathek zum Buch unter www.geheimnis-der-champions.de/mediathek finden Sie eine Fülle von kostenlosen Zusatzangeboten: Formulare und Vorlagen, Videos, Artikel, Buchtipps und mehr!

Branchenriese dm-drogerie markt: Wenn jeder Mitarbeiter wie ein Unternehmer handelt

Unternehmen: dm-drogerie markt GmbH & Co. KG
Hauptsitz: Karlsruhe, Baden-Württemberg, Deutschland
Branche: Drogerie-Einzelhandel
Umsatz: 8,3 Mrd. Euro
Website: www.dm.de
Gründungsjahr: 1973
Anzahl der Mitarbeiter: 52 000

In der Autobiografie von dm-Gründer Götz Werner hat uns eine Geschichte besonders gut gefallen: Es muss irgendwann in den 1980er-Jahren gewesen sein. Götz Werner fuhr an einem Winterabend mit dem Auto nach Hause. Damals war es seine Angewohnheit, nie an einer offenen Filiale vorbeizufahren. In einer Kleinstadt in der Pfalz sah es schon ziemlich tot aus, da es kurz vor dem gesetzlichen Ladenschluss um 18:30 Uhr war. Auf den letzten Drücker besuchte er den örtlichen dm-Markt. Dort traf er nur noch eine einzige Mitarbeiterin an. Nachdem er sich als »Herr Werner« vorgestellt hatte – was der Mitarbeiterin nichts sagte –, stellte er ihr einige Fragen. Zum Beispiel: »Wie zufrieden sind die Kunden mit unserem Angebot?« Da meinte die Mitarbeiterin, das müsse er die Filialleiterin fragen. »Ich bin ja nur eine geringfügig Beschäftigte.« Dieser Satz traf Götz Werner wie ein Faustschlag. Ihm wurde klar, was falsch lief. Mit seinen eigenen Worten: »Da steht jemand in unserem Laden, in den wir einen Haufen Geld investiert haben, und diese im Moment für uns und den Kunden wichtigste Person beschreibt sich mit einem Terminus aus der Lohnsteuertabelle.« Der Gründer war entsetzt: »Sie hätte alle meine Fragen locker beantworten können, aber sie hat sich nicht getraut, weil sie im Kopf hatte: Da oben sind die Chefs, dann kommen die Bezirksleiter, dann die Filialleiter, alle wichtig, wichtig, wichtig, und dann irgendwann komme ich.« Nachdenklich fuhr Götz Werner nach Hause. Seit diesem Tag hat er bei dm eine Kultur geschaffen, in der jeder, wirklich jeder Mitarbeiter, auch jede Aushilfe und jeder Auszubildende, »wichtig, wichtig, wichtig« ist.

Wer mit einem Kunden spricht, ist in diesem Moment der wichtigste Mitarbeiter

Nach seinem abendlichen Erlebnis begann Götz Werner, sein System »umgekehrt zu denken« – nicht von der Spitze des Organigramms zum Kunden, sondern vom Kunden her. Der wichtigste Mitarbeiter im Unternehmen ist seitdem derjenige, mit dem ein Kunde gerade spricht. Alle anderen, bis hinauf zum Chef, sind aus dieser Perspektive »rückwärtige Dienstleistende«. Deshalb soll jeder Mitarbeiter in einem dm-Markt gegenüber den Kunden wie ein Unternehmer auftreten. Das geht nur, wenn er auch denkt und handelt wie ein Unternehmer. Dazu muss das Unternehmen ihm alle notwendigen Mittel und Freiheiten zur Verfügung stellen. Das ist der Kern der heutigen Mitarbeiterkultur bei dm. Viele Unternehmer, weiß Götz Werner, scheuen vor einer solchen Kultur zurück, weil sie glauben: Dann schreien die Mitarbeiter sofort nach mehr Geld! Der dm-Gründer war da stets gelassen. Die Möglichkeiten beim Gehalt bestimmt der Markt. Ein Unternehmer muss jedoch nicht nur Geld bieten, sondern vor allem Sinn. Mitarbeiter sollen spüren: Ich werde gebraucht, ohne mich bleibt was liegen, ohne mich sind andere enttäuscht. So funktioniert Führung mit »Sog statt Druck«. Der Schlüssel dazu hieß für Götz Werner: Wertschätzung.

Götz Werner hat seinen Nachfolgern 2008 nach 35 Unternehmerjahren ein wahres Imperium übergeben – 30 000 Mitarbeiter, 2 000 dm-Märkte und fast 5 Milliarden Euro Umsatz. Angefangen hatte alles 1973, als Götz Werner in Karlsruhe und Dirk Roßmann in Hannover fast zeitgleich die Idee hatten, eine Drogerie nach dem »Aldi-Prinzip« zu eröffnen. Zwei Jahre später griff Anton Schlecker diese Idee auf. Die Entwicklung von dm-drogerie markt ist eine spannende Story, die Götz Werner in seiner Autobiografie *Womit ich nie gerechnet habe* wirklich lesenswert erzählt. Heute ist Schlecker längst pleite und dm nicht nur unangefochtener Marktführer, sondern auch so etwas wie der Imagesie-

Mit der neuen Zentrale möchte dm ab 2018 die gesamte Verwaltung unter einem Dach vereinen. Quelle: dm – drogerie markt

ger. Und das sowohl für die Kunden als auch für die Mitarbeiter. Im Handel gibt es unzählige Arbeitsmöglichkeiten, doch für die Drogeriekette dm entscheiden sich bereits Schulabgänger ganz bewusst. Die Kultur der Selbstständigkeit, die Wertschätzung, die freundliche Atmosphäre in den Filialen – alles das und noch manches mehr sorgt dafür, dass viele Mitarbeiter hier nicht mehr wegwollen.

Wie können über 50 000 Mitarbeiter wie Unternehmer handeln?

Die Kultur der Eigenverantwortung bei dm hat eine Reihe von Besonderheiten. Anfang der 1990er-Jahre wurde zunächst eine Hierarchieebene komplett entfernt, nämlich die der Gebietsleiter. Intern wurde diese Reorganisation »Filialen an die Macht« genannt. Der Gedanke dahinter: Die Mitarbeiter jedes dm-Markts sollen, soweit möglich und sinnvoll, eine selbstständige Einheit bilden, eine Firma in der Firma. Das geht bis zu Entscheidungskompetenzen beim Sortiment, bei den Einstellungen und bei den Gehältern. Dienstpläne werden von den Mitarbeitern selbst erstellt und sollen die individuellen Bedürfnisse aller Kollegen berücksichtigen. Die Devise der Mitarbeiterführung lautet: Beteiligte statt Betroffene. Mit dieser Unternehmenskultur hat es dm zum beliebtesten Arbeitgeber im Handel geschafft. Allein 2014 kamen 185 000 Bewerbungen in Karlsruhe an, hauptsächlich für die 1 500 Lehrlingsstellen. Und das in einem Land, in dem viele Unternehmen händeringend nach Auszubildenden suchen!

Bei der Auswahl der Nachwuchskräfte stehen Charakter, Interesse und die Bereitschaft, sich zu engagieren, im Mittelpunkt. Schulnoten sind nahezu unbedeutend. Da macht sich sicherlich auch die anthroposophische Philosophie bemerkbar, die auf Gründer Götz Werner einen großen Einfluss hatte. Bekanntlich halten die Anthroposophen nicht viel vom herkömmlichen Schulsystem, was einst zur Gründung der Waldorfschulen führte, wo die Charakterbildung des Schülers und sein kreatives Potenzial im Mittelpunkt stehen. Zur DNA von dm-drogerie markt gehört es, Menschen als entwicklungsfähig und entwicklungsfreudig zu begreifen. Das wiederum passt zum Konzept vom Mitarbeiter als Unternehmer. Götz Werner meint: »Jeder Mensch ist ein Unternehmer – ein Lebensunternehmer. Jeder Mensch schreibt seine eigene Biografie. So unberechenbar wie ein Unternehmen ist auch ein Leben, aber beides ist gestaltbar.« Dieses Menschenbild prägt dm bis heute.

Was Neulinge bei dm-drogerie markt erwartet, ist überraschend

Potenzielle Auszubildende treffen sich zunächst einmal zu vier- bis fünfstündigen Gruppengesprächen. Ein ungewöhnlicher Start. Es gibt sowohl Selbstpräsentationen als auch Aufgaben, die in der Gruppe zu lösen sind. Mit einfachen mathematischen Textaufgaben werden Grundvoraussetzungen für einen kaufmännischen Beruf getestet. Diejenigen Kandidaten, die am besten passen, werden zu zwei »Schnuppertagen« in einen dm-Markt eingeladen. Dort lernen sie den Alltag und das Team kennen. Danach wird ausgewählt. Das Überraschende: Bei dm gibt es keine Personalabteilung. Die Filialverantwortlichen kümmern sich selbst um die Einstellungen. Wer es geschafft hat, lernt nach einem von dm selbst entwickelten Ausbildungskonzept. Eigenverantwortung steht auch dabei im Mittelpunkt – weniger belehrt werden, mehr selbst lernen. Das Konzept beruht auf drei Säulen: »Lernen in der Arbeit«, »Abenteuer Kultur« und »Forum Schule«.

Lehrlinge führen für mehrere Wochen eigenverantwortlich eine Filiale: Teil eines vorbildlichen Ausbildungskonzepts. Quelle: dm – drogerie markt

»Lernen in der Arbeit« bedeutet zum Beispiel, dass Lehrlinge im dritten Lehrjahr für mehrere Wochen eine komplette Filiale übernehmen. Die Stammbesetzung arbeitet in dieser Zeit anderswo. In ihrem dm-Markt auf Zeit tauschen die Azubis ständig Rollen – jeder ist mal Chef. Damit Sie es richtig verstehen: Das ist keine Simulation! Die Filiale wird nicht etwa geschlossen, sondern der Betrieb läuft normal weiter. Kunden werden allein durch ein kleines Schild am Eingang aufgeklärt, das viele jedoch übersehen. Die Azubis haben die volle Verantwortung und müssen mit allen Situationen umgehen. Woher sie das nötige Selbstvertrauen bekommen? Unter anderem vom Theaterspielen. Im Rahmen des »Abenteuers Kultur« schreiben, proben und spielen sämtliche Azubis eigene Theaterstücke. Das gehört zum Pflichtprogramm. Nichts stärkt Selbstsicherheit und Ausdrucksfähigkeit gegenüber Kunden mehr, als einmal auf der Bühne gestanden zu haben.

Was macht dm-drogerie markt, um die besten Mitarbeiter zu finden und zu binden?

- Bei dm dreht sich alles um das Thema Eigenverantwortung. Es gilt der Grundsatz: Wer mit einem Kunden spricht, ist in diesem Moment der wichtigste Mitarbeiter im Unternehmen. Bereits Auszubildende führen für einige Wochen selbstverantwortlich eine Filiale. Die Nachwuchsführungskräfte werden im Haus ausgebildet.
- Zentralismus ist verpönt. Die Mitarbeiter in den einzelnen Filialen sollen so viel wie möglich selbst entscheiden. So beraten Mitarbeiter gemeinsam mit Sortimentsmanagern, welche Produkte gelistet und welche ausgelistet werden. Es gibt keine herkömmliche Personalabteilung. Die Mitarbeiter in den Filialen suchen sich ihre Kollegen aus.
- Eine angenehme Arbeitsatmosphäre besitzt einen sehr hohen Stellenwert. Dazu zählen auch kleine Dinge, wie motivierendes Lob. Die Mitarbeiter sollen den Sinn ihrer Arbeit erkennen und sich gebraucht fühlen. Führung will Sog erzeugen und Druck vermeiden.
- Ein Führungsprinzip von dm lautet: Auf jede Frage erhält man erst einmal eine Gegenfrage. Eine Frage schafft Bewusstsein. So soll der Mitarbeiter anfangen, sich selbst Gedanken zu machen.
- Für mehr Wertschätzung wurde ein eigener Wortschatz entwickelt. »Personalkosten« heißen zum Beispiel »Mitarbeitereinkommen«, denn Mitarbeiter sind kein »Kostenfaktor«.
- Für Azubis gehören Theater-Workshops zum Pflichtprogramm. Inzwischen dürfen alle Mitarbeiter mitmachen. In dem von knallhartem Verdrängungswettbewerb gekennzeichneten deutschen Einzelhandel absolut ungewöhnlich.

In unserer Online-Mediathek zum Buch unter www.geheimnis-der-champions.de/mediathek finden Sie eine Fülle von kostenlosen Zusatzangeboten: Formulare und Vorlagen, Videos, Artikel, Buchtipps und mehr!

Pionier General Electric: Jack Welch, der Erfinder der ABC-Strategie

Unternehmen: General Electric
Hauptsitz: Fairfield, Connecticut, USA
Branche: Mischkonzern (Schwerpunkte: Energiewirtschaft, Gesundheit, Finanzierung, Transportwesen)
Umsatz: 149 Mrd. US-Dollar
Website: www.ge.com
Gründungsjahr: 1892
Anzahl der Mitarbeiter: 300 000

»Bullshit!« – so oder ähnlich antwortet Jack Welch, wenn er wieder einmal als Erfinder der ABC-Strategie gepriesen wird. Die Managerlegende, von 1981 bis 2001 CEO von General Electric, ist nun mal ein Freund deutlicher Worte. Ein Kerl mit Ecken und Kanten, dabei stets offen und geradeheraus. Nie geht es ihm darum, Menschen zu verletzen oder zu demütigen. Sondern immer um Wahrheit und Klarheit. Den Mischkonzern General Electric, meist kurz GE genannt und eines der größten Unternehmen der Welt, machte er in 20 Jahren von einem Elefanten auf tönernen Füßen zu einem sehnigen Rennpferd. Wenn es allerdings um eine seiner größten Errungenschaften als Manager geht, die ABC-Strategie, auch bekannt als »Differenzierung« oder »Mitarbeiter-Ranking«, dann wiegelt er ab. Die Frage, wann und wo ihm ABC eingefallen sei, könne er überhaupt nicht beantworten. Denn er habe diese Strategie nicht erfunden: »Ich habe das als Kind auf dem Sportplatz gelernt«, behauptet Jack Welch mit einer Bescheidenheit, wie sie sich nur die ganz Großen im Management erlauben können. Und dann erzählt er die folgende Geschichte.

Auf dem Sportplatz weiß jedes Kind, dass ABC fair und effektiv ist

»Wenn wir eine Baseballmannschaft zusammengestellt haben«, erinnert sich Jack Welch, »wurden die besten Spieler zuerst ausgewählt, die mittleren wurden auf die leichteren Positionen gesetzt, meist das zweite Base oder rechte Feld, und die unsportlichen Kids durften zugucken.« Das Ergebnis dieser einfachen Differenzierung in A-Player und B-Player und – nein, nicht C-Player, denn die C durften ja gar nicht mitspielen! – mit den Worten des späteren Topmanagers: »Jeder wusste, wo er stand.« Typisch USA? Keineswegs! Das kennt doch auch hierzulande jeder aus der Schule. Nicht vom Baseball, sondern vom Fußball. Die beiden besten Fußballer der Klasse wählen ihre Mannschaft. Sie wählen als Erstes die anderen A-Spieler. Die gehen dann meistens ins offensive Mittelfeld, in die Sturmspitze oder manchmal auch als »Regisseure« auf die »Sechs«. Dann kommen die B-Spieler, von denen sich die meisten in der Abwehr wiederfinden. Auch wenn sie nicht die größten Ballkünstler sind, können sie einen Angreifer zumindest so lange aufhalten und beschäftigen, bis ihnen ein stärkerer Spieler zu Hilfe eilt. Und die schlechtesten Fußballer? Die werden Linienrichter. Aber nur, wenn sie die Abseitsregel beherrschen. Sonst sind sie am besten Zuschauer.

Jack Welch während seiner Zeit bei General Electric: Immer umstritten, immer erfolgreich. Quelle: GE

Warum funktioniert ABC auf dem Sportplatz so gut? Was Jack Welch für Baseball beschreibt, gilt für Fußball genauso: »Die Asse wollen ihre Position unter allen Umständen behalten« und »den Kick des Siegens erleben«. Die Jungs in der B-Kategorie strengen sich an, besser zu werden, was manchmal auch gelingt: »Damit steigern sie für alle die Qualität des Spiels.« Die schlechtesten gehören einfach nicht auf den Platz, sondern an den Spielfeldrand. Nun stellen hierzulande wohlmeinende Pädagogen den Schlechtesten am Schluss zum Beispiel ins Tor. Weil sie meinen, jeder müsse mitspielen dürfen, sonst sei das unfair. Das Ergebnis ist eine Katastrophe. Eine eigentlich starke Mannschaft kassiert ständig Gegentore, weil man das Tor auch gleich hätte leer lassen können. Das frustriert und demotiviert alle, vor allem die A-Spieler, weil sie sich um ihren Lohn betrogen fühlen. Doch am unglücklichsten von allen geht am Ende der C-Torwart vom Platz. Er hat das Gefühl, es den anderen versaut zu haben. Dabei wurde er nur falsch eingesetzt.

Ein »C« ist kein schlechter Mensch – sondern auf dem falschen Spielfeld

Ist es »unmenschlich«, »ungerecht«, »grausam« oder gar »darwinistisch«, C-Spieler auszusortieren? Alles das sind wörtlich Vorwürfe, die Jack Welch wegen seiner ABC-Strategie immer wieder gehört hat und bis heute hört. Die Antwort lautet: Nein, es schafft Klarheit. Wenn du als Kind bei der Mannschaftswahl als Letzter übrig bleibst, hast du klares Feedback, dass Fußball wahrscheinlich nicht dein größtes Talent ist. Aber es gibt noch tausend andere Sachen, bei denen du die Chance hast, zu den Besten zu gehören. Das war immer auch der Standpunkt von Jack Welch. Ein »C« ist kein schlechterer Mensch, sondern einfach auf dem falschen Spielfeld. »Nicht jeder kann ein guter Ballsportler sein«, schreibt Jack Welch, »und nicht jeder Ballsportler wäre ein guter Arzt, Programmierer, Handwerker, Musiker oder Schriftsteller. Jeder von uns hat seine Stärken und Begabungen, und ich glaube einfach, dass wir am glücklichsten und zufriedensten sind, wenn wir diese Stärken zur Geltung bringen können. Das gilt auf dem Sportplatz ebenso wie in der Geschäftswelt.« Dem können wir uns nur anschließen.

Ehre, wem Ehre gebührt: Wie Jack Welch bei GE das Ruder herumriss

Jack Welch mag ja behaupten, ABC sei nichts Besonderes, das lerne jedes Kind auf dem Sportplatz. Wir finden: Ehre, wem Ehre gebührt. ABC in einem Konzern einzuführen und konsequent durchzuhalten, so wie es Jack Welch bei General Electric gemacht hat, ist eine Herkulesaufgabe. Deshalb haben wir uns entschieden, dieses Kapitel mehr der Ära Jack Welch bei GE zu widmen als dem heutigen Konzern. Wir finden, dass sich hierzulande von Jack Welch für das Personalmanagement immer noch jede Menge lernen lässt. Gerade weil er polarisiert. Uns stört das nicht. Gleichzeitig geht es uns hier nicht darum, Jack Welch auf einen Sockel zu heben. Im Gegenteil, wir sind der Meinung, dass die Managerlegende bei der Umsetzung von ABC einen katastrophalen Fehler begangen hat, der heute noch in vielen Unternehmen, die sich an seinen Methoden orientieren, verheerende Schäden anrichtet. Wir würden so weit gehen zu behaupten, dass dieser Fehler in der Ausführung die gesamte ABC-Strategie in Verruf gebracht hat. Doch dazu weiter unten. Zunächst: Was genau heißt ABC im Unternehmen? Und was macht die Story von Jack Welch bei GE so besonders?

»Reparieren, schließen oder verkaufen« – Aufräumen mit klaren Ansagen

Im Alter von 45 Jahren wurde Jack Welch jüngster CEO in der Geschichte von General Electric. Und sagte gleich einen Satz, der einen Pflock einschlug: »Personalentscheidungen sind das wichtigste Steuerungsinstrument für die Entwicklung eines Unternehmens.« Doch wie war es um GE bestellt? Der Konzern hatte Weiterentwicklung dringend nötig. Denn 1981 war das Unternehmen, dessen Wurzeln bis auf Thomas Alva Edison, den Erfinder der Glühbirne, zurückgehen, ins Schlingern geraten. Ein Großteil der damaligen Produkte bestand aus Fernsehern, Videoabspielgeräten, Kühlschränken, Glühbirnen und Klimaanlagen. Aber auch Brottoaster, Eierkocher und Zwiebelschneider wurden produziert. Unglücklicherweise für GE entwickelten sich Fernseh- und Videogeräte zu einem typischen Massenmarkt, und der wurde zunehmend von Japan dominiert. Trotzdem schaffte es Jack Welch während seiner Amtszeit, den Umsatz von 27 Milliarden US-Dollar (1981) auf 130 Milliarden US-Dollar (2001) zu steigern. Der Jahresgewinn versiebenfachte sich auf circa 12,7 Milliarden US-Dollar. Als Jack Welch den Sessel des CEO räumte, war General Electric an der Börse die wertvollste Firma der Welt.

Ein berühmtes Credo von Jack Welch lautete: Entweder wir sind bei einem Produkt die Nummer eins oder zwei auf dem Weltmarkt, oder wir halten uns mit diesem Produkt nicht länger auf. Es galt die Regel: »Fix, close or sell.« Wenn Wachstums- und Renditeziele nicht erreicht wurden und der Produktbereich nicht innerhalb von zwei Jahren »repariert« werden konnte, dann kam nur infrage ihn zu schließen oder zu verkaufen. Auch für die Mitarbeiter kannte er nur drei Optionen: gewähren lassen, fördern oder loswerden. Je nachdem, ob jemand ein A, ein B oder ein C ist. Als begnadeter Recruiter ging Jack Welch allerdings nicht in die Geschichte des Managements ein. Das liegt ganz einfach daran, dass er – anders als heute die Stars aus dem Silicon Valley – am Anfang viel zu viele Leute hatte. Während seiner Amtszeit verringerte sich die Anzahl der Mitarbeiter weltweit von 400 000 auf 300 000 – und dabei ist es bis heute geblieben.

Die GE-Methoden: oft unorthodox, manchmal radikal, immer effektiv

Jack Welch war immer für unorthodoxe, ja manchmal radikale Experimente zu haben. Dabei hatte er zwei Spezialitäten. Erstens Six Sigma, eine Managementmethode zur Prozessverbesserung unter Anwendung analytischer und statistischer Verfahren. Und zweitens die Höherqualifizierung von Mitarbeitern. Dem sportbegeisterten CEO war klar: »Ein Spiel kannst du nur gewinnen, wenn du die besten Spieler auf dem Platz hast.« Wie vieles, das Jack Welch anpackte, war auch seine Personalpolitik nie unumstritten. Er verlangte von jeder Führungskraft, dass sie ihre Mitarbeiter in eine Reihenfolge bringt, ähnlich wie in der Formel 1 die Startaufstellung in einem Qualifying ermittelt wird. Also, wer ist in der Pole Position, auf dem ersten Startplatz? Wer ist die Nummer 2, 3, 4 und so weiter?

Obwohl jeder wusste, dass Jack Welch hart durchgreifen würde, ging das alles nicht reibungslos über die Bühne. Seine Führungskräfte widersetzten sich ihrem Chef mit Aussagen wie: Wir haben die besten Absol-

Kostet ein Vermögen, prägte eine ganze Generation von US-Managern: die Universität von General Electric im Bundesstaat New York. Quelle: GE

venten von den Unis geholt, wir haben die schlauesten Mitarbeiter befördert. Wir haben eine firmeneigene Universität. Wenn man uns jetzt vorwirft, wir hätten die falschen Leute, dann sind wir wohl alle Idioten. Was soll das? Solche Widerstände sind in einem Konzern jedoch völlig normal. Da geht es manchen im mittleren Management eben nicht um den besten Weg, sondern darum, selbst gut dazustehen. Jack Welch hat immer wieder betont, dass Wahrhaftigkeit und Vertrauen seine obersten Werte sind. In seinem Bestseller *Winning* schreibt er, »dass man das System der Differenzierung [Anm. der Autoren: gemeint ist die ABC-Strategie] nicht schnell einführen kann beziehungsweise darf. Bei GE haben wir rund zehn Jahre gebraucht, um eine offene, vertrauensvolle Atmosphäre zu schaffen, die die Differenzierung erst möglich macht.«

Die ABC-Strategie setzt sich am Ende durch

Jack Welch konnte die übrigen Topmanager schließlich überzeugen. Eines seiner Argumente: Wenn wir wieder eine Rezession haben, einen Rückgang von 20 oder 30 Prozent – und nach der Rezession ist vor der Rezession – dann müssen wir sicherstellen, dass wir nicht irgendwelche Mitarbeiter entlassen, sondern dass die Schwachen gehen und die Besten bleiben. Dabei hatte sich Jack Welch auf die Qualität der Mitarbeiter bei General Electric seinen ganz eigenen Reim gemacht – wieder einmal höchst unorthodox und ganz und gar subjektiv. Er war der Ansicht, dass es bei GE 10 Prozent A-Mitarbeiter, 25 Prozent B- und 65 Prozent C-Mitarbeiter gab. Da war es für ihn nur logisch, erst einmal massiv C-Mitarbeiter zu entlassen. Die Unterstellung, ihm habe das Spaß gemacht, stammt jedoch aus dem Märchenwald: »Es ist schrecklich, Leute zu feuern«, schreibt er in *Winning,* »ich hasse schon allein das Wort.« Gleichzeitig zeigt er sich überzeugt: »Was die C-Player angeht, braucht man nichts schönzureden. Sie müssen gehen.«

Dass die Verteilung 10A-25B-65C nicht der Wirklichkeit entsprach, hat Jack Welch in späteren Jahren selbst erkannt und dafür auch reichlich Buße getan. Er hat sich für diese Behauptung öffentlich entschuldigt. Für seine Methode allerdings hat er sich nie entschuldigt, dazu steht er bis heute. Jack Welch erfreut sich bester Gesundheit. Wer ihn nicht live hören kann, sollte seine einfachen, pragmatischen und klaren Tweets bei Twitter abonnieren. Die sind immer erfrischend und erhellend. Er prägte Sätze wie diese: »Der C-Mitarbeiter wäre, selbst wenn er umsonst arbeiten würde, immer noch zu teuer. Der A-Mitarbeiter ist immer unterbezahlt, ganz egal, wie viel er verdient.« Wenn Sie selbst Unternehmer oder Geschäftsführer sind, dann wissen Sie wahrscheinlich genau, was Jack Welch meint. Der C-Mitarbeiter schadet dem Unternehmen, deshalb kostet er immer Geld, auch wenn er nichts verdient. Und die Besten der Besten bringen ein Unternehmen so gigantisch voran, dass sie eigentlich unbezahlbar sind.

Jack Welch sorgte zu seiner Zeit bei General Electric für Schlagzeilen. Tatsächlich wurden ja 100 000 Mitarbeiter entlassen. Damals entstand sein Spitzname »Neutronen-Jack«. Die Neutronenbombe ist eine fürchterliche Waffe – Häuser, Autos und Bäume bleiben erhalten, aber alles menschliche Leben erlischt. In den Gewerbe- und Industriegebieten der Städte gingen oft in ganzen Gebäuden die Lichter aus. Bürgermeister demonstrierten gemeinsam mit den von Entlassung bedrohten Arbeitnehmern, weil sie um ihre Gewerbesteuereinnahmen fürchteten. Es waren turbulente Zeiten. Doch kann eine Firma überleben, die ein knappes Drittel ihrer Mitarbeiter entlässt? Die Antwort lautet: Und ob sie das kann! Anders als von vielen erwartet, ging General Electric gestärkt aus der Radikalkur hervor. Umsatz und Gewinn schnellten in die Höhe. In den Folgejahren zankten sich Bill Gates von Microsoft und Jack Welch von GE, wer die größten Umsatzsprünge machte und wer am meisten Geld verdiente.

Ein genial einfaches Konzept – und ein Riesenfehler in der Umsetzung

Unsere Leser aus dem Mittelstand könnten jetzt einwenden: Das ist ja alles schön und gut, was dieser Amerikaner da gemacht hat. Doch erstens lebte er in der Konzernwelt, die ihre eigenen Regeln hat. Zweitens war das damals eine besondere Situation, die man mit heute nicht vergleichen kann. Und drittens gibt es da große kulturelle Unterschiede. Die Amerikaner haben eine andere Unternehmenskultur – Hire and Fire, das kennt man doch. Wir sagen: Stopp! Mal langsam. Zunächst einmal sollte es auch heute zu denken geben, dass man Mitarbeiter entlassen und trotzdem wachsen kann. Das war eine überraschende, ja schockierende Tatsache. Dann ist General Electric ein Weltkonzern. Die Strategie kam weltweit zum Einsatz. Jack Welch hat immer wieder betont, dass er kulturelle Unterschiede als Einwand nicht akzeptiert. Auch damals hieß es schon, ABC könne man in Japan nicht machen, weil dort niemand sein Gesicht verlieren dürfe. Jack Welch fand dieses Argument, wie so viele, *bullshit.* Er war überzeugt: Natürlich wollen auch die Japaner in Spitzenteams arbeiten, und selbstverständlich wollen auch sie sich ihren Erfolg nicht von ein, zwei C-Mitarbeitern, die fehl am Platz sind, verderben lassen.

Im deutschen Mittelstand gelten dieselben Regeln

Wir geben Ihnen hier persönlich unser Wort, dass die Strategie von Jack Welch auch in mittelständischen, ja sogar in handwerklichen deutschen Unternehmen funktioniert. Beispiel gefällig? Hier ist eines: Kürzlich kam eine Unternehmerin mit 18 Mitarbeitern auf uns zu. Sie hatte beschlossen, sich von ihren drei C-Mitarbeitern zu trennen. Ihre Frage an uns war: »Wenn ich mich jetzt von den drei C-Mitarbeitern trenne, ist es dann ausreichend, wenn ich dafür einen A-Mitarbeiter einstelle, der die Arbeit der drei Kollegen übernimmt?« Was hätten Sie gesagt? Nun, unsere Antwort war klar: »Wenn Sie der Überzeugung sind, dass Sie sich von diesen drei Personen trennen müssen, dann tun Sie es. Allerdings: Stellen Sie niemanden neu ein. Es wird nicht notwendig sein.«

Die Dame war reichlich verdutzt. Aber wie so oft hat es auch in diesem Fall wieder funktioniert: Weniger Mitarbeiter liefern bessere Ergebnisse. Möglicherweise fragen Sie sich, wie das überhaupt möglich ist. Also, es gibt da eine Faustformel: Ein falsch eingestellter Mitarbeiter kostet 15 Monatslöhne. Wieso 15 Monatslöhne? Nun, den Mitarbeiter zu suchen, einzustellen und den Onboarding-Prozess zu starten, kostet, sagen wir, zwei Monatslöhne. Nach drei Monaten in der Probezeit werden die vereinbarten Meilensteine nicht erreicht, und Ihnen ist klar, dass Sie eine falsche Entscheidung getroffen haben. Na ja, werden Sie jetzt sagen, jetzt bin ich bei fünf Monatslöhnen, woher kommen die 15? Wir nennen diese Differenz »verpasste Gelegenheiten«. In den drei Monaten wurden möglicherweise Kunden verärgert, vielleicht wurde sogar ein Lieferant verprellt. A-Mitarbeiter wurden von der Arbeit abgehalten, weil sie die Scherben zusammenkehren mussten. Der neue Mitarbeiter war wahrscheinlich auch ein schlechtes Vorbild, weil seine Leistung dem Spitzenteam nicht gerecht wurde. Und so weiter.

Von solchen Mitarbeitern müssen Sie sich also auch hierzulande trennen. Mit Hire and Fire hat das nicht das Geringste zu tun. Denn Hire and Fire bedeutet ja, bei Bedarf, also zum Beispiel wegen eines Großauftrags, Arbeitskräfte zusätzlich einzustellen und diese sofort wieder zu entlassen, wenn der Bedarf nachlässt. Wir reden hier jedoch über Kündigungen aufgrund mangelhafter Leistungen. Jährliche Mitarbeiterbefragungen sollten dafür sorgen, dass gerade die Kündigung aufgrund unzureichender Leistung langsam vorbereitet wird. Entlassen zu werden ist schlimm, und es darf auf gar keinen Fall wie eine öffentliche Hinrichtung aussehen. Bitte keine Überraschungen und keine Demütigungen! Das *Handelsblatt* beschrieb die Praxis bei General Electric einmal so: »Einmal im Jahr die Schlusslichter der Belegschaft schassen.« Dazu gibt es übrigens nicht nur in Deutschland, sondern auch in den USA hohe rechtliche Hürden. Das weiß jeder, der eine Niederlassung in den USA hat. Doch hüben wie drüben sind die Hürden nicht unüberwindbar. Wo ein Wille ist, da ist ein Weg.

Schluss mit der Riesendummheit »Forced Ranking«

Jack Welch selbst sprach nie von ABC, sondern er sprach immer von 20–70–10. Wenn man ABC in seinem Bestseller *Winning* im Stichwortverzeichnis nachschlägt, dann kommt man lediglich auf den amerikanischen Fernsehsender ABC. 20–70–10 heißt nun fatalerweise bei Jack

Welch, dass vorhandene Mitarbeiter immer in eine dieser drei Kategorien einsortiert werden müssen. Es wird eine jährliche Mitarbeiterbewertung durchgeführt und am Ende wird eine Glockenkurve konstruiert, eben 20A-70B-10C. Dieses Konzept nennt man »Forced Ranking«. Warum ist das fatal? Vielleicht haben Sie das Kapitel über Google noch im Kopf: Google hat nach eigener Einschätzung 95 Prozent A-Mitarbeiter, 5 Prozent B-Mitarbeiter und keinen einzigen C-Mitarbeiter. Käme hier das Forced Ranking von Jack Welch zum Einsatz, dann würden die allermeisten A-Mitarbeiter plötzlich als B-Mitarbeiter gelten. Und was wollte man dann mit ihnen anstellen? Mehr als A geht nicht! Einige A-Mitarbeiter bei Google würden sogar plötzlich als C-Mitarbeiter dastehen. Eine Katastrophe.

Während der Amtszeit von Jack Welch galt bei GE ausnahmslos das Forced Ranking: Die 20 Prozent Besten wurden befördert, den schlechtesten 10 Prozent wurde gekündigt. Da diese Prozentzahlen *auf jeden Fall* eingehalten werden müssen, ist dies nicht nur ein Ranking, sondern ein Forced Ranking, also eine »zwingende« oder besser: »erzwungene« Einstufung. Wir, die Autoren, empfehlen Unternehmen grundsätzlich ein »einfaches« Ranking – ohne feste Quoten. Deswegen argumentieren wir in diesem Buch auch, dass zum Beispiel aus einer 20A-70B-10C-Company irgendwann eine 80A-20B-0C-Company werden kann. Bei Jack Welch mit seinem Forced Ranking wäre so etwas gar nicht möglich. Am Ende des Tages muss bei ihm immer eine Verteilung von 20–70–10 zustande kommen. Doch wer über Jahre immer hinten die schlechtesten 10 Prozent abschneidet, der hat ja irgendwann nur noch A-Mitarbeiter und müsste jetzt anfangen, in den Stamm der A-Mitarbeiter reinzuschneiden. Das ist nicht nur schmerzlich, sondern schlicht unsinnig. Es hat General Electric zu Recht viel Kritik eingebracht.

Was für verheerende Folgen die unserer Meinung nach falsch angewendete ABC-Strategie in Form eines Forced Ranking haben kann, haben wir vor kurzem erst bei einem erfolgreichen deutschen Mittelständler erlebt. Die Geschäftsführung beruft sich im Personalmanagement auf die Methoden von Jack Welch, was wir vom Ansatz her ja auch begrüßen. Nun kam es jedoch zu folgender Situation: Das im B2B-Geschäft tätige Unternehmen hat zehn Verkäufer, darunter drei absolute Starverkäufer, die für die Multimillionen-Deals sorgen. Nach dem Forced-Ranking-Prinzip 20–70–10 darf es aber unter den zehn Verkäufern nur zwei A geben. Also musste einer der Starverkäufer dran glauben und wurde mit einer reichlich konstruierten Begründung zum B herabgestuft. Der

Die Bewertungskategorien bei der Mitarbeiterbeurteilung haben verschiedene Namen				
Urheber	**Bezeichnung**			**Zitat**
Jack Welch, Ehemaliger CEO von GE	20 %	70 %	10 %	»Ziel der Differenzierung ist es, die mittleren 70 Prozent zu beobachten, Mitarbeiter mit Aufstiegspotenzial zu identifizieren und zu fördern.«
Jörg Knoblauch, tempus-Consulting	A	B	C	»Es gibt in Zukunft nur noch zwei Sorten von Firmen, nämlich diejenigen, die A-Mitarbeiter haben, und diejenigen, die pleite sind.«
Gallup Organization, Markt- und Meinungsforscher	Herz, Hand und Verstand	Dienst nach Vorschrift	Innerlich gekündigt	»C-Mitarbeiter, das sind die Leute, die sich schon am Sonntag nach dem Tatort fragen: Wann ist denn wieder Wochenende?« Marco Nink, Projektmanager bei Gallup
Volksmund	Mutmacher	Mitmacher	Miesmacher	»Ein fauler Apfel verdirbt den ganzen Korb.«

Verkäufer war stinksauer, weil er genauso viele dicke Aufträge hereingeholt hatte wie die beiden anderen Spitzenleute. Sollte er um den Lohn seiner Arbeit betrogen werden? Fast hätte das Unternehmen so einen seiner besten Leute verloren, denn der Verkäufer wollte alles hinschmeißen. Fast wäre das Betriebsklima gekippt. Im letzten Moment zog die Geschäftsleitung die Notbremse. Wir raten Ihnen: Wenn Sie nicht gerade massiv Personal abbauen müssen, dann lassen Sie die Finger von Forced Ranking.

Richtig angewendet sind Beurteilungen gerecht

Jeffrey Immelt, der Nachfolger von Jack Welch, hat andere Schwerpunkte gesetzt. Er hat das Forced Ranking aufgeweicht. Auch die Betonung des Personalmanagements hat unter ihm deutlich nachgelassen. Er hat den »grünen Konzern« geschaffen, hat zeitgemäße, ökologisch wertvolle Produkte auf den Markt gebracht und ist überhaupt ein Verkaufsgenie. Allerdings: Die ABC-Strategie wurde von Tausenden Unternehmen aufgegriffen und wird immer mit General Electric in Verbindung gebracht werden. Oder besser: Mit der Managerlegende Jack Welch. Er ist nach wie vor rund um die Welt unterwegs, und seine Einteilung der Mitarbeiter in drei Leistungsstufen erregt immer noch die Gemüter. Als er nach einem Vortrag einmal gefragt wurde, ob die Bewertung von Mitarbeitern nicht zwangsläufig ungerecht sein müsse, antwortete er mit einer Gegenfrage: »Haben Sie in der Schule jemals Noten erhalten?« Alle nickten zustimmend. Jack Welch hakte nach, ob irgendjemand die Benotung für gemein gehalten hätte. »Hm, nein«, lautete die Antwort. Manchmal tun Noten weh, stellte Jack Welch fest. Doch irgendwie finden sich alle Kinder damit ab. Noten sorgen für Klarheit. Sie geben eine wichtige Auskunft über uns und unsere Talente. Wo Jugendliche gute Noten bekommen, da bleiben sie dran und da erkennen sie die Richtung für ihren späteren Beruf. »Sollen unsere Leistungen nicht mehr bewertet werden, nur weil die Schulzeit oder das Studium hinter uns liegen?«, fragte Jack Welch seine Zuhörer. »Damit keine Gemeinheiten passieren können? Ich bitte Sie!«

Was macht General Electric, um die besten Mitarbeiter zu finden und zu binden?

- General Electric war mit seinem CEO Jack Welch ab 1981 der Pionier einer ebenso einfachen wie hoch effektiven Leistungsbewertung aller Mitarbeiter nach drei Leistungsstufen, die wir in unseren Büchern als ABC-Strategie bezeichnen.
- Das Ranking war – auch intern – stets umstritten. Doch Jack Welch verteidigt es bis heute leidenschaftlich. Ist Benotung verwerflich? Nun, Schulnoten helfen, Stärken und Schwächen zu erkennen. Sie geben eine wichtige Auskunft über uns und unsere Talente. Und führen auch mal dazu, dass man eine Klasse wiederholt.
- Leider hat Jack Welch bei GE ein sogenanntes »Forced Ranking« durchgeführt, bei dem die Verteilung 20A-70B-10C vorgegeben ist und vorhandene Mitarbeiter zwingend in eine dieser drei Kategorien einsortiert werden müssen. Wir können davon nur dringend abraten. Der Anteil der A-, B- und C-Mitarbeiter sollte niemals starr vorgegeben sein. Google z. B. hat 95A-5B-0C.
- Die Basis für die Einführung von ABC im Unternehmen war für Jack Welch Wahrhaftigkeit und Vertrauen. ABC sollte deshalb nie überstürzt eingeführt werden. GE nahm sich zehn Jahre Zeit.

- Ausbildung ist bei GE zentral. Die firmeneigene Universität in Crotonville hat die Business-Elite geprägt, nicht nur die von GE, sondern auch die von anderen Firmen rund um den Globus, die heute von Abgängern dieser Universität und Ex-GE-Managern geleitet werden.
- GE arbeitet ständig an der Verbesserung seiner Teams. Jeder Rückschritt wird als eine Möglichkeit gesehen, jemanden zu beurteilen, zu coachen und letztlich seine Leistung zu verbessern und sein Selbstbewusstsein zu stärken. Die Einstufung als B-Mitarbeiter dient dem primären Ziel, diesen Mitarbeiter zu fördern.
- Zu einer großartigen Firma gehört nicht nur ein großartiger Chef, sondern auch ein großartiger Personaler. Bei GE in der Ära Jack Welch war das Bill Conaty.
- Bei General Electric weiß man, dass Führungskräfte den Standard für Spitzenleistung setzen. Es gibt keinen direkteren Weg, die Leistungskraft der gesamten Organisation zu steigern, als Führungskräfte zu entwickeln.
- Jack Welch hat jahrelang an seinem Persönlichkeitskonzept für Führungskräfte namens »4E« gearbeitet: Das erste »E« bedeutet positive Energie, Spaß haben an Veränderung. Das zweite »E« bedeutet die Fähigkeit, andere zu elektrisieren. Das dritte »E« heißt Entschlusskraft, also Mut zu klaren Entscheidungen. Das vierte »E« steht für Ergebnisorientierung und Erfolgswillen.
- Jack Welch und Bill Conaty fügten den »4E« später noch ein »P« für Passion, Leidenschaft oder Herzblut hinzu. Denn selbst wenn Manager alle 4 E in großartiger Weise erfüllen, fehlt etwas. Nur wo diese grenzenlose Begeisterungsfähigkeit hinzukommt, entsteht wirklich Spitzenleistung.

In unserer Online-Mediathek zum Buch unter www.geheimnis-der-champions.de/mediathek finden Sie eine Fülle von kostenlosen Zusatzangeboten: Formulare und Vorlagen, Videos, Artikel, Buchtipps und mehr!

Talentjäger mindsquare: Job gesucht, neue Freunde gefunden

Unternehmen: mindsquare GmbH
Hauptsitz: Seelze, Niedersachsen, Deutschland
Branche: IT-Beratung und -Services
Umsatz: 9,6 Mio. Euro
Website: www.mindsquare.de
Gründungsjahr: 2007
Anzahl der Mitarbeiter: 130

Kennen Sie eine Firma, bei der auf Bewerber geschossen wird? Wir ja. Doch keine Sorge – alle überleben. Denn geschossen wird ausschließlich mit Farbpatronen. Das 2007 gegründete IT-Beratungsunternehmen mindsquare geht mit Bewerbern nämlich Paintball spielen. Paintball? Richtig, das ist dieser actiongeladene Mannschaftssport, bei dem die Spieler mit Druckluftwaffen aufeinander zielen. Egoshooter haben hierbei übrigens keine Chance, denn Teamgeist und taktisches Geschick sind gefragt. Wie es Ende 2013 zu der Idee kam, erklärt Personalleiter Timm Funke so: »Unser Bewerbertag lief zu der Zeit mehr oder weniger wie ein normales Assessment Center ab. Nach einer Präsentation des Unternehmens sind wir abends essen gegangen, am nächsten Tag gab es dann Gruppenarbeiten und Einzelgespräche. Viele Bewerber fanden das nicht passend zu der erwarteten Unternehmenskultur.« Die oft jungen Bewerber hatten im Internet gelesen, was für ein toller Arbeitgeber mindsquare angeblich ist. Viele konnten das gar nicht glauben. Prompt fanden sie die Firma beim Bewerbertag langweilig. Eine positiv verrückte Idee musste her. Seitdem wird am Abend Paintball gespielt. »Hier schaffen wir eine ganz andere Atmosphäre und können die Bewerber viel besser kennenlernen«, erläutert Timm Funke. »Anschließend setzen wir uns noch vor dem Hotel mit Mitarbeitern und Bewerbern zusammen.« Der Erfolg ist messbar: Heute geben deutlich mehr Bewerber eine Zusage, wenn mindsquare ihnen nach dem Bewerbertag ein Angebot macht.

Die Synthese aus Spitzenleistung und freundschaftlichem Umgang

Paintball passt authentisch zu mindsquare, weil es ein Spiegel der Firmenphilosophie ist. Höchstleistung im Team bringen und dabei Spaß haben, lautet die Devise. »Ich will den idealen Arbeitsplatz für Informatiker schaffen und unseren Kunden die absolut beste Beratung liefern«, sagt Geschäftsführer Ferdinando Piumelli. Das Konzept scheint aufzugehen: Schon anderthalb Jahre nach der Gründung hatte mindsquare mit 20 Festangestellten die erste Umsatzmillion erreicht. Im Krisenjahr 2009, als andere IT-Firmen Leute entließen, legte mindsquare um 85 Prozent zu. Heute arbeiten 130 Mitarbeiter für mindsquare und sind die meiste Zeit bei den Kunden. Der Hauptsitz befindet sich in Seelze bei Hannover, das größte Büro in Bielefeld. Weitere Standorte sind Berlin, Düsseldorf und Hamburg. 18 der DAX-30-Unternehmen sowie über 100 Mittelständler gehören zu den Kunden. Was wird von Bewerbern erwartet, die diese Erfolgsgeschichte fortsetzen wollen? mindsquare möchte IT-Leute, die ihr Hobby zum Beruf gemacht haben und mit Leidenschaft bei der Sache sind. Sie sollen hier auf Menschen treffen, die eher Freunde als Kollegen sind.

Leicht ist es mit Sicherheit nicht, dafür die richtigen Leute zu finden. Auch in der IT macht sich der Fachkräftemangel bemerkbar. Dennoch will mindsquare bei seinen Ansprüchen keine Abstriche machen. Ausschließlich A-Mitarbeiter sollen an Bord kommen. Die aktuelle ABC-Verteilung liegt laut Personalchef Timm Funke bei 80 A, 20 B und 0 C. Von C-Mitarbeitern trenne man sich sehr schnell, erläutert er. Denn: »Gerade in Beratungsunternehmen kommt es auf jeden einzelnen Mitarbeiter an.« Damit Recruiting keine Lotterie ist, arbeitet mindsquare mit dem neunstufigen Einstellungsprozess von tempus. Ziel dieses Prozesses ist es, die durchschnittliche Trefferquote von A-Mitarbeitern von den üblichen 20 bis 30 Prozent auf 80 Prozent zu steigern. Ein strukturierter Einstellungsprozess kostet viel Zeit und Geld. Doch der

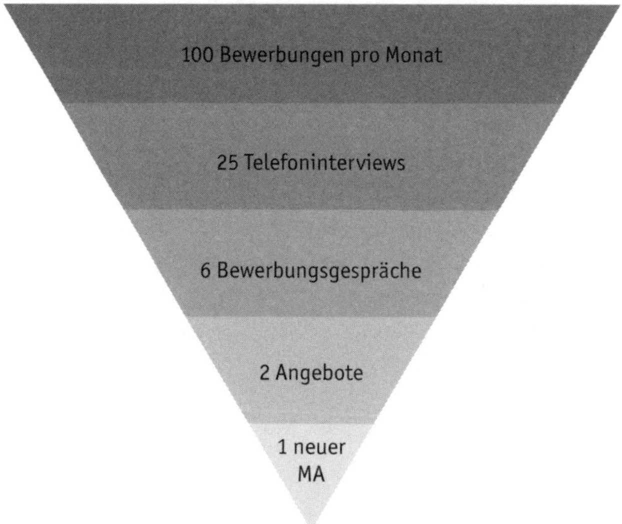

Da liegt die Trefferquote für A-Mitarbeiter bei über 80 Prozent:
Der Einstellungstrichter bei mindsquare

Personalleiter weiß, dass sich der Erfolg ohne »systematische Mitarbeiterplanung« nicht halten lässt. Besser länger und intensiver nach einem A suchen, als einen B einzustellen, der zufällig verfügbar ist. Die 40 im Jahr 2014 eingestellten Mitarbeiter sind unter mehr als 3400 Bewerbern ausgewählt worden.

Den Herausforderungen der Zeit gewachsen

Für die »Generation Y« beobachtet Personaler Timm Funke, dass sie ähnliche Bedürfnisse wie frühere Generationen hat, aber deutlich selbstbewusster auftritt. So erwarten junge Bewerber heute eine Reaktion innerhalb von zwei Tagen nach dem Abschicken ihrer digitalen Bewerbung. mindsquare will sogar jede Bewerbung bereits nach zwei Wochen abschließen. Das gelingt in kleinen Teams mit Führungskräften der verschiedenen Bereiche. Zudem engagieren sich die Mitarbeiter beim Recruiting, etwa als Markenbotschafter an ihrer ehemaligen Uni. Auch für die vielen Webauftritte von mindsquare (siehe Kasten) produzieren die Mitarbeiter selbst Fotos, Videos und Erfahrungsberichte. Das hohe Wachstum an Mitarbeitern ist bei mindsquare nur durch einen Mix aus vielen Maßnahmen möglich, um auf sich aufmerksam zu machen. Hinzu kommt die direkte Ansprache besonders interessanter Kandidaten, das sogenannte Active Sourcing.

Recruiting-Maßnahmen bei mindsquare

Online-Stellenanzeigen
- Stepstone
- Monster
- XING

Online-Plattformen
- Absolventa
- Get in IT
- XING
- Kununu
- Trainee Geflüster

Hochschulmessen
- Absolventenkongress Deutschland
- Connecticum
- Konaktiva
- Regionale Absolventenkongresse

Active Sourcing
- XING-Ansprache
- Get in IT
- Absolventa

Was erwartet neue Mitarbeiter bei mindsquare? Eine Unternehmenskultur, die nun bereits drei Jahre in Folge als eine der besten in Deutschland ausgezeichnet wurde. Unter dem Stichwort »Mitarbeitermotivation 2.0« setzt mindsquare auf den Faktor Wohlbefinden. Obst und Getränke kostenlos in jedem Büro gehören ebenso dazu wie flexible Arbeitszeiten, Teamabende, die Beurteilung der Vorgesetzten durch die Mitarbeiter sowie die Möglichkeit, einen eigenen Fachbereich aufzubauen und Mitunternehmer zu werden. Ein spezielles »Regionenkonzept« ermöglicht es jedem Berater, seinen Wunscharbeitsort zu bestimmen. Ziel ist es, dass die Consultants während 70 Prozent ihrer Jahresarbeitszeit so eingesetzt werden, dass sie abends nach Hause fahren können. Ausschließlich Absolventen mit einem IT-Schwerpunkt haben eine Chance auf einen Job bei mindsquare. Darauf legt die Firma sehr viel Wert. Mit einem speziellen Einstiegsprogramm schlägt mindsquare dann die Brücke zwischen Theorie und Praxis. Seit einiger Zeit durchläuft jeder Mitarbeiter intern die Managementausbildung. Wenn ein Unternehmen fast ausschließlich A-Mitarbeiter hat, dann wollen diese eben auch alle die zusätzliche Ausbildung.

Jeder Mitarbeiter absolviert intern eine Managementausbildung: Sprungbrett für die große Karriere. Quelle: mindsquare

Was mindsquare am Ende besonders macht, ist das gewisse Etwas, das sich nur schwer anhand von Fakten darstellen lässt. Da drehen etwa neue Mitarbeiter im Rahmen des Einstiegsprogramms »mind access« kleine Videos mit ihrer persönlichen Geschichte. Bei mindsquare kann sich jeder Mitarbeiter auch intern engagieren und so das Unternehmen ständig verbessern. Da die Berater eine Vier-Tage-Woche bei den Kunden haben, bietet sich besonders der Freitag für solche Aktivitäten an. Manchmal, erzählt Personalleiter Timm Funke, werde »einfach auch mal Geld in die Hand genommen, um gemeinsam tolle Dinge zu erleben«. Gemeinschaftserlebnisse müssen jedoch nicht immer teuer sein. Regelmäßig treffen sich Mitarbeiter zu Videospielpartys. Sie scheinen selbst nach einem langen Arbeitstag weder von Bildschirmen noch von ihren Kollegen genug zu haben.

Was macht mindsquare, um die besten Mitarbeiter zu finden und zu binden?

- Das Unternehmen setzt konsequent auf den neunstufigen Einstellungsprozess von tempus (siehe tempus-Kapitel in diesem Buch). Der Aufwand lohnt sich: Die aktuelle ABC-Verteilung ist ca. 80–20–0.
- Die »Generation Y« will schnelle Entscheidungen. Bei mindsquare vergehen gerade einmal zwei Wochen von der (digitalen) Bewerbung bis zur Einstellung.
- Am Bewerbertag gibt es eine Unternehmenspräsentation und einen Einstellungstest – danach wird Paintball gespielt. Der Bewerber öffnet sich bei dem Sport, doch auch sein Spielstil wird bewertet: Passt er damit ins Team? Fünf bis acht »Mindsquarer« und zehn Bewerber sind an diesem Tag dabei. Ein bis zwei Neue werden am Ende eingestellt.
- Arbeitgeber-Auszeichnungen, wie von Great Place to Work, helfen dabei, noch mehr Talente anzuziehen. Informatiker werden auch direkt angesprochen (»Active Sourcing«). Später kann jeder die Prozesse bei mindsquare mitgestalten. Die Perspektive: einen eigenen Fachbereich aufbauen und Mitunternehmer werden.
- Das Leitbild von mindsquare: Freunde statt Kollegen, sein Hobby zum Beruf machen – zahlreiche Freizeitaktivitäten der Mitarbeiter zeugen davon. Die Arbeitszeit ist flexibel, und der Wunscharbeitsort wird berücksichtigt.
- A-Mitarbeiter wollen etwas für ihre Weiterbildung tun. Daher bietet mindsquare immer den nächsten Schritt an, etwa nach dem Traineeprogramm die Managementausbildung. Jeder hat einen Mentor, der für die persönliche Weiterentwicklung verantwortlich ist.
- Der »Nasenfaktor« soll ausgeschlossen werden: Es gibt ein transparentes Karrieremodell unter Einbeziehung des ABC-Bewertungsbogens für Mitarbeiter.

- Transparente Kommunikation wird großgeschrieben: Es gibt regelmäßig eine Geschäftsführerfragestunde. Die Gründe für jede Entscheidung des Managements können von allen Mitarbeitern erfragt werden.

In unserer Online-Mediathek zum Buch unter www.geheimnis-der-champions.de/mediathek finden Sie eine Fülle von kostenlosen Zusatzangeboten: Formulare und Vorlagen, Videos, Artikel, Buchtipps und mehr!

Durchstarter Mars Deutschland: A-Mitarbeiter bewahren den Markenglanz

Unternehmen: Mars GmbH
Hauptsitz: Verden (Niedersachsen) und Viersen (NRW), Deutschland
Muttergesellschaft : Mars Inc., McLean, Virginia, USA
Branche: Lebensmittel und Tiernahrung
Umsatz: 1,8 Mrd. Euro
Website: www.mars.de
Gründungsjahr: 1959
Anzahl der Mitarbeiter: 2 600

Vor gut zehn Jahren gruben sich bei der Mars GmbH tiefe Sorgenfalten in Managergesichter. Keine Frage, der deutsche Ableger des Global Players aus den USA hatte strahlende Marken, die bei den Verbrauchern hoch im Kurs standen. Der namensgebende Schokoriegel »Mars«, 1932 erfunden von Forrest E. Mars senior, ist hier sicher an erster Stelle zu nennen. Weitere Süßigkeiten, die jedes Kind kennt, heißen Snickers, Twix, Bounty, Ballisto oder M&M's. In Millionen Küchenschränken finden sich Produkte der Marken Uncle Ben's und Mirácoli. Und deutsche Hunde und Katzen werden mit Frolic, Whiskas oder Sheba verwöhnt. Der Glanz all dieser Marken änderte damals allerdings nichts daran, dass es im Personalbereich düster aussah. Gallup hatte die Belegschaft 2004 durchleuchtet und war zu einem wenig schmeichelhaften Ergebnis gekommen: nur rund 17 Prozent A-Mitarbeiter, 71 Prozent B-Mitarbeiter und 12 Prozent C-Mitarbeiter. Insider mögen jetzt anmerken, das entspreche dem deutschen Durchschnitt. Das ist richtig, doch bei Mars war Mittelmaß keine Option. Die Manager sagten sich: Wenn Mitarbeiter zukünftig das wichtigste Kapital sind, dann ist unsere Firma unterkapitalisiert. Es sollte, ja es musste etwas geschehen. Nach zehn Jahren harter Arbeit kann sich das Ergebnis mehr als sehen lassen. Die Zahlen für 2014 lauten: 72 Prozent A-Mitarbeiter, 23 Prozent B-Mitarbeiter und 5 Prozent C-Mitarbeiter. Was für ein Sprung! Wie hat Mars das geschafft?

Wie man den Anteil der A-Mitarbeiter in zehn Jahren vervierfacht

Gallup hat Mars in einem wichtigen Punkt die Augen geöffnet: 70 Prozent der emotionalen Bindung hängen von der direkten Führungskraft im Team ab. Mars hat deshalb Jahr für Jahr an der Führungskultur gearbeitet. Dadurch ist es gelungen, neue A-Mitarbeiter anzuziehen, B-Mitarbeiter zu entwickeln und sich von vielen C-Mitarbeitern zu trennen. Heute gelten 72 Prozent der Mitarbeiter als stark gebunden. Die neue A-Klasse hat sich direkt auf die Zahlen ausgewirkt: Die Business-Performance ist um 10 bis 15 Prozent gestiegen, die organische Wachstumsrate hat sich verdoppelt und das Profitabilitätswachstum verdreifacht. Doch was zieht A-Mitarbeiter an und lässt sie bleiben? Zunächst einmal ein inspirierendes Arbeitsumfeld. Mars schuf Großraumbüros für alle, vom einfachen Mitarbeiter bis zum Geschäftsführer. Bitte denken Sie jetzt nicht an die Wissensarbeiter in den Tech-Branchen, für die Großraumbüros gerade aus der Mode kommen. Wir sind hier in der Produktion von Lebensmitteln und Tiernahrung – und da sind kurze Wege und flache Hierarchien ein Riesenvorteil.

Gallup Q12: Das große ABC

Die Gallup Organization mit Hauptsitz in Washington, deren Wurzeln bis in die 1930er-Jahre zurückreichen, ist vor allem als Pionier der Meinungsforschung bekannt geworden. In den USA denkt jeder bei Gallup als Erstes an Wahlprognosen. Hierzulande recht bekannt ist der »Engagement-Index«, der von Gallup Deutschland jährlich erhoben wird. Ebenso regelmäßiges wie trauriges Ergebnis: Viele Mitarbeiter haben innerlich gekündigt und werkeln ohne emotionale Bindung an den Arbeitgeber vor sich hin.

Gallup misst das Engagement von Mitarbeitern mit den folgenden zwölf Fragen, dem Fragebogen »Q12«:

1. Ich weiß, was bei der Arbeit von mir erwartet wird.
2. Ich habe die Materialien und die Arbeitsmittel, um meine Arbeit richtig zu machen.
3. Ich habe bei der Arbeit jeden Tag die Gelegenheit, das zu tun, was ich am besten kann.
4. Ich habe in den letzten sieben Tagen für gute Arbeit Anerkennung oder Lob bekommen.
5. Mein/e Vorgesetzte/r oder eine andere Person bei der Arbeit interessiert sich für mich als Mensch.
6. Bei der Arbeit gibt es jemanden, der mich in meiner Entwicklung fördert.
7. Bei der Arbeit scheint meine Meinung zu zählen.
8. Die Ziele und die Unternehmensphilosophie meiner Firma geben mir das Gefühl, dass meine Arbeit wichtig ist.
9. Meine Kollegen haben einen inneren Antrieb, Arbeit von hoher Qualität zu leisten.
10. Ich habe einen sehr guten Freund in der Firma.
11. In den letzten sechs Monaten hat jemand in der Firma mit mir über meine Fortschritte gesprochen.
12. Während des letzten Jahres hatte ich bei der Arbeit die Gelegenheit, Neues zu lernen und mich weiterzuentwickeln.

Je nach Grad der Zustimmung bei den zwölf Fragen werden die Mitarbeiter einsortiert: Sie arbeiten »mit Herz, Hand und Verstand« (A-Mitarbeiter), machen »Dienst nach Vorschrift« (B-Mitarbeiter) oder haben »innerlich gekündigt« (C-Mitarbeiter).

Innerhalb eines Jahrzehnts sind die Mitarbeiter bei Mars zusammengerückt. Heute ist jeder mit jedem per Du. Flexible Arbeitszeiten, regelmäßige Mitarbeitergespräche und eine attraktive Entlohnung gehören zum Standard. Mars legt großen Wert darauf, Mitarbeitern von Anfang an ein Höchstmaß an Eigenverantwortung und Entscheidungsfreiheit zu bieten. Auch das ist typisch für Unternehmen, die eine A-Kultur anstreben. A-Mitarbeiter lieben Freiheit und Verantwortung – B-Mitarbeiter wollen, dass andere für sie entscheiden und ihnen Verantwortung abnehmen. Vielfältige und individuelle Karrierechancen gehören für Mars heute ebenso dazu. Darüber hat man sich in den vergangenen Jahren viele Gedanken gemacht. Nicht von ungefähr wurde Mars Deutschland mehrfach als einer der besten Arbeitgeber ausgezeichnet.

Gelebte Werte und gutes Management sorgen für engagierte Mitarbeiter

Die Unternehmenskultur von Mars basiert auf den fünf Prinzipien Qualität, Verantwortung, Gegenseitigkeit, Effizienz und Freiheit. Der Mutterkonzern Mars Inc. ist an 394 Standorten in 74 Ländern vertreten und beschäftigt weltweit rund 72 000 Mitarbeiter. Dem Unternehmen ist es wichtig, dass trotz kultureller Unterschiede alle dieselben Werte teilen. Die Schulung »Essence of Mars« unterstützt Mitarbeiter dabei, die Unternehmenskultur und die Anwendung der fünf Prinzipien bei der täglichen Arbeit zu verstehen. Knapp 80 Prozent der Belegschaft besuchen jährlich diese Schulung. Eine Folge des gelebten Wertes »Gegenseitigkeit« sind zum Beispiel die »Mars-Botschafter«. Das »Mars Ambassador Programm« bietet Mitarbeitern aus allen Bereichen und Ebenen die Möglichkeit, sich weltweit für Menschen und Umwelt zu engagieren. Besonders beliebt ist die »Reise an den Anfang der Produktionskette«. Allein in Vietnam hatten schon rund 10 000 im Kakaoanbau tätige Menschen direkt oder indirekt Kontakt zu »Mars-Botschaftern«.

Eine Mars-Mitarbeiterin hilft im Rahmen des »Mars Volunteer Program« beim Bau einer Spielanlage. Quelle: Mars

Das »70/20/10-Lernmodell« von Mars funktioniert so: 70 Prozent des Lernens erfolgen durch eigenes Ausprobieren, auch wenn damit Risiken verbunden sind. 20 Prozent lernen Mitarbeiter bei einem Mentor. Die restlichen 10 Prozent werden in Seminaren vermittelt. Dabei sind die Seminarleiter hausinterne Referenten. Mars geht jedoch noch einen Schritt weiter: Auch auf die Lieferanten wird mittlerweile aktiv Einfluss genommen. Um über die gesamte Wertschöpfungskette Mehrwert zu schaffen, wurde dazu in Kooperation mit Gallup ein neues Tool entwickelt. Ziel sind Lieferanten, die ebenfalls möglichst viele A-Mitarbeiter beschäftigen. Durch bessere Kommunikation hat sich die Zusammenarbeit bereits deutlich verbessert. Vom komplizierten Kunden habe Mars sich in vielen Fällen zum präferierten Kunden gemausert, heißt es in dem Unternehmen. Der Turnaround zur A-Kultur soll eben an den Unternehmensmauern nicht Halt machen. Unsere Erfahrung zeigt: Je größer das Unternehmen, desto komplizierter und aufwendiger sind solche Turnarounds. Für Mars Deutschland mit seinen 2600 Mitarbeitern ist es also eine reife Leistung, in zehn Jahren von 17 Prozent auf 72 Prozent A-Mitarbeiter gekommen zu sein. Was war nochmal der Klassiker der Mars-Werbung? Richtig: Mars macht mobil, bei Arbeit, Sport und Spiel.

Was macht Mars Deutschland, um die besten Mitarbeiter zu finden und zu binden?

- Es gibt überall flache Hierarchien und kurze Wege. Manager und einfache Mitarbeiter sitzen gemeinsam in Großraumbüros – für ein produzierendes Unternehmen ein Riesenvorteil. Jeder ist mit jedem per Du.
- Eine »Q12«-Umfrage wird jedes Jahr zusammen mit Gallup durchgeführt, um das Engagement der Mitarbeiter festzustellen. Von 2004 bis 2014 verbesserte sich die ABC-Verteilung von 17/71/12 zu 72/23/5.
- Mittlerweile werden auch die Lieferanten mit einbezogen. Mars nimmt hier aktiv Einfluss. Ziel sind Lieferanten mit ebenfalls möglichst vielen A-Mitarbeitern sowie eine reibungslose Kommunikation zwischen den Lieferanten und Mars.
- Die Unternehmenskultur von Mars basiert auf den fünf Prinzipien Qualität, Verantwortung, Gegenseitigkeit, Effizienz und Freiheit. Diese werden intensiv geschult, damit sie für die Mitarbeiter praktisch umsetzbar sind.
- Zur Kultur gehört es auch, Erfolge gemeinsam zu feiern.

- Mars bietet Mitarbeitern aus allen Bereichen und Ebenen die Möglichkeit, sich weltweit für Menschen und Umwelt zu engagieren. So reisen zum Beispiel »Mars-Botschafter« zu den Kakaoproduzenten in Schwellenländern.
- Mars hat umfangreiche Coaching- und Mentoring-Programme. Das »70/20/10-Lernmodell« sieht 70 Prozent Ausprobieren, 20 Prozent Mentoring und 10 Prozent Seminarwissen vor. Die Seminarleiter sind hausinterne Referenten.

In unserer Online-Mediathek zum Buch unter www.geheimnis-der-champions.de/mediathek finden Sie eine Fülle von kostenlosen Zusatzangeboten: Formulare und Vorlagen, Videos, Artikel, Buchtipps und mehr!

Franchiseriese Chick-fil-A:
Schnelles Essen, lang dauernde Beziehungen

Unternehmen: Chick-fil-A
Hauptsitz: College Park, Georgia, USA
Branche: Gastronomie (Fast Food)
Umsatz: 5,2 Mrd. US-Dollar
Website: www.chick-fil-a.com
Gründungsjahr: 1946 (erstes Chick-fil-A-Restaurant 1967)
Franchisenehmer: 1800

5000 US-Dollar genügen. Nur so viel eigenes Geld muss ein Amerikaner mitbringen, wenn er Franchisenehmer bei Chick-fil-A werden und Fast Food mit Hähnchenfleisch verkaufen will. Dabei sind die Restaurants nicht kleiner als die der Konkurrenz von Kentucky Fried Chicken (KFC), McDonald's oder Burger King. Sie befinden sich auch in ähnlichen Top-Lagen, also zum Beispiel in Einkaufszentren. Bei KFC muss ein künftiger Franchisenehmer jedoch 1,9 Millionen US-Dollar auf den Tisch legen. Wie kann es sein, dass Chick-fil-A sich mit gerade einmal 0,26 Prozent dieser Summe begnügt? Dafür gibt es zwei Gründe, sozusagen einen »weichen« und einen »harten«. Wer den »weichen« Faktor verstehen will, muss die Firmenzentrale in College Park bei Atlanta besuchen. Dort ist der sogenannte Zwergengrill nachgebaut, mit dem der aus kleinen Verhältnissen stammende Gründer Truett Cathy 1946 ins Fast-Food-Geschäft einstieg. Der Imbiss hat nur vier Tische und Stühle sowie eine Theke mit zehn Hockern. Wegen dieser Wurzeln gibt Chick-fil-A bis heute auch Menschen ohne viel Geld die Chance, sich selbstständig zu machen. Der »harte« Faktor ist ein anderes Geschäftsmodell als bei den übrigen Fast-Food-Ketten. Chick-fil-A wählt jeden Standort selbst aus, errichtet die Immobilie und bleibt deren Eigentümer. Die

Franchisenehmer bekommen jeweils nur eine Filiale und verpflichten sich, diese persönlich zu führen. Sie müssen deutlich mehr Franchisegebühren abführen als bei der Konkurrenz. Chick-fil-A betont jedoch, dass es sich für beide Seiten rechnet. Das durchschnittliche persönliche Einkommen eines Franchisenehmers liegt mit 190 000 US-Dollar im Jahr über dem Branchenschnitt. Die Erfolgreichsten verdienen mehr als 300 000 US-Dollar. Mittlerweile hat Chick-fil-A mehr als 1 800 Franchisenehmer. Jährlich bewerben sich zwischen 10 000 und 25 000 Interessenten um einen von 60 bis 70 neuen Franchiseverträgen.

Wenn die Erinnerung an den Gründer die Mitarbeiter zu Tränen rührt

Langfristige zwischenmenschliche Beziehungen, die auf Werten wie Ehrlichkeit, Fairness und Verlässlichkeit basieren, gehören zum Erfolgsrezept von Chick-fil-A. Die Fluktuation unter den Franchisenehmern ist mit 5 Prozent im Branchenvergleich verschwindend gering. Für seinen Business-Bestseller *Der Loyalitäts-Effekt* wählte Frederick Reichheld Chick-fil-A als zentrales Beispiel. Die meisten Franchisenehmer und Mitarbeiter verbringen ihr gesamtes Berufsleben bei Chick-fil-A – im Land der »Job-Hopper« eine absolute Ausnahme. Geprägt wurde diese Kultur durch den 2014 verstorbenen Firmengründer Truett Cathy. Als wir mit unserer jährlichen Studienreise von tempus bei Chick-fil-A zu Gast waren, hatte eine ehemalige Assistentin Tränen in den Augen, als sie über die Herzlichkeit und Wärme des gläubigen Christen Truett Cathy sprach. Da waren unsere mitgereisten Unternehmer schwer beeindruckt. Später im Bus sagte einer: »Kannst du dir vorstellen, dass deine Mitarbeiter zu Tränen gerührt sind, wenn sie von ihrem Chef sprechen?« Bei Firmen wie Chick-fil-A, schrieb Frederick Reichheld, seien Menschen das wichtigste Kapital und kein bloßer Kostenfaktor. Man wähle sie sorgfältig aus und gewähre ihnen viel Zeit, um immer größeren Wert zu schaffen. Truett Cathy war jahrelang stolz darauf, jeden Franchisenehmer und dessen Familienmitglieder persönlich und mit Namen zu kennen. Erst ab der tausendsten Filiale kam er langsam nicht mehr mit.

Dan und Donald Cathy, die heute die Geschäfte führen, ist es bisher gelungen, die besondere Philosophie ihres Vaters zu bewahren. Auch sie legen großes Gewicht auf die richtige Auswahl der Franchisenehmer, mit

Jeder Franchisenehmer führt persönlich eine – und nur eine – der einladenden und familienfreundlichen Filialen. Quelle: Chick-fil-A

denen im Idealfall eine lebenslange Geschäftsbeziehung eingegangen wird. »Wir sagen Bewerbern: Wenn dein Ziel nicht ist, dein ganzes Leben hier zu arbeiten, dann solltest du dich auch nicht bewerben«, erklärt Dan Cathy. Christliche Werte spielen für das Unternehmen eine große Rolle. Das sorgt in den USA bisweilen für Wirbel, weil dort über weltanschauliche Fragen heftiger gestritten wird als bei uns. In Atlanta, wo 70 Prozent der Menschen regelmäßig Gottesdienste besuchen, ist es jedoch nichts Besonderes, dass ein Unternehmen sich christliche Leitprinzipien gibt. Konkret heißt das bei Chick-fil-A vor allem zweierlei: Erstens ein »treuer Verwalter« dessen zu sein, was einem anvertraut ist. Und zweitens »einen positiven Einfluss« auf alle Menschen auszuüben, die einem im Alltag begegnen.

Ein Auswahlprozess, bei dem viele Interessenten scheitern

Nur wenige potenzielle Franchisenehmer werden den hohen Ansprüchen gerecht, die Chick-fil-A an sie stellt. Doch der Erfolg scheint den rigorosen Auswahlprozess zu rechtfertigen. Nachdem Gallup mit einer ABC-Analyse der Mitarbeiter beauftragt worden war, lautete das Ergebnis: 93 Prozent A-Mitarbeiter, 7 Prozent B-Mitarbeiter und 0 Prozent

C-Mitarbeiter. Chick-fil-A gilt als die erfolgreichste Fast-Food-Kette der USA, bezogen auf den Umsatz pro Filiale. Im Durchschnitt setzt eine Filiale pro Jahr 2,7 Mio. US-Dollar um, rund 300 000 Dollar mehr als bei McDonald's auf Platz zwei. Und das, obwohl noch nie ein Chick-fil-A-Restaurant an einem Sonntag geöffnet hatte! Der Sonntag ist heilig und soll für die Mitarbeiter und ihre Familien ein Ruhetag sein. An den übrigen sechs Tagen holt man dann einfach mehr Geld in die Kasse als die Konkurrenz an sieben Tagen. Chick-fil-A, dessen Firmenname ein Wortspiel mit der breiten amerikanischen Aussprache von *chicken filet* ist, hat also so manche Eigenheiten. Deswegen ist es besonders wichtig, dass die Franchisenehmer perfekt zu dem Unternehmen passen.

Sonntags geschlossen: An den übrigen sechs Tagen wird mehr verdient als bei der Konkurrenz an sieben. Quelle: Chick-fil-A

Der Einstellungsprozess ist außerordentlich penibel. Das heißt, er kann sich durchaus über ein Dutzend oder mehr Interviews hinziehen. Auch die Familie des Bewerbers, inklusive seiner Kinder, wird in diesen Prozess mit einbezogen. Den 12-seitigen Fragebogen finden Bewerber bereits auf der Website. Die ersten Interviews sind Telefoninterviews, darauf folgen persönliche Gespräche. Referenzen werden geprüft, am Schluss sind es dann nur noch Gespräche mit den zukünftigen Chefs. Bei Chick-fil-A glaubt man, dass vor allem verheiratete Franchisenehmer langfristig und loyal zur Firma stehen werden. Ty Yokum, der Ausbildungsleiter der Kette, hatte sieben Interviews über sich ergehen lassen und seine erste

Chance trotzdem nicht erhalten. 1991 hat er sich dann noch einmal beworben. Er musste noch einmal 17 Interviews absolvieren, wobei das letzte fünf Stunden dauerte. Dann hat es endlich geklappt. Bei Chick-fil-A gilt: Die fachliche Qualifikation ist schnell abgefragt. Es geht um Charakter und Persönlichkeit. Da will man Menschen wirklich kennenlernen, bevor man ihnen die Verantwortung für eine Filiale überträgt.

Wer einmal an Bord ist, der erlebt eine außergewöhnliche Sorge um die Mitarbeiter und ein hohes Maß an sozialem Engagement. Jedes Jahr vergibt Chick-fil-A Stipendien im Wert von 1 Million Dollar. Junge Menschen werden damit ermuntert, eine akademische Ausbildung zu absolvieren. Die WinShape-Center-Stiftung kümmert sich um hunderte von Waisen. Sie sollen nicht in Waisenhäuser kommen, sondern in Pflegefamilien aufwachsen. Viele arbeiten später in den Restaurants, einige werden sogar Franchisenehmer. Niemals käme es für das Familienunternehmen Chick-fil-A infrage, sich in eine börsennotierte Aktiengesellschaft umzuwandeln. Man möchte nicht, dass der Erfolg des Unternehmens ausschließlich am Profit gemessen wird. Am Ende könnten einen die Aktionäre noch zwingen, sonntags zu öffnen. Unvorstellbar!

Was macht Chick-fil-A, um die besten Mitarbeiter zu finden und zu binden?

- Die Fast-Food-Kette ist ein Familienbetrieb, der nach dem Franchiseprinzip arbeitet. Das Geschäftsmodell unterscheidet sich deutlich von der Konkurrenz: Chick-fil-A wählt die Standorte selbst aus, baut die Restaurants und bleibt Eigentümer der Immobilien. Jeder Franchisenehmer darf nur eine Filiale besitzen und muss diese persönlich führen. Die Franchisegebühren sind hoch, dafür sind nur 5 000 US-Dollar Startkapital nötig.
- Gallup stellte für Chick-fil-A eine ABC-Verteilung von 93/7/0 fest. Die Mitarbeiter können stolz sein auf ihre Ergebnisse: Chick-fil-A gilt, bezogen auf den Umsatz pro Filiale, als die erfolgreichste Fast-Food-Kette der USA, vor McDonald's auf Platz 2.
- Das Unternehmen arbeitet nach christlichen Prinzipien und erlaubt sich einige Eigentümlichkeiten. So bleiben sämtliche Filialen sonntags geschlossen – die Mitarbeiter sollen sich erholen und mit ihren Familien zum Gottesdienst gehen können.
- Die Franchisenehmer brauchen selbst keine Christen zu sein, sollen sich jedoch zu christlichen Werten wie Ehrlichkeit und Mitmenschlichkeit be-

kennen. Als Restaurantgäste sind alle willkommen, unabhängig von Weltanschauung und Lebensstil.

- Weiterbildung hat einen hohen Stellenwert. Für die jungen, engagierten Mitarbeiter gibt es Stipendien und Zuschüsse für das Studium. Ein großer Teil der Gewinne von Chick-fil-A fließt in soziale und kirchliche Projekte. Eine Stiftung sorgt dafür, dass Waisenkinder in Pflegefamilien erzogen werden. Viele dieser Waisen arbeiten später bei Chick-fil-A.
- Das Auswahlverfahren für neue Franchisenehmer ist ungewöhnlich aufwendig und langwierig. Es wird erwartet, dass die Kandidaten sich für den Rest ihres Berufslebens binden wollen. Das persönliche Durchschnittseinkommen eines Franchisenehmers liegt mit 190 000 US-Dollar im Jahr deutlich über dem Branchendurchschnitt.

In unserer Online-Mediathek zum Buch unter www.geheimnis-der-champions.de/mediathek finden Sie eine Fülle von kostenlosen Zusatzangeboten: Formulare und Vorlagen, Videos, Artikel, Buchtipps und mehr!

Mythos Apple: Das Erbe des weltbesten Headhunters Steve Jobs

Unternehmen: Apple
Hauptsitz: Cupertino, Kalifornien, USA
Branche: Entwicklung und Vertrieb von elektronischen Geräten und Software sowie Online-Vertrieb von Medieninhalten
Umsatz: 182,8 Mrd. US-Dollar
Website: www.apple.com
Gründungsjahr: 1979
Anzahl der Mitarbeiter: 93 000

Im englischen Seebad Brighton, wegen seiner weltläufigen Atmosphäre auch »London am Meer« genannt, arbeitet der Portugiese Luis Abreu mit seiner Ein-Mann-Firma Mobile UX Design. Er ist spezialisiert auf Apples mobiles Betriebssystem iOS, entwickelt spannende »Apps« für iPhone und iPad und analysiert im Kundenauftrag auch genauestens deren Geschäftschancen. Sein besonderes Augenmerk gilt den Benutzeroberflächen und der Anwenderfreundlichkeit. Er ist nämlich nicht nur Programmierer und Designer, sondern auch Kognitionswissenschaftler. Neueste Forschungsergebnisse über die Art und Weise, wie Menschen Informationen verarbeiten, fließen in seine Arbeit mit ein. Wir haben es hier also mit einem ganz schön schlauen und vielseitig begabten jungen Mann zu tun. Doch das wäre für uns noch lange kein Grund, ihn in diesem Buch auch nur mit einer Silbe zu erwähnen.

Interessant ist Luis Abreu für uns allein deshalb, weil er vor einiger Zeit einen Anruf von Apples Personalabteilung in Cupertino bekam. Die Recruiter fragten ihn, ob er nicht Lust hätte, sich zu bewerben. Er ließ sich darauf ein und erlebte fast das gesamte Auswahlverfahren bei Apple – bis er am Ende eine Absage bekam. Darüber hat der junge Portugiese in seinem Blog geschrieben. Er gehört damit zu den wenigen Menschen, die uns Einblick hinter die Kulissen des notorisch abgeschotteten und verschwiegenen Apple-Konzerns geben. Die Kalifornier sind ja längst mehr als ein Computerhersteller: Sie verdienen Milliarden mit Smartphones, intelligenten Armbanduhren, Musikdiensten, E-Books, Filmen, TV-Serien und so weiter.

So laufen die Bewerbungsgespräche bei Apple ab

»700 Billion« hat Luis Abreu den Blogbeitrag zu seinem »Bewerbererlebnis bei Apple« überschrieben. 700 Milliarden US-Dollar betrug Anfang 2015 der Börsenwert von Apple. Es ist das am höchsten bewertete Unternehmen aller Zeiten. Wollte die Weltbevölkerung Apple kaufen, müsste jeder Mensch 100 Dollar aufwenden. Alternativ ließen sich für die Kaufsumme auch mehr als 8 Millionen Porsche 911 bestellen. Luis Abreu macht keinen Hehl daraus, dass er von dem Angebot der Multimilliardäre aus Cupertino elektrisiert war. Allerdings stand er Apple teilweise auch kritisch gegenüber. Die Dokumentationen für Programmierer waren seiner Meinung nach verbesserungsbedürftig. Das hatte er mehrfach öffentlich kundgetan – und gerade damit möglicherweise das Interesse von Apple geweckt. Nun wurde ihm auf den Zahn gefühlt. Es begann mit sogenannten Screening Calls, die dem ersten Kennenlernen dienen. Das ist eine Folge von 30-minütigen Telefongesprächen mit internen Recruitern aus Abteilungen, für die der Bewerber in Frage kommt. Luis Abreu sprach unter anderem mit einem Teamleiter aus dem Bereich der technischen Dokumentation. Die Gespräche sollen in einem sehr lockeren Ton verlaufen sein. Dem Bewerber wurde erst einmal vieles erklärt. Gleichzeitig bemerkte dieser jedoch auch, dass es zwischen den Zeilen um seine Teamfähigkeit ging.

Nachdem der Bewerber in den Telefonaten einen guten Eindruck hinterlassen hatte, ging es weiter über Apples eigene Videotelefonie FaceTime. In insgesamt fünf Einzelgesprächen mit Personalern, Programmierern und weiteren technischen Experten wurde Luis Abreu mit Fragen über seine Designprinzipien, seine Arbeitsweise und seine Produktvisionen gelöchert. Die Fragerunden dauerten jeweils 25 Minuten, danach sollte der Bewerber selbst fünf Minuten lang Fragen stellen. Dieses Umschalten wie auf Knopfdruck fand Luis Abreu extrem anspruchsvoll. Er habe sich überhaupt nicht klargemacht, dass er hier die Gelegenheit hatte, sich bei den Schöpfern des iOS aus erster Hand zu informieren. Chance verpasst! Immerhin ging es für den Bewerber weiter. Die nächsten Gespräche sollten in der Zentrale im Silicon Valley stattfinden. Die »Einladung« sah so aus, dass Luis Abreu per E-Mail einen Link zum Mitarbeiter-Reiseprogramm Apple Travel bekam, mit der Bitte, selbst einen passenden Flug und drei Nächte in einem Hotel nach Wahl in der Nähe des Apple-Headquarters zu buchen.

Am Ende eines Riesenaufwands kann die Absage stehen

Bei Apple dann schließlich sechs Stunden Gespräche mit insgesamt zwölf Leuten. Alles in entspannter Atmosphäre und extrem freundlich. Der Bewerber fand die Fragen nicht besonders schwierig, obwohl die Apple-Leute auch diesmal extrem viel über ihn und seine Vorstellungen von Technik, Programmierung und Dokumentation wissen wollten. Einige Fragen zielten darauf, wie gut er das Betriebssystem iOS wirklich kennt. Andere sollten ihn wohl ein wenig aus der Reserve locken. Zum Beispiel diese Frage: »Angenommen, Sie sollten ein Kochbuch schreiben, wie würden Sie da herangehen?« Auch über Kognitionswissenschaft wurde geredet. Der Bewerber bekam zu seinem eigenen Spezialgebiet sogar noch einen Buchtipp. Zum Mittagessen fuhr er mit seiner potenziellen Teamleiterin in deren Privatwagen ins gerade eröffnete »Café Macs«. Zum Schluss noch ein kurzes Gespräch mit dem internen Recruiter, der schon der erste Ansprechpartner bei den Screening Calls gewesen war. Und – das war's. Drei Wochen später erhielt der Inhaber von Mobile UX Design die knappe Nachricht aus Cupertino: »Wir werden Ihre Bewerbung nicht weiter verfolgen.«

Die Jäger von Cupertino: Nicht auf Bewerber warten, sondern Talente abwerben

Wenn Sie in Managementkreisen über Apple sprechen, dauert es immer noch maximal drei Sekunden – einundzwanzig, zweiundzwanzig, dreiundzwanzig – bis der Name Steve Jobs fällt. Der verstorbene Apple-CEO war einer der erfolgreichsten Manager der vergangenen Jahrzehnte. Menschen aus allen Bevölkerungsschichten verehren ihn bis heute wie einen Popstar. Es gibt einen Kinofilm und ein Theaterstück über ihn. Die rund 600-seitige Biografie von Walter Isaacson wurde ein Weltbestseller. Dabei heißt es über Steve Jobs, er sei alles andere als ein einfacher Chef gewesen. Und das ist noch schmeichelhaft ausgedrückt. Genau genommen war er als Vorgesetzter eine Vollkatastrophe und wäre im mittleren Management so ziemlich jeden Konzerns der Welt – einschließlich Apple selbst – als dringend coachingbedürftig eingestuft worden. Er brüllte seine Mitarbeiter an, nannte sie »Arschlöcher« und Schlimmeres – um sie am nächsten Tag wieder als »genial« zu loben. Er log nach Belieben. Er entschuldigte sich für nichts. Eine einzige falsche Antwort morgens im Aufzug mit Steve Jobs konnte für Mitarbeiter den Rauswurf bedeuten. Wenn jemand gefeuert wurde, dann hieß es im Apple-Jargon, er sei »gesteved« worden.

Erbe von Steve Jobs und ein Markenzeichen von Apple: das puristische Design. Hier der Apple Store in Santa Monica. Quelle: Apple

Und dennoch: Der Erfolg gab Steve Jobs recht. Wir meinen hier nicht mal den Erfolg der Apple-Produkte. Der ist gigantisch, das weiß jeder. Sondern wir meinen seinen Erfolg als Chef. Es gelang ihm, sich mit den besten Köpfen der gesamten IT-Branche (später auch der Entertainment-Branche) zu umgeben. Die Top-Talente dieser Welt rissen sich geradezu darum, für einen unberechenbaren Choleriker arbeiten zu dürfen. Wie hat Steve Jobs das geschafft? Entscheidend war aus unserer

Sicht, dass er eine lupenreine A-Kultur kreiert hat. Er duldete ausschließlich A-Mitarbeiter. Top-Talente nahmen ihm ab, sie könnten bei Apple mit den Besten der Besten zusammenarbeiten und absolut außergewöhnliche Dinge erschaffen. Die Mitarbeiter verziehen ihm nahezu jeden Charakterfehler, weil sie seine Visionen teilten. Steve Jobs kultivierte das Elitedenken und umgab sich mit einem kleinen, aber loyalen Team der Besten. Er war überzeugt, dass alle mit ihm die beste Zeit ihres Lebens verbringen würden. Dabei hat Steve Jobs selbst nie ein Produkt erfunden oder entwickelt. Er war der größte Rosinenpicker des Silicon Valley und wusste genau, wann für eine Technologie die Zeit gekommen war. Dann ließ er die Technik in einzigartiges puristisches Design verpacken und trieb mit seinem gnadenlosen Perfektionismus die Mitarbeiter dazu an, noch die kleinste Schraube und die winzigste Fuge an einem Gerät ästhetisch makellos zu gestalten.

Die besten Leute haben bereits einen Top-Job

Was weniger bekannt ist: Steve Jobs war der vielleicht beste Headhunter der Welt. Viele Unternehmen warten darauf, dass sich Menschen bei ihnen bewerben. Sie machen Employer Branding, um attraktiv zu sein. Sie gehen an Hochschulen und auf Karrieremessen, um an junge Talente heranzukommen. Das ist alles schön und gut. Doch Steve Jobs wusste, dass es da einen entscheidenden Haken gibt: Die Besten der Besten sind meistens gar nicht auf Jobsuche. Sie haben vielmehr bereits einen Job, in der Regel sogar einen Top-Job mit Top-Gehalt. Oder sie besitzen ihre eigene Firma, so wie Luis Abreu. Wenn man also nur auf Bewerbungen wartet, kann es passieren, dass man viel Mittelmaß aussortieren muss und gleichzeitig die besten Kandidaten niemals kennenlernt. Deshalb führte Steve Jobs bei Apple das Prinzip ein, die klügsten Köpfe bei anderen Unternehmen abzuwerben. Das ist keine so ganz exotische Idee, sondern gemeinhin als »Headhunting« bekannt. Außergewöhnlich ist das Ausmaß, in dem bei Apple Headhunting betrieben wird. In Cupertino ist das kein Notnagel für den Fall, dass sich eine Stelle anders nicht besetzen lässt. Sondern es ist gewissermaßen der Königsweg, um an die Besten der Besten heranzukommen.

10 Tipps von Apple, um die besten Mitarbeiter zu gewinnen

1. Stellen Sie stets nur die Besten ein, nur die »A-Leute«, wie Steve Jobs sie selbst nannte. Seine Devise war stets: »Sobald du jemanden aus der B-Kategorie einstellst, fängt der an, andere B und C ins Boot zu holen.« Und das geht gar nicht.
2. Seien Sie offen und unvoreingenommen, wer bei Ihnen alles zum A-Mitarbeiter werden könnte. Zur Kategorie A konnte für Steve Jobs so ziemlich jeder gehören, solange er nur genug Talent hatte. Hierzu zählten sogar Schüler, die noch auf der Highschool waren.
3. Stellen Sie auch Leute aus fremden Branchen ein, wenn diese Ihr Produkt oder Ihr Team entscheidend weiterbringen können. Bei Apple nahm man nach Jahren das erste Mal jemand Technologiefremden – eine Bankerin. Sie erschloss dann die Zielgruppe Banken für Apple.
4. Machen Sie als Chef herausragenden Talenten den Hof. Steve Jobs umwarb bereits, als seine Firma noch unbekannt war, viele Bewerber mit einer dramatischen Geschichte, was für eine Bedeutung sein Unternehmen in der Zukunft haben würde und welchen Anteil sie daran haben könnten.
5. Achten Sie nicht zu sehr auf Äußerlichkeiten, und stellen Sie nicht bloß die Braven und Angepassten ein. Steve Jobs suchte Mitarbeiter, die den Mut hatten, anders und unkonventionell zu sein und Grenzen zu überschreiten.
6. Warten Sie nicht, bis Leute sich bewerben, sondern begeben Sie sich selbst auf die Suche. Steve Jobs versuchte stets, die größten Talente für eine Sache ausfindig zu machen, um sie dann, wenn nur irgendwie möglich, anzuheuern.
7. Schenken Sie dem Lebenslauf eines potenziellen Mitarbeiters nicht zu viel Aufmerksamkeit. Viel wichtiger für Steve Jobs waren bisherige Arbeitsergebnisse, Empfehlungen anderer Mitarbeiter, Enthusiasmus für das Produkt und ein klares Statement, was der Bewerber zum Team beisteuern kann.
8. Stellen Sie sicher, dass Ihre Einstellungskriterien in der ganzen Organisation angewandt werden. Legen Sie gemeinsam die Werte Ihres Unternehmens fest. Nur Mitarbeiter, die zu diesen Werten stehen, sollten eingestellt werden. Wenn externe Personalberater mitarbeiten, dann ist es deren oberste Pflicht, sich ebenfalls daran zu halten. Apple arbeitete lange und intensiv an einem Schriftstück zu den »Werten von Apple«.

9. Vermeiden Sie es, als ein Unternehmen wie viele andere wahrgenommen zu werden. Locken Sie Talente mit Ihren außergewöhnlichen Produkten, Ihrer unnachahmlichen Unternehmenskultur, Ihren Visionen.
10. Machen Sie Ihre besten Leute auch zu Ihren besten Personalvermittlern. Es sind die Mitarbeiter, bei denen es am wahrscheinlichsten ist, dass sie andere kennen, die dieselben Werte und denselben Stil haben wie Sie. Finanzielle Anreize legen Sie noch obendrauf.

Angelehnt an: Elliot, Jay/Simon, William L.: *Steve Jobs – iLeadership*, Ariston Verlag 2011

So buhlte Steve Jobs um die besten Talente

Als CEO ließ Steve Jobs kaum eine Gelegenheit aus, um Top-Leute anzuwerben. Das galt bereits in den Anfangstagen seiner Firma. Jay Elliot zum Beispiel war bei Apple viele Jahre lang Senior Vice President mit der Zuständigkeit für Unternehmensplanung und direkt dem CEO unterstellt. Angeworben wurde er von dem damals erst 25-jährigen Steve Jobs im Wartebereich eines Restaurants. In amerikanischen Restaurants ist es ja üblich, dass man in speziellen Bereichen auf einen freien Tisch wartet. Jay Elliot saß dort also bei einem Drink und erzählte dem schlaksigen jungen Mann neben ihm, dass er gerade seinen Job im Topmanagement bei Intel gekündigt hätte, um bei einer aufstrebenden Firma namens Eagle Computer anzuheuern. Doch am Tag des Börsengangs von Eagle Computer sei der CEO mit seinen Leuten einen trinken gegangen, habe anschließend eine Probefahrt mit einem Ferrari gemacht und einen tödlichen Unfall gehabt. Mit dem CEO seien auch die Firma und sein neuer Job gestorben. Verdammtes Pech, was? Statt den Endvierziger in Anzug und Krawatte zu bedauern, begann der junge Mann in Jeans und Sneakers, ihn mit Fragen zu bombardieren: Was genau haben Sie bei Intel gemacht? Wie schätzen Sie die Computerindustrie ein? Ist Ihnen IBM auch zu langsam? Nachdem sich immer mehr Gemeinsamkeiten im Denken ergeben hatten, stellte sich der junge Mann als Steve Jobs von Apple vor und bat Jay Elliot, für ihn zu arbeiten. Elliot hatte von Apple noch nie etwas gehört und musste lachen. »Ich glaube, ich bin zu teuer für euch«, antwortete er. Das ließ Steve Jobs nicht auf sich sitzen. Wenige Tage später ging Apple an die

Börse und hatte 250 Millionen Dollar auf dem Konto. Jobs machte Elliot ein äußerst lukratives Angebot. Elliot schlug ein. Sein alter Chef bei Intel schrieb ihm einen Brief, in dem er ihn von Herzen bedauerte: »Sie machen einen großen Fehler – Apple hat keine Zukunft.«

Und was für eine Zukunft Apple hatte! Apple hat die Maus und die grafische Benutzeroberfläche nicht erfunden. Das war das Forschungszentrum Xerox PARC in Palo Alto. Doch Apple adaptierte die Idee und verhalf damit seinen Computern zum Durchbruch. Steve Jobs hatte die Vision, dass Computer das Leben der Menschen verändern können, als IBM noch Rechner entwickelte, die aussahen wie die Kühlschrankabteilung in einem Elektronikmarkt. Für seine ehrgeizigen Pläne brauchte Steve Jobs vor allem eines: Talente, Talente und nochmals Talente. Und er brauchte sogar noch ein paar Talente mehr, wenn wieder einmal einige Leute »gesteved« worden waren. An einem einzigen »schwarzen Mittwoch« soll Steve Jobs einmal die Hälfte aller Programmierer gefeuert haben. Auf der anderen Seite, so berichten Insider, hat er während seines Lebens mehr als tausend Leute persönlich eingestellt. Was sich gar nicht so einfach gestaltete, denn Steve Jobs teilte die Welt in »Genies« und »Idioten« ein – wobei die »Genies« nur eine verschwindende Minderheit darstellten. Diese war er jedoch gewillt, ausfindig zu machen und für sich zu gewinnen.

Begeisterung für Apple – das ist das Wichtigste

Wie ging Steve Jobs beim Recruiting vor? Schulnoten interessierten ihn nicht. Auch Denksportaufgaben waren ihm zu läppisch. Steve Jobs wollte Begeisterung erleben! Die Art, wie ein Kandidat antwortete, interessierte ihn mehr als die Antworten selbst. Seine künftigen Mitarbeiter sollten Feuer und Flamme für Apple sein. Das war ihm wichtig. Und: Seine Leute mussten Stil haben! Wer keinen Sinn für Ästhetik hatte, der sollte lieber zu Microsoft gehen und dort die grausigen Vorlagen für PowerPoint-Folien gestalten. Steve Jobs, der Headhunter, konnte Leute so richtig um den Finger wickeln. Dann erzählte er ihnen eine Geschichte, die mit »Stell dir mal vor …« begann. Da sollte ein Bewerber sich dann zum Beispiel vorstellen, wie auf der Bühne und vor den Augen der Weltöffentlichkeit ein Produkt enthüllt würde, an dem er mitgewirkt hätte. Da dachten viele nur noch: Wow! Das will ich auch! Und so begannen sie, für einen cholerischen Diktator zu arbeiten.

Unternehmen mit Kultfaktor – wie der Geist von Steve Jobs weiterlebt

Steve Jobs starb 2011. Allen Unkenrufen zum Trotz ist Apple heute sogar noch erfolgreicher als zu Lebzeiten des Gründers. Es gab zwischenzeitlich kleine Aussetzer, zum Beispiel einen Kartendienst, der auf den mobilen Geräten Google Maps ersetzte und vor peinlichen Fehlern nur so strotzte. Doch schließlich konnte das Unternehmen unter dem neuen CEO Tim Cook seinen Geist bewahren. Die Befürchtungen, dass sich die besten Mitarbeiter nicht würden halten lassen, wenn jemand, der Apple persönlich so geprägt hatte wie Steve Jobs, nicht mehr da wäre, bewahrheiteten sich nicht. Tatsächlich hat Steve Jobs, der von seiner Krebserkrankung lange wusste, dafür gesorgt, dass Apple über seinen Tod hinaus erhalten konnte, was die Company besonders macht. Die Attraktivität von Apple für die besten Talente der Welt ist ungebrochen. Die Unternehmens-DNA ist unverändert geblieben. Wie hat Apple das geschafft? Wir greifen die wichtigsten Aspekte heraus.

Die wertvollste Marke der Welt

Apple hat heute mehr denn je eine strahlende Marke. 2014/2015 steht sie sowohl bei Interbrand als auch bei Millward Brown auf Platz 1 als wertvollste Marke der Welt. Nach wie vor kampieren die Kunden bei Erscheinen eines neuen Produkts nachts vor den Apple-Stores, um die ersten Käufer bei Ladenöffnung zu sein. Steve Jobs ließ übrigens den Verkauf am ersten Tag irgendwann stoppen, obwohl noch Geräte auf Lager waren. So bildeten sich auch am zweiten Tag wieder Schlangen. Die Mitarbeiter für die Apple-Stores werden gecastet wie Schauspieler – schließlich sind sie Teil einer geschickten Inszenierung. Wie bei richtigen Schauspielern ist ihnen die Wortwahl weitgehend vorgegeben und muss auswendig gelernt werden. Der Coolness-Faktor ist wichtig. Apple möchte, dass coole Leute coole Produkte präsentieren. Totale Identifikation mit der Marke ist Pflicht. So wurden die Bewerber für einen Apple-Store in New York bei den Vorstellungsgesprächen unter anderem gefragt: »Was passierte im Jahr 2001?« Wer jetzt den Terroranschlag auf das World-Trade-Center am 11. September nannte, hatte zwar Recht, bekam dafür aber keine Punkte. Denn für Apple gab es 2001 zwei viel wichtigere Ereignisse: die Präsentation des ersten iPods und die Eröffnung des ersten Apple-Stores.

10 Tipps von Apple, um die besten Mitarbeiter zu halten

1. Bestehen Sie darauf, dass Ihre besten Leute bleiben. Signalisieren Sie deutlich: Wir wollen nicht, dass du uns jemals verlässt! Wenn Steve Jobs einmal gute Leute gefunden hatte, dann tat er alles in seiner Macht Stehende, um sie zu halten.
2. Schaffen Sie kleine, produktorientierte Bereiche. Die »Mac-Gruppe« war nie größer als 100 Mitarbeiter. Sie war wie ein Start-up innerhalb des Konzerns. »Es ist schwer, sich von mehr als 100 Mitarbeitern die Namen zu merken«, sagte Steve Jobs. Und: »Eine kleine Organisation ist sehr viel schneller in der Kommunikation und im Fluss der Ideen.«
3. Teilen Sie Ihre Visionen mit Ihren Mitarbeitern. Steve Jobs gab seinen Leuten das Gefühl, eine Schlüsselrolle bei der Erschaffung von etwas wirklich Revolutionärem zu spielen (lange bevor dieses in der Realität sichtbar war).
4. Finden Sie ein Motto oder eine Parole – das hilft, ein Team zu formen, das zusammenhält. Ein Team aus Leuten, die eine Verbindung miteinander eingehen und sich aufeinander verlassen. Steve Jobs gab für Bewerber zum Beispiel die Losung aus: »Warum zur Marine gehen, wenn du Pirat sein kannst?«
5. Sparen Sie nicht bei Aktionen, die den Menschen das Gefühl geben, dazuzugehören und in einem Boot zu sitzen. Steve Jobs liebte mehrtägige (!) Betriebsausflüge mit seinen Mitarbeitern.
6. Sie wollen, dass Ihre Mitarbeiter nicht nur bleiben, sondern auch sehr viel arbeiten? Dann geben Sie ihnen wie Steve Jobs den Glauben, eine Branche und möglicherweise die Gesellschaft zu verändern. Dann arbeitet man unglaublich viel. Man gibt sein restliches Leben für die Dauer eines Projekts auf und hält sich dabei noch für einen Auserwählten.
7. Gewähren Sie Sabbaticals. Steve Jobs war ein großer Befürworter davon. Wenn ein Mitarbeiter sein fünftes Jahr im Unternehmen hinter sich gebracht hatte, bekam er eine gewisse Zeit frei – bei vollem Gehalt. Das Sabbatical war dazu gedacht, das eigene kreative Denken wiederzubeleben.
8. Feiern Sie das Erreichen auch kleiner Meilensteine im Team. Apple sollte als das Unternehmen bekannt werden, das so ziemlich alles feierte: neue Produkte, erreichte Ziele, Verkaufsrekorde, neue Top-Mitarbeiter. Das

Mac-Team hatte immer einen Vorrat an Champagner gebunkert. Finanzielle Anerkennungen verteilte Steve Jobs persönlich, auch an Fabrikarbeiter in der Produktion. Meist war die persönliche Anerkennung wichtiger für den Mitarbeiter als der finanzielle Wert.

9. Setzen Sie auf Mentoring. Jeder Neuling wird bei Apple von einem erfahrenen Mitarbeiter unter die Fittiche genommen, um schnell Teil des Teams zu werden.
10. Lassen Sie Ihre Mitarbeiter stolz auf ihre Arbeit sein. Auf die Innenseite der Gehäuse der ersten Mac-Computer (1982) kamen die Unterschriften der Mitglieder des Entwicklerteams. Die Käufer bekamen die Unterschriften nicht zu sehen. Doch die Entwickler wussten, dass ihre Namen dort standen, und das bedeutete ihnen viel.

Elliot, Jay/Simon, William L.: *Steve Jobs - iLeadership*, Ariston Verlag 2011.

Die Apple University und der »Campus 2« bewahren den Spirit

Zwei Einrichtungen hat Steve Jobs noch zu Lebzeiten in ganz besonderer Weise dazu auserkoren, sein Erbe zu bewahren: die Apple University und die neue Apple-Zentrale in Cupertino. Apples interne Fortbildungseinrichtung, die Apple University, gilt als noch abgeschotteter als das restliche Unternehmen. Und das will etwas heißen. Selten dringen Informationen nach draußen, was genau die Mitarbeiter dort lernen. Auch weiß keiner genau, welche Mitarbeiter aus welchem Anlass eingeladen werden, einen Kurs zu besuchen. Bekannt ist nur, dass Direktor Joel Podolny – er war vorher an den etwas weniger elitären Universitäten Harvard und Yale tätig – die Einladungen persönlich verschickt. Das in der Regel gut informierte Online-Magazin *Business Insider* will einige der wichtigsten Themenbereiche kennen, zu denen Mitarbeiter an der Apple University geschult werden. Demnach sind das:

- *Die Unternehmensgeschichte von Apple:* Durch ihre Kenntnis soll der Geist der Firma bewahrt werden. Außerdem geht es um die eigene Erfolgsgeschichte: Warum haben wir das so gemacht, und weshalb war es erfolgreich?

- *Die Notwendigkeit der Spezialisierung:* Alle Mitarbeiter sollen bei einer bestimmten Aufgabe zu den Besten gehören. Und sonst »niemandem auf die Füße treten«, wird ein Apple-Angestellter zitiert.
- *Der Blick über den Tellerrand:* Ein Teilnehmer erzählt, man habe Produktentwicklung und Design anhand der Pflege des Central Park in New York studiert. Eine andere Gruppe analysierte die Fast-Pleite der Supermarktkette A&P.

Zusammengefasst geht es bei den Fortbildungen hauptsächlich darum, »was Apple zu Apple macht«, wie sich die Mitarbeiter am besten in die Organisation einfügen und was man aus eigenen und fremden Erfahrungen lernen kann.

Nach Angaben von CEO Tim Cook verdienen deutsche Zulieferer pro Jahr 2 Milliarden Euro am Erfolg von Apple. Ein solcher Zulieferer ist der Glashersteller Seele in Gersthofen bei Augsburg. Als wahrscheinlich einziges Unternehmen ist es in der Lage, die gebogene Glasfassade des »Campus 2« zu bauen. Wir kennen Seele, weil der Personalchef einer der Leiter des Salzburger Personaler-Arbeitskreises ist. Mit ihm durften wir gemeinsam eine Veranstaltung durchführen. Tim Cook war übrigens im Februar 2015 persönlich in Gersthofen, unterhielt sich mit den Mitarbeitern von Seele und bezeichnete sie als »die besten der Welt«.

Noch in einem letzten Punkt ist Apple dem Geist von Steve Jobs treu geblieben: Die Kalifornier sind immer noch hungrige Headhunter. Sie wollen niemanden außer A-Mitarbeitern, suchen aktiv nach Talenten und scheuen kaum Aufwand, um die Besten zu gewinnen. Nachzulesen unter anderem in dem eingangs erwähnten Blogbeitrag von Luis Abreu. Warum der talentierte Portugiese schließlich eine Absage bekam, wissen wir nicht. Doch vielleicht ist es ja noch genau wie zu Zeiten von Steve Jobs: Eine falsche Antwort, und du bist raus!

Was macht Apple, um die besten Mitarbeiter zu finden und zu binden?

- Apple wartet nicht auf Bewerbungen. Denn die besten Leute sind fast nie arbeitslos. Die Kalifornier gehen wie Headhunter vor und werben die größten Talente anderswo ab.
- Wenn es um die Auswahl von A-Mitarbeitern geht, ist Apple absolut kompromisslos. Nur die Besten der Besten haben überhaupt eine Chance.

- Mitarbeiterauswahl ist Chefsache. Steve Jobs hat über 1000 Leute selbst eingestellt. Er versuchte stets, die größten Talente für eine Aufgabe ausfindig zu machen, um sie dann, wenn nur irgendwie möglich, anzuheuern.
- Apple gewinnt die »passiven Jobsucher« für sich: Obwohl mehr als genügend Bewerber da sind, werden außerordentlich Begabte nach allen Regeln der Kunst hofiert.
- Apple weiß: Tolle Leute wollen an spannenden Projekten arbeiten. Sie wollen sich wie Auserwählte fühlen. Die Firma gibt ihnen das Gefühl, ein großes Rad zu drehen, Branchen zu verändern und Einfluss auf die Gesellschaft zu nehmen.
- Lebenslauf und Schulnoten zählen wenig, entscheidend sind Arbeitsergebnisse und vor allem eine klare Aussage, was der Bewerber zum Team beisteuern kann.
- Steve Jobs hat seine Meinung oft geändert – ohne jemals einen Irrtum einzugestehen oder zu bedauern. Er war nie mit einer bestimmten Position oder Sichtweise verheiratet. Kundenbedürfnisse stehen bis heute bei Apple im Mittelpunkt.
- Apple hat viel Arbeit investiert, um klare Werte zu definieren. Diese hängen nicht als Schmuck an der Wand, sondern werden von allen Mitarbeitern und auch von externen Beratern eingefordert.
- In Fortbildungen betrachtet man bei Apple die eigene Geschichte, blickt über den Tellerrand und analysiert immer wieder die Gründe für Erfolge oder Niederlagen im Business.
- Apple will Spezialisten, keine Generalisten. Jeder Mitarbeiter soll sich auf sein größtes Talent konzentrieren und sich aus den Angelegenheiten anderer Mitarbeiter heraushalten.
- Nicht nur die Kunden, auch die Mitarbeiter sollen von der eigenen Marke fasziniert sein und sich total damit identifizieren. Coole Leute sollen eine coole Marke repräsentieren.

In unserer Online-Mediathek zum Buch unter www.geheimnis-der-champions.de/mediathek finden Sie eine Fülle von kostenlosen Zusatzangeboten: Formulare und Vorlagen, Videos, Artikel, Buchtipps und mehr!

Edelberater McKinsey: Die Besten anlocken – um sie später wieder fallen zu lassen

Unternehmen: McKinsey & Company, Inc.
Hauptsitz: New York City, USA
Deutschlandzentrale: Düsseldorf
Branche: Unternehmensberatung
Umsatz: 7,8 Mrd. US-Dollar (geschätzt)
Website: www.mckinsey.com
Gründungsjahr: 1926
Anzahl der Mitarbeiter: 17 000

SuperSoda gehört zu den drei größten Produzenten von Erfrischungsgetränken in den USA. Bei dem integrierten Konzern finden Markenführung, Marketing und Vertrieb unter einem Dach statt. Außerdem beherrscht das Unternehmen die gesamte Lieferkette, einschließlich Produktion der Konzentrate, Abfüllung, Verpackung und Lieferung an den Handel. SuperSoda besitzt eine große Zahl von Getränkemarken, mit und ohne Kohlensäure, betreibt riesige Abfüllanlagen an fünf Standorten in den USA und hat langfristige Verträge mit fast allen großen Einzelhändlern. SuperSoda überlegt, ein aromatisiertes Sportgetränk mit dem Namen »Electro-Light« neu auf den Markt zu bringen. Sportgetränke spenden dem Körper sowohl Energie, in Form von Zucker, als auch Elektrolyte, also Salze. »Electro-Light« würde weniger Zucker enthalten als die meisten Produkte der Wettbewerber. Die Zufuhr von Elektrolyten stünde im Vordergrund. Welche wesentlichen Faktoren sollte SuperSoda bedenken, bevor das Unternehmen »Electro-Light« auf dem US-Markt einführt?

Sie haben es wahrscheinlich längst gemerkt: Die Firma SuperSoda gibt es gar nicht. Der drittgrößte US-Produzent von Erfrischungsgetränken, nach Coca-Cola und Pepsi, heißt Dr Pepper Snapple. Was Sie soeben gelesen haben, ist einer der Fälle, die Bewerber an einem Interviewtag bei der Strategieberatung McKinsey & Company lösen sollen. Einen ähnlichen *case* musste auch Hannes Auer bearbeiten. Er hat in der Wochenzeitung *Die Zeit* von seinem Scheitern als Bewerber beim bekanntesten und elitärsten Beratungsunternehmen berichtet. Der junge Politikwissenschaftler gehörte immerhin zu den 5 Prozent unter jährlich 15 000 Bewerbern im deutschsprachigen Raum, die überhaupt zu einem Interviewtag eingeladen werden. Von diesen 5 Prozent werden 99 Prozent ausgesiebt, darunter auch Hannes Auer. Der Schauplatz: McKinsey in der Wiener Herrengasse, eine der feinsten Adressen der Donaumetropole, gleich neben der Hofburg. Der Bewerber schnitt sogar vergleichsweise gut ab, wie ihm am Schluss in einem fünfminütigen Gespräch mitgeteilt wurde. In den Bereichen »persönlicher Eindruck«, »Eigenmotivation«, »Führungsqualitäten« und »Problemlösungskompetenz« hätte er überzeugen können. Doch seine Lösungsansätze bei ähnlichen Fällen wie »SuperSoda« seien »unzureichend strukturiert« gewesen. Sorry, durchgefallen. Wir begleiten Sie noch zum Aufzug.

Mythos McKinsey: Bewundert, gehasst, für Absolventen ein Magnet

Fast jeder kennt McKinsey, und fast jeder hat eine Meinung zu McKinsey. Die weltgrößte Unternehmensberatung gibt es seit 1964 auch in Deutschland. Damals schickte die Zentrale den Amerikaner John McDonald ins Wirtschaftswunderland. Erster Großkunde war Siemens. Erst nach 20 Jahren durften Europäer auf den Chefsessel. Ab 1985 bis um 2000 war Herbert Henzler das Gesicht von McKinsey. Er schrieb Bücher, mischte sich in politische Debatten ein und war oft im Fernsehen zu sehen. Durch ihn wurde McKinsey endgültig bekannt – und umstritten. Für die einen ist McKinsey schlicht die beste Strategieberatung der Welt und erste Wahl, wenn in einem Unternehmen Veränderungen anstehen. Die anderen hassen die »Meckies« als Kostendrücker, Brutalsanierer und Rauswerfer vom Dienst. Der Schriftsteller Rolf Hochhuth schrieb sogar ein Theaterstück mit dem Titel »McKinsey kommt«. Doch eines ist klar: Auf junge Talente, vor allem mit Abschlüssen in BWL, übt McKinsey eine geradezu magische Anziehungskraft aus.

Edle und teure Büros, wie hier in Berlin, und luxuriöses Reisen gehören zum Mythos McKinsey. Quelle: McKinsey

Employer Branding – mit so etwas muss sich eine Firma, die längst ein Mythos ist, nicht beschäftigen. Oder etwa doch? In den USA lud McKinsey jüngst MBA-Absolventinnen der Stanford Business School zu einem Maniküre- und Pediküre-Termin ein. Die Hornhaut an den Füßen abhobeln und die Fingernägel lackieren zu lassen, während der Recruiter versucht, einen für McKinsey zu begeistern? Für deutsche Frauen sicher ungewohnt. Hierzulande zieht das Elite-Image immer noch am besten. Edle Büros, dunkle Maßanzüge, Business-Class-Flüge und Geschäftsessen in Sternelokalen sind Teil des Mythos. Das Markenimage wirkt. Bei einer Umfrage wurden Hochschulabgänger mit dem Berufsziel Unternehmensberater gefragt: »Bei welchem Consulting-Unternehmen planst du, dich definitiv zu bewerben?« Die meisten nannten McKinsey. 38 Prozent würden gerne dort arbeiten.

Einmal Kitzbühel und zurück – dann ist für die meisten Schluss

Die Mitarbeiter von McKinsey, die ihren Arbeitgeber in der Manier von James-Bond-Filmen oft nur »die Firma« nennen, verstehen es geschickt, die Erwartungen junger Bewerber zu erfüllen und sie gleichzeitig extrem herauszufordern. Wer eine Einladung zu einem Recruiting-Event, zum Beispiel in Kitzbühel oder auf Mallorca, in den Händen hält, darf sich glücklich schätzen. Grundvoraussetzung sind exzellente Leistungen im Studium. Doch das ist selten genug. Ein Auslandsaufenthalt wird vorausgesetzt, soziales, politisches oder gesellschaftliches Engagement während der Studienzeit sollte erkennbar sein. Erst nach einem 30- bis 45-minütigen Telefoninterview, das selbstverständlich zur Hälfte auf Englisch geführt wird, bekommt man die definitive Einladung. Oder, was wahrscheinlicher ist, eine Absage. Während des Events stehen dann von morgens bis abends kniffelige Aufgaben auf dem Programm, die viel Kraft und Konzentration erfordern. McKinsey versucht auf diese Weise, die fachlichen, kreativen und analytischen Fähigkeiten der Bewerber zu testen.

Ranking: Attraktivste Beratungen für den Consulting-Einstieg		
Rang	**Unternehmen**	**»Möchte mich definitiv bewerben« %**
1	McKinsey & Co.	38
2	BCG	36
3	EY	23
4	PwC	23
5	Deloitte	21
6	Roland Berger	22
7	KPMG	21
8	Bain & Company	22
9	Accenture	13
10	Siemens MC	14
11	VW Consulting	11

Bereits für Uni-Absolventen ist klar: McKinsey ist die Nr. 1. Quelle: squeaker.net

Zwischen Frühstück und Outdoor-Programm müssen die Nachwuchsberater in internationalen, interdisziplinären Teams mal schnell ein Marketingkonzept kreieren, ein neues Produkt entwickeln oder die technischen Abläufe in fiktiven Werken verbessern. Erfahrene Berater beobachten die Probanden permanent, was natürlich zusätzlichen Stress erzeugt. Und auch soll: So zeigt sich, wie teamfähig, kommunikativ und stressresistent die Kandidaten sind. Tags darauf warten etwa ein Assessment Center oder eine Selbstpräsentation auf Englisch. Gewohnt wird in Fünf-Sterne-Hotels. Doch genießen können das bei dieser Tortur die wenigsten. Und selbst bei McKinsey hat die Großzügigkeit ihre Grenzen: Auf Kosten der Beratungsfirma eigenmächtig die Hotelrechnung in die Höhe zu treiben, ist kaum möglich, denn alles ist durchorganisiert. Immerhin dürfen die Besten gleich mit einem Jobangebot nach Hause fahren.

Die Zeiten ändern sich – auch für McKinsey und seine Wettbewerber

Es gibt Analysten, die McKinsey eine rosige Zukunft voraussagen. Langfristig würden nur die »großen Drei« am Markt für Strategieberatung überleben, neben McKinsey also die Boston Consulting Group (BCG) und Bain & Company. Letztere haben übrigens ähnlich rigorose Auswahlverfahren wie der Marktführer. Andere sind da skeptischer. Schon heute schließen sich freiberufliche Berater, oft sogar ehemalige »Meckies«, zu agilen Netzwerken zusammen und ärgern mit ihren flexiblen, skalierbaren Angeboten die Großen. So oder so muss sich auch ein Platzhirsch wie McKinsey auf die Bedürfnisse der jungen Generation einstellen. Diese will ein Arbeitsumfeld, das flexible Arbeitszeitmodelle bietet. Das Zauberwort heißt Work-Life-Balance. McKinsey bietet die sogenannte »Personal Time« an. Pro Jahr können Mitarbeiter bis zu drei Monate Auszeit nehmen. Ob mit dem Rucksack durch Asien oder der Hausbau – die Zeit ist da. Am elitären Anspruch wird dadurch nicht gerüttelt. Und auch nicht an einem weiteren Markenzeichen der großen Beratungshäuser, dem »Up-or-out«-Prinzip. Die Fluktuation liegt bei etwa 20 bis 30 Prozent – und ist gewollt, um immer wieder Platz für Nachwuchskräfte zu schaffen. Nach jedem Projekt werden die Mitarbeiter bewertet. Ein Personalkomitee schaut sich diese Bewertungen halbjährlich an und gibt Feedback. Jeder Mitarbeiter weiß, wo er steht. Bei negativen Feedbacks hilft ein Mentor. Wer jedoch nach fünf Jahren die nächste Karrierestufe nicht erreicht hat, für den heißt es: Sorry, das war's für Sie. Wo der Aufzug ist, wissen Sie ja.

Was macht McKinsey, um die besten Mitarbeiter zu finden und zu binden?

- McKinsey, und ebenso die anderen großen Strategieberatungen, wie zum Beispiel die Boston Consulting Group (BCG) und Bain & Company, sind bekannt für ihren rigorosen Auswahlprozess. Von jährlich 15 000 Bewerbern im deutschsprachigen Raum schaut man sich 5 Prozent persönlich an. Davon bekommen 99 Prozent eine Absage.
- Das Unternehmen pflegt einen regelrechten Mythos des Elitären. Hochschulabsolventen mit dem Ziel Unternehmensberater wollen am liebsten zu McKinsey. Eine Luxuswelt und entsprechende Verdienstmöglichkeiten locken sie.
- In Recruiting-Events werden Bewerber mehrere Tage lang auf harte Proben gestellt. Hier wie auch bei regulären Interviews spielt die Lösung von Fällen (sog. *cases*) eine große Rolle. Weitere Punkte auf der Checkliste sind zum Beispiel »persönlicher Eindruck«, »Eigenmotivation«, »Führungsqualitäten« und »Problemlösungskompetenz«.
- Es gilt das Prinzip »Up-or-out«: Die Mitarbeiter werden nach jedem Projekt bewertet. Halbjährlich gibt es ein umfassendes Feedback. Wer schlechte Feedbacks hat, kann einen Mentor in Anspruch nehmen. Fünf Jahre sind Zeit für die nächste Karrierestufe. Wer die nicht schafft, muss gehen. Die Fluktuation liegt bei 20 bis 30 Prozent.
- McKinsey unterhält zahlreiche Kooperationen mit Hochschulen. Der »McKinsey Campus« in Kitzbühel ist ein mehrtägiges Seminar für Studenten, Doktoranden und Young Professionals aus nicht wirtschaftswissenschaftlichen Fachrichtungen. Sie erhalten eine Art BWL-Crashkurs – und werden so zu potenziellen Bewerbern.

In unserer Online-Mediathek zum Buch unter www.geheimnis-der-champions.de/mediathek finden Sie eine Fülle von kostenlosen Zusatzangeboten: Formulare und Vorlagen, Videos, Artikel, Buchtipps und mehr!

Kommunikationsgenie SICK:
Ein Hidden Champion geht in die Offensive

Unternehmen: SICK AG
Hauptsitz: Waldkirch, Baden-Württemberg, Deutschland
Branche: Sensorelektronik
Umsatz: 1,1 Mrd. Euro
Website: www.sick.com
Gründungsjahr: 1946
Anzahl der Mitarbeiter: 7 000

Stellen Sie sich vor, Sie präsentieren Ihr Produkt in den USA. Plötzlich sagt Ihr Gegenüber: »This is sick!« Sie wundern sich – wieso ist Ihr Produkt »krank«? Stimmt etwas nicht damit? Ihr Gesprächspartner sieht nicht so aus, als würde ihm das Produkt missfallen. Im Gegenteil, seine Augen leuchten und er wirkt begeistert. Als wollte er sagen: »Wow! Das ist ja irre!« Und tatsächlich: Genau das bedeutet »this is sick« in der amerikanischen Umgangssprache. Hätten Sie's gewusst? Einige Mitarbeiter bei der SICK AG, dem Weltmarktführer für Sensorelektronik, mussten zweimal hingucken, als ihr Arbeitgeber »This is SICK« im neuen Marken-Claim verwendete. Plötzlich war dieser Spruch in jeder Anzeige und überhaupt in der gesamten Marketingkommunikation zu lesen. Nach kurzer Zeit waren die Mitarbeiter jedoch überzeugt und sagten: Das ist ja mal mutig! Wir sind eine richtig coole Firma. Kommunikationsprofis zeigten sich ebenfalls angetan: Der »B2B Marketing Award« 2014 ging an die Kampagne, die vollständig »This is SICK – Sensor Intelligence« heißt, aber in der Kurzform »This is SICK« überall die Runde gemacht hat. Ein Paukenschlag wie dieser selbstbewusste Marken-Claim passt zu dem Unternehmen, das als Pionier des Employer Branding im Mittelstand gilt. Noch vor einem Jahrzehnt war das Unternehmen kaum bekannt – und das, obwohl seine Produkte weltweit allgegenwärtig sind: Sensoren von SICK identifizieren LKWs an Mautstellen, positionieren Container auf Überseeschiffen, überwachen die Einhaltung der Emissionsgrenzen bei Schornsteinen, schützen die Mona Lisa im Pariser Louvre vor Langfingern genauso wie Industriearbeiter am Band vor Verletzungen. Früher suchte der Hersteller von mehr als 40 000 Produkten händeringend Ingenieure. Durch seine offensive Kommunikation bekommt der Mittelständler heute rund 1 000 Bewerbungen pro Monat. Wir finden: Ein schöner Beweis, wie sehr sich Employer Branding, die Investition in die Arbeitgebermarke, auch für den Mittelstand auszahlt.

Was nützt es, der Beste zu sein, wenn einen kein Mensch kennt?

Technologieführer ist SICK schon lange. Kaum eine automatisierte Produktion der Welt kann auf die Sensoren »Made in Germany« verzichten. Sensoren werden in Zukunft noch stärker als die Augen und Ohren von Menschen bei Maschinen, in Logistikzentren oder Kraftwerken benötigt werden. Mit den Augen und optischen Systemen beschäftigte sich der gelernte Optiker und Feinmechaniker Erwin Sick schon in seinen ersten Berufsjahren. Doch seinen Traum vom Studium der Elektrotechnik verwehrten ihm die Nazis, weil er keiner ihrer Organisationen beitreten wollte. So arbeitete der geniale Tüftler während des Zweiten Weltkriegs in der Rüstungsindustrie und entwickelte zum Beispiel lichtelektrische Fernsteuerungen für Flugzeuge. Als er nach Kriegsende endlich machen konnte, was er wollte, gründete er seine eigene Firma. Er schwor sich, all sein Wissen zukünftig ausschließlich für zivile Zwecke und zum Wohle der Menschheit einzusetzen. Diesem Vermächtnis ihres 1988 verstorbenen Gründers fühlen sich die Mitarbeiter der SICK AG bis heute verpflichtet.

Der erste größere Publicity-Erfolg kam 1996, als SICK von Hermann Simon in seinem Bestseller *Die heimlichen Gewinner* zu den deutschen »Hidden Champions« gezählt wurde. Die Hightech-Firma, die jährlich über 100 Millionen Euro für Forschung und Entwicklung ausgibt, erkannte früh die Gefahren eines Fachkräftemangels. Was tun, wenn es in der Region keine Ingenieure mehr gibt? SICK machte 2006 eine langfristige HR-Strategie. Man entschied sich dabei auch für den damals noch

Nach Hause – oder noch zum künftigen Arbeitgeber? Employer-Branding-Aktion bei der Hannover Messe. Quelle: SICK

jungen Ansatz des Employer Branding. Eine darauf spezialisierte Agentur kam ins Boot. Das Ziel war es, als attraktiver Arbeitgeber auch überregional Top-Bewerber anzuziehen. Anderthalb Jahrzehnte vorbildliche Personalarbeit trugen dem Unternehmen etliche Preise ein. Um die Bekanntheit bei interessanten Bewerbern zu erhöhen, gab es gleich mehrere Kampagnen.

Alle Register des modernen Personalmanagements gezogen

Bei SICK war immer klar, dass ein Arbeitgeber gegenüber den Mitarbeitern halten muss, was die Außendarstellung verspricht. Employer Branding und Talentmanagement sind fest in der HR-Strategie verankert. Die Werbekampagnen sollten auch auf die eigenen Mitarbeiter wirken und sie bei ihrer hohen Identifikation mit dem Unternehmen abholen. Die erste Kampagne hieß »Geistesblitze« und konzentrierte sich auf gedruckte und digitale Anzeigen sowie Messeauftritte. Bei der Hannover Messe hingen Plakate am Taxistand, die Abreisende mit frechen Sprüchen wie »Sie wollen doch gar nicht an Ihren Schreibtisch zurück« zu SICK lockten. Inhaltlicher Kern der Kampagne war das Thema Erfindergeist. Bei einer Mitarbeiterbefragung war nämlich herausgekommen, dass »Erfindungen« und die Möglichkeit, eigene technische Ideen einzubringen, die Mitarbeiter besonders stolz auf ihre Firma machten. Ein als »beste Imageanzeige für Ingenieure« ausgezeichnetes Motiv innerhalb der Kampagne kombinierte »Geistesblitze« und »Erfinderkinder« – so wurde Familienfreundlichkeit emotional erlebbar.

Schon durch die erste Kampagne verdoppelte sich die Anzahl der Bewerber innerhalb von drei Jahren. Nachdem rund 500 neue Mitarbeiter in den Schwarzwald gekommen waren, schien es SICK an der Zeit für eine weitere Kampagne. Sie setzte die Mitarbeiter deutlich authentischer ins Bild – weniger als aufgesetzte »happy people« – und zeigte mehr von der Technik. Damit reagierte man auch auf die Kritik einiger Mitarbeiter an der ersten Kampagne. Zudem wurden Social Media eingebunden: Facebook-Seite, Twitter-Account, Karriereblog sowie Unternehmensprofile auf XING, LinkedIn und Kununu. SICK setzte jedoch nie allein auf Medien, sondern auch auf den persönlichen Kontakt. So werden heute etwa Schüler in den Sommerferien zur »SICK Summer University« eingeladen und können dort zum Beispiel kleine Roboter konstruieren. 2011 war dann als vorläufiges Resultat aller Bemühungen die Traumquote von 1000 Bewerbungen pro Monat erreicht. Eine dritte Kampagne durfte dann ruhig noch etwas mutiger sein.

Außen hui – und innen mindestens genauso gut!

Viele Bewerbungen zu bekommen ist das eine, die richtigen Mitarbeiter auszuwählen und langfristig zu binden das andere. Bei SICK herrscht ein besonderes Gemeinschaftsgefühl, in das sich die Bewerber einfinden sollen. Auf die Vorauswahl folgt ein erstes Interview, an dem auch der künftige Vorgesetzte teilnimmt. Bei einem zweiten Interview müssen die Bewerber außerdem Aufgaben lösen. Wenn A-Mitarbeiter einmal eingestellt sind, sollen sie möglichst lange bleiben. Auch hier hat SICK viele Ideen. Mit über 80 Trainern und Beratern werden jährlich etwa 5400 Veranstaltungen zur Weiterbildung angeboten. Es gibt ein umfangreiches Sportangebot und eine firmeneigene Ferienbetreuung für die Mitarbeiterkinder.

Außergewöhnlich von Name, Umfang und Struktur her finden wir den jährlichen »Performance-Dialog« bei SICK. Feedback, Zielvereinbarungen, die Planung von Weiterbildungsmaßnahmen und das Thema Gehalt werden in einem einzigen Gespräch gebündelt. Ein straffes Programm, bei dem für nette Plauderei wenig Zeit bleibt. Den Mitarbeitern scheint die Mischung aus Fördern und Fordern zu gefallen. Einer schreibt

Bei SICK arbeiten die Mitarbeiter dort, wo der Schwarzwald am schönsten ist. Der Aspekt der Urlaubsregion spielt beim Recruiting jedoch keine Rolle. Was zählt, sind spannende Aufgaben, die den Bewerber erwarten. Quelle: SICK

auf der Bewertungsseite Kununu über seine Arbeitgeberwahl: »Nach der Hochzeit mit meiner Frau die zweitbeste Entscheidung in meinem Leben!« Tatsächlich liegt die Fluktuation der Mitarbeiter bei nur 4 Prozent. Die SICK AG gehörte 2015 zum 13. Mal in Folge zu »Deutschlands besten Arbeitgebern«. Damit ist SICK eines der wenigen Unternehmen, die sich seit dem Bestehen des Wettbewerbs daran beteiligen und noch in jedem Jahr unter den 100 Besten platziert waren. Da können wir nur sagen: »This is sick!«

Was macht SICK, um die besten Mitarbeiter zu finden und zu binden?

- SICK gilt als Pionier des Employer Branding im Mittelstand. Seit 2006 wurde mit mehreren Kampagnen die überregionale Bekanntheit der Arbeitgebermarke stark erhöht. Dadurch gelingt es, gute Bewerbungen in ausreichender Zahl zu erhalten.
- Employer Branding ist Teil einer HR-Strategie, zu der auch die beiden weiteren Säulen Arbeitgeberattraktivität und Talentmanagement gehören. Die Werbekampagnen von SICK sollen stets auch auf die eigenen Mitarbeiter wirken.
- Über Facebook und Twitter können Interessenten individuelle Fragen zum Thema Ausbildung und Karriere stellen, entweder öffentlich oder als private Nachricht. Die HR-Abteilung antwortet umgehend.

- SICK hat eine besondere Kultur und klare Werte. So soll im Sinne des verstorbenen Gründers das Know-how ausschließlich für nicht militärische Zwecke und zum Wohle der Menschheit eingesetzt werden.
- Die Mitarbeiter sind stolz darauf, »Erfinder« zu sein, und treffen mit ihren technischen Ideen und Vorschlägen stets auf offene Ohren.
- Jeweils in der ersten Sommerferienwoche werden Schüler zu einer »SICK Summer University« eingeladen. Die Jugendlichen erhalten Einblick in Forschung und Technik und können selbst tüfteln und ausprobieren.
- Die umfangreichen Leistungen für Mitarbeiter umfassen zum Beispiel ein breit gefächertes Sportangebot oder Ferienbetreuung für die Kinder.
- In einem jährlichen »Performance-Dialog« zwischen Mitarbeitern und Vorgesetzten werden Feedback, Zielvereinbarungen, Planung von Weiterbildungsmaßnahmen und Entgeltplanung gebündelt.

In unserer Online-Mediathek zum Buch unter www.geheimnis-der-champions.de/mediathek finden Sie eine Fülle von kostenlosen Zusatzangeboten: Formulare und Vorlagen, Videos, Artikel, Buchtipps und mehr!

Service-Oase Ritz-Carlton: »Ladies und Gentlemen bedienen Ladies und Gentlemen«

Unternehmen: The Ritz-Carlton Hotel Company, L.L.C.
Hauptsitz: Chevy Chase, Maryland, USA
Branche: Hotellerie
Umsatz: 3 Mrd. US-Dollar
Website: www.ritzcarlton.com
Gründungsjahr: 1983
Mitarbeiter: 35 000

Seit 1911 in New York das »Ritz-Carlton Hotel« eröffnet wurde, ranken sich Legenden um dessen ausgezeichneten Service. Heute ist die »Ritz-Carlton Hotel Company« eine in 30 Ländern der Erde vertretene Luxuskette, die sich zu 99 Prozent im Besitz von Marriott befindet. Doch eines hat sich nicht geändert: Immer noch kursieren Geschichten über Mitarbeiter, die für ihre Gäste einfach alles geben. Eine dieser Geschichten soll sich vor einigen Jahren in San Francisco zugetragen haben und geht so: Am Morgen checkte ein Gast im 20. Stock des Ritz-Carlton Hotels aus. Er bestieg ein Taxi und fuhr damit zum Flughafen. Dort nahm er eine Maschine der United Airlines und machte sich auf den Weg nach Hawaii, wo er auf einem wichtigen Kongress sprechen sollte. Auf halber Strecke wurde ihm schlagartig bewusst, dass er seine CD mit der PowerPoint-Präsentation im Ritz hatte liegen lassen. Er griff zum Telefon, das sich in den USA bei Inlandsflügen an nahezu jedem Sitz befindet, und rief ziemlich aufgeregt im Hotel an. Die Dame an der Rezeption beruhigte ihn erst einmal. Sie sagte: »Okay, ich habe verstanden. Sie haben vor einigen Stunden hier ausgecheckt. Wie lautete Ihre Zimmernummer und was genau haben Sie liegen lassen?« Der Gast schilderte ihr, dass er zunächst seinen Rasierapparat im Zimmer vergessen hatte. Als er zurückkam und danach suchte, legte er die CD mit der Präsentation, die er in der Hand hatte, auf einem runden Tisch ab und ließ sie dann offensichtlich dort liegen. Die Dame am Telefon sagte: »Bleiben Sie dran.« Dann rief sie den Bellboy. Der fuhr in den 20. Stock, ging ins Zimmer, fand die CD und brachte sie nach unten. Die Mitarbeiterin an der Rezeption konnte den verzweifelten Gast beruhigen: »Good news: Wir haben Ihre CD gefunden. Am besten machen wir es so: Sie bleiben nach Ihrer Ankunft in Hawaii am Flughafen. Ihre CD bringen wir dorthin.« Sie legte auf und erklärte dem Bellboy kurz die Geschichte. Da rannte dieser auch schon quer durch die Lobby, warf sich in ein Taxi und ließ sich zum Flughafen fahren. Dort buchte er den nächsten United-Flieger nach Hawaii.

Erfolgsformel Augenhöhe und Respekt zwischen Mitarbeitern und Gästen

Sind solche legendären Geschichten über Ritz-Carlton überhaupt glaubwürdig? Jörg Knoblauch, einer von uns Autoren, wollte es wissen – und die Gelegenheit war günstig: Er führte ein Interview mit Horst Schulze, der die Hotelkette 1983 mitgegründet hat und viele Jahre als COO (Chief Operating Officer) für die perfekten Abläufe im Tagesgeschäft verantwortlich war. Als Horst Schulze die Geschichte über den Hotelgast in San Francisco hörte, dem ein Bellboy seine vergessene CD bis nach Hawaii gebracht hatte, musste er schmunzeln. Dann sagte er: »Na ja, die Geschichte ist wahr bis zu dem Punkt, wo der Ritz-Mitarbeiter zum Flughafen kommt. Während er im Taxi dorthin fuhr, haben wir im Hintergrund das Ganze organisiert, und der Captain der nächsten United-Maschine war bereit, die CD mitzunehmen.« Die Geschichte ist also leicht übertrieben – aber nur ganz, ganz leicht! Im Kern ist sie wahr und trägt zum Ruhm der 85 Ritz-Carlton Hotels bei, die es weltweit gibt. Zwei davon befinden sich übrigens auch in Deutschland, eines am Potsdamer Platz in Berlin und eines in der »Autostadt« in Wolfsburg.

Der »Goldstandard« in der Hotellerie zu sein – das ist der erklärte Anspruch der Ritz-Carlton Hotels. Der Schlüssel dazu sind die Mitarbeiter. Ritz-Carlton spricht von seinen Mitarbeitern gerne als »unsere Ladies und Gentlemen«. Das spielt auf das Motto der Hotelkette an, das lautet: »We are Ladies and Gentlemen serving Ladies and Gentlemen.« Was sich in diesen längst berühmten Worten ausdrückt, ist wertschätzender Umgang mit Mitarbeitern, die ihrerseits angehalten sind, anspruchsvollen Gästen auf Augenhöhe zu begegnen. Das soll heißen: Lieber Gast, wir respektieren dich als Lady und Gentleman. Bitte aber respektiere du auch uns. Wir lesen dir jeden Wunsch von den Augen ab. Wir haben uns verpflichtet, den bestmöglichen Service in irgendeinem Hotel auf dieser Welt zu bieten. Von allen Mitarbeitern wird etwas erwartet, das man bei Ritz-Carlton »anticipatory service« nennt: vorausschauendes Handeln, das Wünsche von Gästen erfüllt, ohne dass diese erst darum bitten müssen. Wie das in der Praxis funktioniert, lässt sich in Ritz-Carlton Hotels immer wieder beobachten: Ankommenden Gästen wird zuvorkommend aus dem Taxi geholfen, Koffer werden sorgsam durch die Hotelhalle manövriert, und der Eincheckvorgang geht freundlich und flüssig vor sich. Wenn jemand wissen will, wo die nächste Toilette ist, dann wird er nicht einfach in eine bestimmte Richtung geschickt, sondern er wird bis zur WC-Tür begleitet.

Handlungsspielraum eröffnet den Weg zu Top-Mitarbeitern

Wer die Zufriedenheit seiner Kunden an die oberste Stelle setzt, der braucht Mitarbeiter, die mit weitreichenden Kompetenzen ausgestattet sind und über einen hohen Entscheidungs- und Handlungsspielraum verfügen. Dieser Spielraum, um einen Gast wirklich zufriedenzustellen, ist bei Ritz-Carlton riesig. Schon vor über 20 Jahren hat der amerikanische Businessguru Tom Peters in seinem Bestseller *Der Wow!-Effekt* auf einem ganzseitigen Foto seinen »Superstar« präsentiert. Es war Frau Azuela, ihres Zeichens Hausdame auf der 21. Etage im Ritz-Carlton in San Francisco. Tom Peters machte Virginia Azuela zum Star, weil sie genau wie der Page, der das Gepäck trägt, und der Portier, der das Taxi ruft, jederzeit auf eigene Verantwortung bis zu 2000 US-Dollar ausgeben darf, um eventuelle Probleme der Gäste zu lösen. Sie lesen richtig: 2000 US-Dollar! Wir kennen Manager, die haben »Vice President« auf der Visitenkarte stehen, benötigen aber zwei weitere Unterschriften, bevor sie mehr als 1000 Euro ausgeben dürfen. Mit der Lizenz zum Geldausgeben machte das Ritz-Carlton seine mexikanischstämmige Mitarbeiterin zur Unternehmerin und Betreiberin ihrer Etage.

Daraus ergibt sich für uns die Frage: Wie gewinnt man 35 000 Mitarbeiter, die solche Grundsätze leben? Einen ersten Einblick gibt das Interview von Jörg Knoblauch mit Horst Schulze auf YouTube. Horst Schulze, ein Deutscher, der aus dem Rheinland stammt, lebte den amerikanischen Traum: vom Tellerwäscher zum Chef von Ritz-Carlton. Schulze wollte exzellenten Service, und er wusste, dass er das nur mit motivierten Mitarbeitern erreichen konnte. Ritz-Carlton zahlt seinen Angestellten nur unwesentlich höhere Löhne als die Konkurrenz, und die Arbeitszeiten sind auch nicht besser als anderswo. Nicht umsonst wird gerade in der Hotellerie geklagt, dass es schwierig ist, gute Mitarbeiter zu finden. Trotzdem ist es so, dass die Fluktuation in der durchschnittlichen amerikanischen Hotellerie bei etwa 50 Prozent liegt. Das bedeutet, dass der typische Mitarbeiter zwei Jahre im Unternehmen ist. Bei Ritz-Carlton bleibt er doppelt so lange, ist also immerhin vier Jahre dabei.

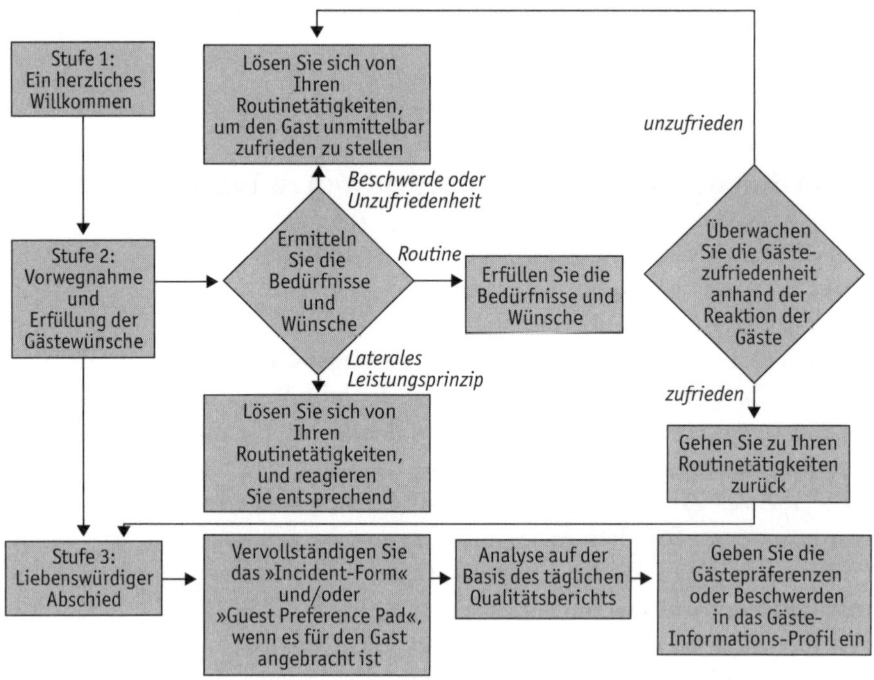

»Three Steps of Service« – drei Stufen der Dienstleistung: Nach diesem Schema schult Ritz-Carlton seine Mitarbeiter. Quelle: Töpfer, *Handbuch Kundenmanagement*, 2008

Rigorose Mitarbeiterauswahl: »Wir wollen die Besten der Besten«

Horst Schulze berichtet, wie das abläuft, wenn irgendwo auf der Welt ein neues Ritz-Carlton Hotel eröffnet werden soll. Dann werden 500 bis 600 Mitarbeiter benötigt. Die Rekrutierung beginnt etwa ein Jahr vor der geplanten Eröffnung. Anzeigen in den Tageszeitungen und online fordern zu Bewerbungen auf und bieten Jobs an. Zu einem über Zeitungen und Social Media bekanntgegebenen Termin versammeln sich jeweils bis zu 2000 Interessenten. So viel fasst der große Ballsaal. Horst Schulze hielt dann immer seine berühmte Blut-Schweiß-und-Tränen-Rede. Er schilderte, wie brutal der Alltag in diesem Luxushotel ist. Was verwöhnte Gäste alles verlangen. Er machte aber auch deutlich, was die Grundwerte der Ritz-Carlton-Philosophie und die »Gold Standards« sind. Dann gab es eine Pause. Die Teilnehmer wurden aufgefordert, sich am draußen aufgebauten Büfett gütlich zu tun. Nach einer halben Stunde sollten diejenigen wieder in den Raum kommen, die jetzt noch Lust hatten, in diesem Hotel zu arbeiten. Jetzt ließ Horst Schulze die Bewerbungsbögen verteilen. Damit war zwar noch niemand eingestellt, aber ein erster Filter trennte die Spreu vom Weizen. Und weil die »Damen und Herren« von Ritz-Carlton die Garanten für den perfekten Service sind, gibt es für jede Position eine detaillierte Stellenbeschreibung. »Wir wissen genau, welche Qualifikation ein Bewerber mitbringen muss«, sagt Sue Stephenson, viele Jahre Personalchefin von Ritz-Carlton, inzwischen zuständig für Corporate Social Responsibility. »Durch ein internes Benchmarking haben wir die Arbeit unserer besten Mitarbeiter weltweit im jeweiligen Bereich analysiert. Wir wollen schließlich die Besten der Besten.«

Service-Werte: »Ich bin stolz, Ritz-Carlton zu sein«

Unter dem Motto »I am proud to be Ritz-Carlton«, leben die Mitarbeiter der Hotelkette die folgenden 12 Werte:

1. Ich baue starke Beziehungen zu Gästen auf und sorge dafür, dass sie Ritz-Carlton lebenslang treu bleiben.
2. Ich reagiere stets auf die ausgesprochenen und die unausgesprochenen Wünsche und Bedürfnisse unserer Gäste.

3. Ich bin ermächtigt, Gästen einzigartige, im Gedächtnis bleibende und persönliche Erlebnisse zu verschaffen.
4. Ich erkenne meine Rolle, zu den wichtigen Erfolgsfaktoren beizutragen, am Programm für soziale Verantwortung teilzunehmen und das Besondere an Ritz-Carlton zu leben.
5. Ich suche ständig nach Möglichkeiten, die Ritz-Carlton-Erfahrung zu verbessern.
6. Ich übernehme Verantwortung für alle Probleme der Gäste und löse sie sofort.
7. Ich trage zu einer Arbeitsumgebung mit Teamwork auf Augenhöhe bei, sodass sowohl die Bedürfnisse der Gäste als auch unsere eigenen Bedürfnisse erfüllt werden.
8. Ich habe die Gelegenheit, ständig zu lernen und zu wachsen.
9. Ich bin eingebunden in die Planung der mich betreffenden Arbeit.
10. Ich bin stolz auf mein professionelles Erscheinungsbild, meine Sprache und meine Umgangsformen.
11. Ich schütze die Privatsphäre und die Sicherheit der Gäste und meiner Kollegen und gehe sorgsam mit den vertraulichen Informationen und den Vermögensgegenständen des Unternehmens um.
12. Ich bin verantwortlich für ein kompromissloses Niveau an Sauberkeit und sorge für einen sicheren und unfallfreien Arbeitsplatz.

Ritz-Carlton schwört auf ein von der amerikanischen Firma Talent Plus entwickeltes Ausleseverfahren. Es geht dabei weniger um die fachliche Qualifikation, sondern um charakterliche Stärken. »Wir wollen herausfinden, ob sich der Bewerber wirklich mit der Vision von Ritz-Carlton identifiziert und seine Persönlichkeit zu der ausgeschriebenen Stelle passt«, sagt Katrin Notz, Personalchefin bei Ritz-Carlton in Wolfsburg. Ist es ein Bewerber, der die Initiative ergreift? Jemand, der von sich aus Arbeitsabläufe verbessert? Passt sein Verhalten zu den Menschen im Team? Dabei durchlaufen nicht alle Bewerber jeden Schritt im Einstellungsfilter. Ein halbstündiges, standardisiertes Telefoninterview soll klären, wie sich der Bewerber später im Beruf verhalten wird. Persönlichkeitsprofile zeigen, ob jemand eher extrovertiert oder introvertiert ist. Und es gibt auch ganz konkrete Testfragen, zum Beispiel: Wie würden Sie bei einem Dinner ein nicht ganz sauberes Glas auswechseln, ohne dass der Gast es bemerkt?

Oder: Wie reagieren Sie, wenn ein betrunkener Gast andere Gäste belästigt? Wer ein Angebot erhält und es auch annimmt, der durchläuft zunächst bestimmte Trainings. Außerdem ist es üblich, dass alle Mitarbeiter eine halbe Stunde jeden Tag einen der Firmengrundsätze besprechen. Da geht es um die »kompromisslose Sauberkeit« oder auch ums Verhalten beim Telefonieren: »Lassen Sie das Telefon nie länger als drei Mal klingeln, und nehmen Sie jedes Gespräch mit einem Lächeln entgegen.«

Für die Damen vom Zimmerservice beginnt der Tag um 8.00 Uhr mit einem sogenannten Line-up. Dort erfährt jeder, welche Gäste im Haus sind, was die wichtigsten Veranstaltungen sind und wer welchen Tagesraum belegt hat. Nur wer seine Gäste kennt, kann sie auch korrekt mit Namen ansprechen – und die Ansprache mit Namen ist für Ritz-Carlton ganz besonders wichtig. Ebenfalls vorbildlich ist das »Open-Book-Management«. Neben den Finanzdaten des Hauses finden Mitarbeiter in ihrem Bereich jeweils Dutzende von Schautafeln mit Verbesserungsvorschlägen. Jeder soll wissen, wie die Zimmerauslastung gerade ist. In diesem Buch schreiben wir auch über das Hotel Schindlerhof in Nürnberg. Hotelier Klaus Kobjoll bietet dort ebenfalls diesen »personalisierten Service«, der genau analysiert, wo es zwischen Gast und Hotelpersonal zur Interaktion kommt. Diese »Augenblicke der Wahrheit« werden sorgfältig eingeübt, denn an dieser Stelle wird das Zufriedenheitsempfinden des Gastes maßgeblich beeinflusst. Auch im Falle Bodo Janssen mit seiner Hotelkette Upstalsboom wird das deutlich: »Wertschöpfung durch Wertschätzung« und nicht »Wertschöpfung durch Ausnutzung« der Arbeitskräfte lautet das Motto.

Das Ritz-Carlton hat den höchsten amerikanischen Preis überhaupt gewonnen, den Malcolm Baldridge Award, der vom amerikanischen Präsidenten übergeben wird. Der Schindlerhof hat das Gegenstück, den European Quality Award, und zwei Mal den Ludwig-Erhard-Preis gewonnen. Bei Upstalsboom ist die Herzlichkeit da, und an den Systemen wird gearbeitet. Überall in der Hotellerie geht es um Emotionen: Herzlichkeit, ein Händedruck, eine individuelle Begrüßung. Gäste wollen von einem freundlichen Gastgeber herzlich willkommen geheißen werden. Das geht nur mit Topmitarbeitern.

Was macht Ritz-Carlton, um die besten Mitarbeiter zu finden und zu binden?

- Wertschätzender Umgang mit Mitarbeitern ist wichtig. Die Mitarbeiter sollen ihrerseits den Gästen auf Augenhöhe begegnen. Das ist der Sinn des berühmten Mottos: »We are Ladies and Gentlemen serving Ladies and Gentlemen.«
- Es gibt einen rigorosen Auswahlprozess, auch wenn in der Hotellerie eher bescheiden bezahlt wird und Überstunden die Regel sind.
- Die wichtigsten Werte und Verhaltensregeln werden mit den Mitarbeitern täglich besprochen.
- Ein Open-Book-Management zeigt allen Mitarbeitern aktuelle Zahlen, zum Beispiel auch zur Auslastung.
- Durch ein internes Benchmarking wird die Arbeit der besten Mitarbeiter weltweit im jeweiligen Bereich analysiert. Daraus leitet Ritz-Carlton exakte Anforderungen an Mitarbeiter ab.
- Die wichtigsten Werte und Grundsätze liegen schriftlich vor und können von allen Mitarbeitern nachgelesen werden: »Service Values«, »Three Steps of Service«, »The 6th Diamond«, »The Employee Promise« und so weiter. Gemeinsam sollen alle Grundsätze den Goldstandard der Branche bilden, auf den die Mitarbeiter stolz sein können.

In unserer Online-Mediathek zum Buch unter www.geheimnis-der-champions.de/mediathek finden Sie eine Fülle von kostenlosen Zusatzangeboten: Formulare und Vorlagen, Videos, Artikel, Buchtipps und mehr!

Leuchtturm Phoenix Contact: Fachkräftemangel? Nicht bei uns!

Unternehmen: Phoenix Contact GmbH & Co. KG
Hauptsitz: Blomberg, NRW, Deutschland
Branche: Verbindungs- und Interfacetechnik, Automatisierungstechnik
Umsatz: 1,77 Mrd. Euro
Website: www.phoenixcontact.com
Gründungsjahr: 1923
Anzahl der Mitarbeiter: 14 000

Es ist der aktuelle Trend aus den USA: Personaler gehören auf die erste Führungsebene! Wenn die Mitarbeiter für den Erfolg eines Unternehmens das Wichtigste sind, dann muss dort, wo der zukünftige Erfolg geplant wird, auch über Mitarbeiter gesprochen werden. Für Klaus Eisert war das schon vor gut 15 Jahren sonnenklar. Der Diplom-Ingenieur leitete von 1975 bis 2014 das Unternehmen Phoenix Contact, einen Anbieter von elektronischen und elektrotechnischen Produkten für den weltweiten Investitionsgütermarkt. Um das Jahr 2000 traf dieser Klaus Eisert gemeinsam mit seinen Mitgesellschaftern eine geradezu revolutionäre Entscheidung. Bei Phoenix Contact sollte der Personalbereich ab sofort nicht mehr jenes Mauerblümchen sein, das er bei den meisten deutschen Mittelständlern ist. Im Gegenteil, der Personalchef sollte hier zur Schlüsselfigur im Unternehmen werden. Seine Aufgabe würde es sein, dafür zu sorgen, dass das Hightech-Unternehmen trotz des absehbaren demografischen Wandels auch in Zukunft die besten Ingenieure und Facharbeiter beschäftigen könnte. Der Personaler müsste dazu mehr als nur »Partner« des Topmanagements sein. Er sollte gleichberechtigt am Vorstandstisch sitzen und an sämtlichen strategischen Weichenstellungen aktiv mitwirken.

Klaus Eisert wusste, dass für diese Aufgabe nur ein absoluter Spitzenmann infrage kam. Zum Glück gab es da bereits jemanden. Gunther Olesch war promovierter Wirtschaftspsychologe, hatte in den 1980er-Jahren den Bereich Weiterbildung und Personalentwicklung bei der Thyssen Edelstahlwerke AG aufgebaut und war seit 1989 für Phoenix Contact tätig. Fachlich war Gunther Olesch über alle Zweifel erhaben. Hinzu kam seine quirlige, extrovertierte Art. Der Hobbymusiker, der in seiner Freizeit Sänger und Gitarrist einer Rockband ist, versteht es, auf Menschen zuzugehen und sie mitzureißen. Damit war er in gewisser Weise das Gegenstück zu dem stets freundlichen, aber auch zurückhaltenden Klaus Eisert. Wenn Besucher auf dem Werksgelände den lächelnd grüßenden Mann im Anzug fragten, wer er denn sei, soll Eisert regelmäßig geantwortet haben: »Ich bin hier ein Mitarbeiter.« So viel westfälische Bescheidenheit brachte dem Chef eine Menge Respekt ein. Doch im »War for Talents« durfte ruhig jemand in den Vorstand aufrücken, der es genießen konnte, ein wenig mehr Aufmerksamkeit auf seine Person und das Unternehmen zu lenken. So einer war Gunther Olesch.

Phoenix Contact zählt heute zu den beliebtesten deutschen Arbeitgebern überhaupt. Ob »Great Place to Work«, »Top Arbeitgeber« oder »Top Job« – die Ostwestfalen räumen die Auszeichnungen ab wie der FC Bayern die Titel im Fußball. In der Wettbewerbskategorie »Top Arbeitgeber Deutschland« trat Phoenix Contact 2014 erstmals an und kam von null auf Platz sechs. Etwas Vergleichbares hatte zuvor noch kein anderes Unternehmen geschafft. Auch die Benotungen auf den Arbeitgeber-Bewertungsplattformen sind überdurchschnittlich. Phoenix Contact bekommt pro Jahr mehr als 4000 Bewerbungen auf Ingenieurstellen, benötigt aber nur 400. Und das in einem Land, in dem angeblich 70000 bis 80000 Ingenieure fehlen. Die Fluktuation wird hier in Promille gemessen. Und Gunther Olesch? Er wird inzwischen vom renommierten Fachblatt *Personalmagazin* zu den »40 führenden Köpfen des Personalwesens in Deutschland« gezählt. Dabei betont er immer wieder, dass seine gesamte Arbeit Teamwork sei. Doch was macht Phoenix Contact zu einem solchen Leuchtturm? Weshalb scheinen Fachkräfte- und Ingenieurmangel die Ostwestfalen überhaupt nichts anzugehen?

Mit visionärem Management und menschlicher Empathie an die Spitze

Phoenix Contact ist nicht durch Zufall einer der beliebtesten Arbeitgeber in Deutschland geworden. So ziemlich das Einzige, was bei dem über 90 Jahre alten Unternehmen vom Zufall bestimmt wurde, ist der heutige Firmensitz. Im Zweiten Weltkrieg wurde der alte Stammsitz in Essen während eines der verheerenden Bombenangriffe auf das Ruhrgebiet vollständig zerstört. Das Unternehmen wich ins ländliche Ostwestfalen-Lippe aus, wo es keine Großstädte, keine Schwerindustrie und deshalb auch keine lohnenden Ziele für die alliierten Bomber gab. Das Ausweichquartier in dem 15 000-Einwohner-Städtchen Blomberg blieb schließlich die Heimat des Unternehmens. Heute bilden fünf deutsche sowie sieben internationale Standorte das Produktionsnetzwerk von Phoenix Contact. Hinzu kommen zwei Softwareunternehmen, die Anwendungen für die eigenen Produkte entwickeln. Wie so viele Unternehmen mit reinem B2B-Geschäft ist auch Phoenix Contact unter Endverbrauchern praktisch unbekannt. Wer interessiert sich zum Beispiel schon für Netzschutzgeräte oder Kommunikationsinterfaces bei Windkraftanlagen? Die meisten sehen nur, dass da etwas Riesiges in der Landschaft steht und sich dreht. Unter Ingenieuren hat Phoenix Contact dagegen einen Ruf wie Donnerhall.

Dieser Ruf ist eben kein Zufall, sondern von der Geschäftsleitung hart erarbeitet. Die erfolgreiche Personalarbeit der Ostwestfalen ruht auf drei Säulen: Da ist erstens ein visionäres Management, das weit in die Zukunft blickt, sich mit Megatrends beschäftigt und hohe Ziele definiert. Da gibt es zweitens ein ganzes Bündel konkreter Maßnahmen und Programme, mit denen das Unternehmen dem Fachkräftemangel aktiv begegnet, statt darüber zu lamentieren. Und da herrscht schließlich drittens ein ganz besonderes zwischenmenschliches Klima. Das Unternehmen begegnet seinen Mitarbeitern mit besonderer Wertschätzung und Empathie, nimmt die Bedürfnisse der jungen Generation ernst und ist stets bestrebt, den Sinn der jeweiligen Arbeit zu vermitteln. Beginnen wir mit dem Thema Strategie.

Welchen Unterschied macht es, wenn der Personaler am Vorstandstisch sitzt und an strategischen Debatten teilnimmt? Gunther Olesch beschreibt das in seinem Buch *Der Weg zum attraktiven Arbeitgeber* ebenso knapp wie anschaulich: Bei den meisten Mittelständlern *reagiert* der Personaler auf Entscheidungen, die andere getroffen haben.

Ein Hauptsitz abseits großer Städte: Bewerber aus aller Welt geben sich trotzdem die Klinke in die Hand. Quelle: Phoenix Contact

Der Vertrieb entwickelt zum Beispiel eine Social-Media-Strategie, schafft dafür neue IT an, beauftragt Webdesigner und bittet danach das Personalmanagement, die Mitarbeiter entsprechend zu schulen. Oder das Topmanagement beschließt, einen neuen Standort zu eröffnen, und der Personaler soll dafür die passenden Leute beschaffen. Das HR-Management wird also, so Gunther Olesch, immer »anschließend« eingeschaltet. Es muss reagieren, statt proaktiv tätig zu sein. Sitzt der Personaler hingegen am Vorstandstisch, dann wird das HR-Management strategisch. Das bedeutet für Gunther Olesch in der Konsequenz ein Personalwesen, das sowohl *marktgerecht* als auch *visionär* ist.

Im Mittelpunkt der Überlegungen im Personalbereich stehen die aktuellen und zukünftigen Kundenbedürfnisse. Was wird in Zukunft den Erfolg des Unternehmens ausmachen? Welche Leute müssen dafür *heute* eingestellt werden? Und wie müssen dafür die bestehenden Leute *heute* weiterentwickelt werden? Bei Phoenix Contact denkt man exakt so. Und es ist die Aufgabe des Personalers, dafür Konzepte zu entwickeln und Ressourcen einzuplanen. Dazu muss er zum Vordenker im Unternehmen werden. Er sollte sich mit den Megatrends in Wirtschaft und Gesellschaft beschäftigen. Er braucht die Fantasie, sich unsere Welt in 10, 20 oder 30 Jahren vorzustellen. Nicht zuletzt muss er in der Lage sein, junge Menschen, die neu in die Firma kommen, in ihrem Lebensgefühl abzuholen und produktiv zu machen. Gunther Olesch hat sich intensiv mit der sogenannten »Generation Y« beschäftigt. Wir werden darauf zurückkommen. Für den Personalchef von Phoenix Contact heißen die wichtigsten Megatrends Demografie, Globalisierung und Wertewandel. Hier sind er und sein Team gefordert, vorausschauende Antworten zu finden. Insbesondere der demografische Wandel macht dem deutschen Mittelstand längst schwer zu schaffen. Den Unternehmen stehen immer weniger qualifizierte Leute zur Verfügung, je mehr die geburtenstarken Jahrgänge in den Ruhestand gehen und die geburtenschwachen nachrücken. Oder scheint das nur so? In Ostwestfalen ergibt man sich jedenfalls nicht dem Schicksal, sondern versteht es, dem demografischen Wandel etwas entgegenzusetzen.

Jede Stelle bestens besetzt: Konkrete Maßnahmen gegen das Demografie-Problem

Phoenix Contact hat bei seinen Kunden einen Ruf für überragende Qualität. »Wenn es von Phoenix Contact ist«, sagt ein Manager aus der Automobilindustrie, »dann weiß ich, dass es funktioniert. Es klappt einfach.« Die Ingenieure und Facharbeiter sind mit Herzblut bei der Sache und halten ihrem Arbeitgeber eisern die Treue. Einmal rief ein Headhunter bei Gunther Olesch an. Er sagte: »Ich habe gerade 16 Ingenieurstellen zu vergeben und es bei 40 Ingenieuren in Ihrem Unternehmen versucht. Kein Einziger hat Wechselbereitschaft bekundet.« Den Personalchef wunderten die vergeblichen Abwerbeversuche überhaupt nicht. »Warum erzählen Sie mir das?«, fragte er den Headhunter. »Ich würde jetzt gerne für *Sie* arbeiten«, lautete die Antwort. Wer einen solchen Ruf und so treue Mitarbeiter hat, der kann freilich auch viel verlieren. Wenn Stellen vakant blieben, weil es zu wenig Bewerber gäbe, oder wenn man in die Versuchung käme, B-Mitarbeiter statt A-Mitarbeiter einzustellen, wäre das für dieses Hightech-Unternehmen eine Katastrophe. Phoenix Contact hat deshalb in den vergangenen Jahren eine ganze Reihe von Maßnahmen auf den Weg gebracht, um auch unter den Bedingungen des demografischen Wandels immer genügend Top-Leute zur Verfügung zu haben.

Ein besonderes Aushängeschild ist hier das Programm »Aubikom«. Es heißt vollständig »Förderung individueller Ausbildungskompetenz« und richtet sich an Hauptschüler mit Migrationshintergrund. Viele davon bekommen heute keinen Ausbildungsplatz, weil ihnen dafür die Voraussetzungen fehlen. Sie drohen ins soziale Abseits zu geraten. Während viele Unternehmen nur klagen, dass Hauptschüler »nicht zu gebrauchen« seien, ergreift Phoenix Contact mutig die Initiative. Das Aubikom-Programm bereitet Schüler schon während der Schulzeit auf die spätere Ausbildung vor. Es baut Kompetenzen auf, die den jungen Menschen in der Schule nicht vermittelt werden konnten. Die meisten Teilnehmer von Aubikom machen später eine Ausbildung bei Phoenix Contact. Gunther Olesch kann regelrecht ins Schwärmen geraten, wenn er berichtet, welche Entwicklung junge Menschen hier teilweise durchmachen, die von Pädagogen an öffentlichen Schulen manchmal schon abgeschrieben wurden. Er fordert andere Unternehmen auf, sich daran ein Beispiel zu nehmen und nicht über die schlechte Schulbildung von Hauptschülern zu klagen, sondern etwas dagegen zu unternehmen. Selbstverständlich sind die Lehrer der örtlichen Hauptschulen mit im Boot. Ein Jahr vor ihrem Abschluss werden die Schüler gemeinsam mit ihren Lehrern parallel zum Unterricht in den betrieblichen Alltag integriert.

Während es bei Aubikom zunächst einmal darum geht, auch weiterhin den Grundbedarf an Facharbeitern zu decken, zielen die dualen Studiengänge bei Phoenix Contact darauf, Mitarbeiter wesentlich höher zu qualifizieren. Besonders leistungswillige Jugendliche erhalten eine Ausbildung mit parallelem Studium. Nach vier Jahren können sie gleichzeitig den Facharbeiterbrief und den Bachelorabschluss erlangen. Das Unternehmen betreut die Jugendlichen über diese vier Jahre intensiv und kann sie so auf zukünftig anstehende Aufgaben vorbereiten. Hier zeigt sich einmal mehr, warum das Personalmanagement strategisch agieren muss. Denn wer nicht weiß, wohin die Reise des Unternehmens gehen soll, der kann Jugendliche kaum über Jahre auf diese Zukunft vorbereiten. Mitarbeiter, die bereits einen Bachelor haben, können bei Phoenix Contact innerhalb von zwei Jahren berufsbegleitend den Master oder MBA erlangen. Und Gunther Olesch selbst ist so clever, bei seinen Vorlesungen als Honorarprofessor immer auch als Recruiter unterwegs zu sein. So konnte er bereits exzellente Akademiker direkt von der Hochschule für Phoenix Contact gewinnen.

Ein weiteres großes Thema ist für Gunther Olesch die Aufgeschlossenheit gegenüber dem internationalen Arbeitsmarkt. Während bei uns Mangel herrscht, gibt es in Osteuropa viele arbeitslose Ingenieure und Facharbeiter, die bereits sehr gut ausgebildet sind. Auch in Italien und Spanien haben in der letzten Zeit viele Ingenieure ihren Job verloren. Die Besten darunter sollen nach Ostwestfalen kommen. Bei Phoenix Contact weiß man, dass man dafür etwas tun muss. Es geht hier nicht allein um den Abbau von Sprachbarrieren und um zusätzliche Qualifikationen, sondern auch darum, dass sich die Zuwanderer integrieren können und nach möglichst kurzer Zeit gerne in Deutschland leben. Phoenix Contact hat eigene Gästehäuser mit internationalen Wohngemeinschaften, in denen Bewerber und Neuankömmlinge aus dem Ausland für die erste Zeit alles zum Leben Notwendige vorfinden. Nicht zuletzt können sie hier schnell Kontakte zu Menschen aus aller Welt und zu den Einheimischen knüpfen. So verfliegt bald das Gefühl von Fremdheit. Viele Unternehmen sehen ausländische Arbeitnehmer nur als Ressource und kümmern sich zu wenig um ihre speziellen, gerade auch menschlichen Bedürfnisse. Das ist hier anders.

Massive Gegenwehr gegen die demografische Ausdünnung leistet das Unternehmen auch durch die gezielte Förderung von Frauen und die Einstellung und Weiterqualifizierung von Arbeitnehmern der Generation 50+. Immer noch gibt es im Ingenieurwesen und in technischen Berufen viel zu wenige Frauen. Eine höhere Frauenquote würde viel dazu beitragen, die demografische Bombe zu entschärfen. Phoenix Contact setzt hier sehr früh an und geht beispielsweise in Schulen, um mehr Mädchen neugierig auf technische Berufe zu machen. Es gibt jährlich einen »Frauenpower-Tag«, dessen Ziel es ist, junge Frauen, Schülerinnen und Studentinnen für eine Berufswahl rund um die Technik zu begeistern. »Der Frauenpower-Tag eröffnet jungen Frauen die Möglichkeit, sich zu informieren, selber auszuprobieren und sich mit jungen Facharbeiterinnen, Auszubildenden und Ingenieurinnen im persönlichen Gespräch auszutauschen, nachzufragen und Biografien kennenzulernen«, erklärt das Unternehmen diese besondere Aktion. Clever: Der Termin des Frauenpower-Tags ist so gewählt, dass sich Schülerinnen direkt anschließend noch zum Ausbildungsstart am ersten September des jeweiligen Jahres bewerben können.

Doch nicht nur den ganz jungen, sondern auch den älteren Menschen gilt Aufmerksamkeit. Wie viele deutsche Unternehmen würden wohl einen 63-Jährigen neu einstellen? Phoenix Contact hat es getan. Ein gelernter Radio- und Fernsehtechniker war zuletzt 15 Jahre lang als Meister der Produktionsvorbereitung bei einem Mittelständler tätig. Dann verlor er durch die Insolvenz der Firma seinen Job. Der Mann hatte noch keine Lust auf Rente, bekam jedoch auf seine Bewerbungen von anderen Firmen nichts als höfliche Absagen. Phoenix Contact stellte ihn sofort ein. Nach kurzer Zeit war der zuständige Gruppenleiter hoch zufrieden mit seinem neuen Mitarbeiter. Viele Arbeitnehmer über 50 haben in den vergangenen Jahren unverschuldet ihren Job verloren, sei es durch Insolvenzen oder – insbesondere bei den Konzernen – durch Restrukturierungen. Nur wenige Unternehmen sehen das als Chance. Bei Phoenix Contact werden Ältere bei weitem nicht nur als Lückenbüßer eingestellt, sondern zum Beispiel auch, um jüngere High Potentials zu entwickeln. So kam ein 54-jähriger ehemaliger Werksleiter neu ins Unternehmen, um eine 32-jährige potenzielle Führungskraft in ihrer Entwicklung zu unterstützen und zu coachen.

Was die »Generation Y« will, ist okay: Wertewandel gestalten

»Heute fragen junge Ingenieure, die sich bei uns bewerben: Sag mal, wie ist das mit Freizeitausgleich?«, erzählt Gunther Olesch in einem Interview. »Habt ihr gleitende Arbeitszeiten, sodass ich mir auch mal Freizeit nehmen kann?« Da lächelt der Personalchef und erinnert sich an seine erste Stelle bei Thyssen vor über 30 Jahren. Wenn er damals einen der Manager nach Freizeitausgleich gefragt hätte, dann wäre die Antwort gewesen: »Da vorne ist die Tür. Wenn du da durchgehst, dann hast du so viel Freizeit, wie du willst.« Dass junge Menschen heute in Bewerbungsgesprächen offen Fragen nach Freizeit, nach Ausgleich und nach der Vereinbarkeit von Beruf und Familie stellen, ist für Gunther Olesch Teil eines Wertewandels. Er sagt: »Dieser Wertewandel ist okay so, den müssen wir akzeptieren.« Mehr noch, er bricht eine Lanze für die junge Generation und ihren Wunsch nach Ausgleich: »Das heißt nicht, dass diese Leute weniger leistungsstark sind. Im Gegenteil, weil sie ausgeglichener sind, sind sie leistungsfähiger.« Die ältere Generation, die heute in den Führungsetagen sitze, solle nicht klagen, sondern sich einfach darauf einstellen, dass die Bedürfnisse sich modifiziert haben.

Bei Phoenix Contact schaut man nicht auf die Anzahl der Urlaubstage, sondern auf die Ergebnisse, auf Effizienz und Effektivität. Und da steht Deutschland nach Meinung von Gunther Olesch vergleichsweise gut da. Wenn man sich den Arbeitsalltag in so manchen anderen Ländern anschaue, werde klar: Die Effektivität sei meistens bei weitem nicht so hoch wie in Deutschland. Nicht überall werde, wie in Deutschland, abends selbstverständlich länger gearbeitet, wenn die Situation es erfordert. Ehrgeizige Zeitpläne und klar strukturierte Teambesprechungen, in denen es konzentriert zur Sache geht, seien ebenfalls nicht in jedem Land eine Selbstverständlichkeit. Wir möchten Gunther Olesch da nicht generell widersprechen. Die Frage ist allerdings, mit wem wir Deutschen uns vergleichen wollen. Dass hierzulande mehr und effektiver gearbeitet würde als in der Schweiz oder den USA – von China ganz zu schweigen –, könnten wir nicht bestätigen. Einer von uns Autoren hat viele Jahre eine mittelständische Firma in den USA geleitet. Die Amerikaner kommen mit lediglich zwei Wochen Urlaub gut aus, unter anderem, weil sie die Wochenenden konsequenter nutzen als wir. Außerdem liegt in den USA die Krankheitsquote bei 2 Prozent und in Deutschland bei 6 bis 7 Prozent, was ja ebenfalls interessant ist. Sie merken: Mit der Selbstzufriedenheit in deutschen Unternehmen sind wir nicht immer einverstanden.

Bloggen auf der Jagd nach jungen Talenten

Bei Phoenix Contact gibt es einen gut gemachten Karriere-Blog, dessen Hauptziel es ist, junge Talente für das Unternehmen zu interessieren. Dazu erklären Mitarbeiter zum Beispiel in eigenen Worten, was sie bei Phoenix Contact machen. Wie bei vielen B2B-Unternehmen sind die Produkte und die Arbeit auch hier erklärungsbedürftig. Phoenix Contact schreibt Stellen aus wie »Produktmanager Industriesteckverbinder (m/w)« oder »Technische Fachkraft Leiterplattendesign (m/w)«. Den meisten jungen Leuten fällt es schwer, sich vorzustellen, was für eine Arbeit sich dahinter verbirgt. »Das ist ungünstig«, sagt das Unternehmen, »denn ob ein Bewerber einen Job für sinnvoll erachtet, hängt entscheidend davon ab, ob wir ihn richtig erklärt haben. Je mehr Wissen der Bewerber über eine Stelle hat, desto mehr Wert kann er ihr beimessen.« Genau aus diesem Grund gibt es den Blog. Mitarbeiter schreiben hier über ihre Stelle und ihre Aufgaben. Sie schildern aber auch ganz besondere Erfahrungen und Erlebnisse, etwa die Teilnahme an Wettbewerben. Und sie geben den Lesern Tipps für Bewerbung und Karriere.

Mitarbeiter nehmen an der WAVE-Trophy teil, der weltgrößten Rallye für Elektrofahrzeuge.
Quelle: Phoenix Contact

Junge High Potentials wollen Freiräume und ein hohes Maß an Eigenverantwortung bei der Arbeit. Phoenix Contact bietet deshalb flexible Arbeitszeitmodelle ohne Kernzeiten und feste Pausen. Die Mitarbeiter sollen ihre Arbeitszeit eigenverantwortlich sowohl der Auftragssituation als auch den eigenen Bedürfnissen anpassen können. Dazu gibt es zwei Gleitzeitkorridore. Der erste beginnt um 6 Uhr und endet um 20 Uhr, bietet also einen Freiraum von 14 Stunden. Der zweite Korridor beginnt um 12 Uhr und endet um 22 Uhr. Diesen nehmen viele Mitarbeiter in Anspruch, die mit Kunden oder virtuellen Teams in anderen Zeitzonen zu tun haben. Wer nicht in der Werkshalle steht, sondern Projektarbeit macht, kann seine Zeiten noch flexibler gestalten. Sofern die betriebliche Situation es erlaubt, kann ein solcher Mitarbeiter nach rechtzeitiger Anmeldung bis zu 210 Stunden pro Jahr ansparen, um seinen Urlaub zu verlängern oder private Projekte wie Hausbau zu verfolgen. Für Mitarbeiter, deren Aufgabenbereich das zulässt, ist das Home-Office eine Alternative. Wer sich dafür entscheidet, verpflichtet sich, mindestens 20 Prozent der Arbeitszeit im Betrieb und mindestens 50 Prozent der Arbeitszeit zu Hause zu verbringen. Man sieht: Flexibilität wird zwar großgeschrieben, doch sie basiert auf klaren Regeln, die für alle verbindlich gelten.

Ein besonderer Umgang miteinander lässt Menschen gerne arbeiten

Die Weltwirtschaftskrise 2009 traf das erfolgsverwöhnte Unternehmen Phoenix Contact wie ein Nackenschlag. Mitte des Jahres war der Umsatz um 29 Prozent zurückgegangen. Eine alarmierende Zahl, die dem Topmanagement schlaflose Nächte bereitete. Doch trotz eigener Nervosität und Unsicherheit trafen die Geschäftsführer eine mutige Entscheidung. Sie wollten anders mit der Krise umgehen, als das in solchen Fällen gemeinhin üblich ist. Anders bedeutet: menschlicher, transparenter, optimistischer. Also wurden weder über Nacht Streichlisten erstellt noch vorsorglich Anwälte ins Haus geholt. Man beschloss, keinen einzigen Mitarbeiter zu entlassen. Mehr noch: Trotz der Situation sollten auch in jenem Jahr sämtliche Azubis nach Abschluss ihrer Ausbildung übernommen werden. Die Botschaft dahinter: Wir glauben weiter an unsere Zukunft. Doch wie Kosten sparen? Statt von oben herab eine Liste der Grausamkeiten zu diktieren, wurden die Mitarbeiter gebeten, selbst Vorschläge zu machen. An Kurzarbeit kam das Unternehmen nicht vorbei. Glücklicherweise hatte die Bundesregierung die Regelungen dazu gerade erst reformiert. Die Geschäftsleitung beschloss, die Mitarbeiter während der Krise alle zwei Monate in einer Betriebsversammlung zu informieren – offen und ehrlich. Außerdem setzte sie ein starkes Signal: Die Manager kürzten ihre Gehälter um denselben Prozentanteil, den die Mitarbeiter im Durchschnitt aufgrund der Kurzarbeit an Einkommenseinbuße hinnehmen mussten. Dafür gab es auf der Betriebsversammlung Applaus.

Innerhalb kurzer Zeit erarbeiteten die Mitarbeiter zahlreiche Vorschläge, welche die Kostensenkungsziele weit übertrafen. Und das freiwillig. Dem Management war jedoch klar, dass Sparen allein in der Krise keine Lösung sein kann. Gerade jetzt brauchte es Innovationen und neue Kunden. Die Führungskräfte verbreiteten Mut und Zuversicht und forderten die Mitarbeiter nicht nur zur Kostensenkung auf, sondern auch zu Innovationen. Nicht zuletzt ging es um Innovationen, die den Kunden helfen

Personaler und Hobbymusiker Gunther Olesch unterhält die Mitarbeiter beim Betriebsfest mit seiner Rockband. Quelle: Phoenix Contact

würden, ihrerseits gut durch die Krise zu kommen. Und diese neuen Produkte entstanden zügig. Gleichzeitig machte das Management neue Märkte in neuen Ländern und Branchen ausfindig, um die Produkte von Phoenix Contact zu platzieren. Im folgenden Jahr dann die große Überraschung: 2010 wurde das erfolgreichste Jahr in den bis dahin 88 Jahren Unternehmensgeschichte und brachte 40 Prozent Umsatzsteigerung.

Wer so durch die Krise kommen will, braucht Mitarbeiter, die zusammenhalten und bei denen die zwischenmenschliche Ebene stimmt. »Wir legen Wert darauf, dass unsere Mitarbeiter menschlich und sympathisch sind, nach vorne gerichtet denken und handeln und bescheiden bleiben, auch wenn sie sich ihres Könnens bewusst sind«, sagt Ines Ludwig, Leiterin Corporate Human Resources. Beim Recruiting dreht es sich also nicht allein um fachliche Qualifikationen, sondern auch das Menschliche muss stimmen. Das Ziel ist es, ein Arbeitsumfeld zu schaffen, in dem sämtliche Mitarbeiter sich wohl fühlen, in ihrer Verschiedenheit respektiert werden und den Sinn ihrer jeweiligen Tätigkeit klar erkennen. »Wer die Frage nach dem Sinn seiner Tätigkeit nicht beantworten kann, wird sich irgendwann eine andere Frage stellen: Warum arbeite ich hier eigentlich? Das wäre der Supergau für uns als Arbeitgeber«, erklärt das Unternehmen. Mitarbeiter nennen in den regelmäßigen Befragungen die »ethische Unternehmens- und Führungskultur« als das, was sie bei ihrem Arbeitgeber am meisten schätzen. Für Gunther Olesch ist Empathie ein wesentlicher Schlüssel, um auch in Zukunft die besten Mitarbeiter zu finden und zu halten. »Auf persönlicher

Ebene bin ich sehr aufmerksam«, sagt der Manager in einem Interview, »und achte gerade auch auf die vielen, aber doch so bedeutenden Kleinigkeiten des Lebens, die die Herzen bewegen, zum Beispiel ein Lächeln oder ein Gruß.« In der Summe machen viele Kleinigkeiten einen großen Unterschied.

Was macht Phoenix Contact, um die besten Mitarbeiter zu finden und zu binden?

- Bei Phoenix Contact sitzt der Personalchef am Vorstandstisch. Bei allen strategischen Entscheidungen wird das Thema Mitarbeiter sofort mit berücksichtigt.
- Das Unternehmen blickt weit in die Zukunft. Die Megatrends Demografie, Globalisierung und Wertewandel werden als Herausforderungen begriffen und proaktiv gestaltet.
- Mit dem Programm »Aubikom« werden Hauptschüler mit Migrationshintergrund während des letzten Schuljahres schulbegleitend ausbildungsfähig gemacht.
- Der Personalchef betätigt sich persönlich als Recruiter und gewinnt zum Beispiel während seiner Vorlesungen als Honorarprofessor hochbegabte Studenten für das Unternehmen.
- Phoenix Contact ist aufgeschlossen gegenüber dem internationalen Arbeitsmarkt. Facharbeiter und Ingenieure aus dem Ausland werden nicht einfach eingestellt, sondern auch sozial integriert.
- Junge Frauen, Schülerinnen und Studentinnen werden aktiv für eine Berufswahl rund um die Technik interessiert. Ein Mittel dazu ist der jährliche »Frauenpower-Tag«.
- Arbeitnehmer und Führungskräfte über 50, teilweise sogar über 60, die anderswo ihren Job verloren haben, werden ohne Vorbehalte eingestellt und integriert.
- Das Management akzeptiert den gesellschaftlichen Wertewandel und versucht, die Bedürfnisse der jungen Generation nach Freizeit und Ausgleich so gut wie möglich zu erfüllen.
- Bei Phoenix Contact gibt es einen Karriere-Blog, der für Laien kryptisch wirkende Jobs genau erklärt und in dem Mitarbeiter sich menschlich sympathisch präsentieren.

- In einer Krise kommt es nicht zu überstürzten Entlassungen. Die Mitarbeiter werden vielmehr eingebunden und aufgefordert, selbst Lösungsvorschläge zu erarbeiten.
- Sinnstiftung und Empathie spielen eine große Rolle. Sämtliche Mitarbeiter sollen sich wohlfühlen und den Sinn ihrer Aufgabe klar erkennen.
- Zufriedene Mitarbeiter und ein positives Arbeitgeber-Image werden als eines der wichtigsten Recruiting-Instrumente begriffen.

In unserer Online-Mediathek zum Buch unter www.geheimnis-der-champions.de/mediathek finden Sie eine Fülle von kostenlosen Zusatzangeboten: Formulare und Vorlagen, Videos, Artikel, Buchtipps und mehr!

Mittelstandsexperte tempus:
Unternehmer beraten Unternehmen

Unternehmen: tempus GmbH
Hauptsitz: Giengen an der Brenz, Baden-Württemberg, Deutschland
Branche: Unternehmensberatung, Weiterbildung, Zeitplansysteme
Umsatz: 3,4 Mio. Euro
Website: www.tempus.de
Gründungsjahr: 1987
Anzahl der Mitarbeiter: 35

Von den 30 Unternehmen, die wir Ihnen in diesem Buch vorstellen, ist eines unser eigenes. Was musste geschehen, damit aus einem Hersteller von Werkzeugverpackungen ohne besonderen Ruf als Arbeitgeber ein vielfach preisgekröntes Beratungs- und Weiterbildungsunternehmen werden konnte? Lesen Sie dazu zunächst die ganz persönliche Geschichte von Geschäftsführer Jörg Knoblauch über einen Tag, der alles veränderte:

»Es ist jetzt schon viele Jahre her, doch ich erinnere mich, als sei es gestern gewesen. In unserer Kleinstadt am Ostrand der Schwäbischen Alb wurde ich unfreiwilliger Zeuge eines Gesprächs. Ein Mitarbeiter von uns bekam die Frage gestellt: »Stimmt das, dass du jetzt ›beim Knoblauch‹ arbeitest?« Seine Antwort: »Na ja, irgendwo muss man ja sein Geld verdienen.« Darauf der Fragesteller: »Wie tief bist du gefallen? Das ist doch die Firma, wo Mitarbeiter nur ein lästiges Übel sind. Kosten, die man möglichst wegrationalisieren muss ...« Mehr bekam ich von dem Gespräch nicht mehr mit. Bestürzt und im höchsten Grade alarmiert lief ich zurück in die Firma. Sofort berichtete ich den übrigen Verantwortlichen im Haus. Achselzuckend sagten die mir: Na ja, das wüssten sie doch, dass man so über uns rede. Jetzt war ich vollends geplättet. 14 Tage später traten wir vor unsere 100 Mitarbeiter und erklärten: »Heute ist der Tag der Reue, heute ist der Tag der Buße.« Uns war nicht klar gewesen, dass nicht nur unsere Kunden Bedürfnisse hatten, sondern auch unsere Mitarbeiter. Wir legten dann eine erste Ideenliste vor. Das reichte von der Gratis-Mitgliedschaft in einem Fitnesscenter bis hin zu einer Gewinn- und Kapitalbeteiligung.«

Im Jahr 2002 nichts als strahlende Gesichter bei tempus. Wir sind ausgezeichnet beim renommierten Ludwig-Erhard-Preis-Wettbewerb. Was die Jury vor allem überzeugte, war das Thema Mitarbeiter – ihr Engagement und das, was die Firma für sie tut. Ach ja, »nebenbei« haben wir noch vier Mal unser Geschäftsmodell vollständig verändert. Die Blechverarbeitung existiert längst nicht mehr, das Geschäft mit Werkzeugverpackungen wurde verkauft. Heute gibt es die drei Geschäftsbereiche tempus-Consulting, tempus-Akademie und tempus-Zeitplansysteme. Als Unternehmensberater ist unsere Zielgruppe der Mittelstand. Wir verstehen uns als Unternehmer, die andere Unternehmen beraten. Das Ziel unserer Beratung ist es, Firmen zu genau solchen Champions zu machen, wie wir sie in diesem Buch beschreiben. Wir gehen in Firmen hinein, um ihnen zu zeigen, wie man das schafft.

Auf dem Weg zum Unternehmen mit 100 Prozent A-Mitarbeitern

Bei tempus weiß heute jeder: Unser Unternehmen ist nur so gut wie seine Mitarbeiter. Freundliche Mitarbeiter, die ihre besten Fähigkeiten in die Arbeit einbringen und denen die Arbeit Spaß macht, sind unser eigentliches Kapital. Seit Jahren setzen wir mit Erfolg auf die ABC-Mitarbeiterbeurteilung. Wir haben dazu sogar eine Langzeitstudie gemacht, welche die Jahre 1998 bis 2015 umfasst.

Langzeitstudie bei tempus				
Jahr	Durchschnitt	A (1,0–1,9	B (2,0–2,9	C 3,0–5,0
1998	2,7	22	69	9
1999	keine Messung			
2000	2,6	25	68	7
2001	2,5	33	63	4
2002	2,4	37	62	1

Langzeitstudie bei tempus				
Jahr	Durchschnitt	A (1,0–1,9	B (2,0–2,9	C 3,0–5,0
2003	2,2	46	64	–
2004	2,0	54	36	–
2005	1,8	86	14	–
2006	1,6	89	11	–
2007	1,7	79	21	–
2008	1,7	91	9	–
2009	1,5	100	–	–
2010	1,6	95	5	–
2011	1,6	95	5	–
2012	1,6	96	4	–
2013	1,5	100	–	–
2014	1,5	100	–	–
2015	1,5	100	–	–

ABC-Mitarbeiterbeurteilung: Wir haben eine Langzeitstudie gemacht, beginnend im Jahr 1998

Außerdem haben wir im selben Zeitraum systematisch an einem besseren Einstellungsprozess gearbeitet. Heute umfasst er neun Stufen, wie in der folgenden Abbildung zu sehen:

Der neunstufige Einstellungsprozess bei tempus. Viele andere mittelständische Unternehmen haben diesen Prozess so oder ähnlich übernommen. Im Buch *Die besten Mitarbeiter finden und halten* von Jörg Knoblauch und Jürgen Kurz ist er ausführlich beschrieben

Wer nicht weiß, wonach er sucht, kann auch nicht wissen, ob er einen Treffer gelandet hat. Deshalb beginnt bei uns alles mit dem klaren Anforderungsprofil. Welche messbaren und machbaren Ziele soll der neue Mitarbeiter erreichen? Wer Bewerber sofort damit konfrontiert, hat klare Vorteile: Der eine sagt dann »Sorry, zu viel Stress« – der andere fühlt sich herausgefordert. Die Suche nach Talenten ist für unsere Führungskräfte ständige Aufgabe. Jeden Freitag überlegen sie 20 Minuten, welchen veränderungswilligen Menschen sie diese Woche begegnet sind. Danach gilt: Am besten sofort anrufen! Wenn sich jemand bereits beworben hat, bekommt er trotzdem noch einen Fragebogen zugeschickt. Das garantiert Vergleichbarkeit. Anschließend gibt es das erste Interview per Telefon. In zehn Minuten sind vier Fragen zu klären. So verhindern wir, Leute einzuladen, die ohnehin nicht passen würden. Am Telefon wird so etwas schnell klar. Interviews in der Firma finden dann anhand eines strukturierten Fragebogens statt. Sie dauern typischerweise einige Stunden.

Wir finden: Deutsche Unternehmen schöpfen die Möglichkeiten, Bewerbern auf den Zahn zu fühlen, viel zu wenig aus. So holt zum Beispiel nur jede zwanzigste Firma überhaupt Referenzen ein. Wir machen das immer. Sobald wir jedoch alle Infos zusammen haben, entscheiden wir zügig. Endlosdiskussionen gibt es bei uns nicht. Wenn wir einen Bewerber wirklich haben wollen, dann »bewerben« wir uns ab dem Zeitpunkt dieser Entscheidung bei ihm – indem wir alle Vorteile aufzeigen, die wir bieten. Nach der Unterschrift geht es in eine Probezeit mit klaren Meilensteinen. In einem durchschnittlichen Einstellungsprozess bei einem deutschen Unternehmen liegt die Trefferquote bei 20 bis 30 Prozent. Wir schaffen bei tempus mit dem neunstufigen Einstellungsprozess 80 bis 90 Prozent. Der wahrscheinlich wichtigste Schritt ist dabei die Probezeit. Fehler, die im Vorfeld gemacht wurden, können hier noch korrigiert werden.

Mit »33 Rosen« vom Mitarbeiter zum Mit-Unternehmer

Schon vor Jahren hat tempus sich gefragt: Wie können wir für A-Mitarbeiter ein Umfeld schaffen, in dem sie gerne bleiben? Herausgekommen ist ein Konzept zur Mitarbeitermotivation unter der Überschrift »Die 33 Rosen«. Es handelt sich gleichzeitig um einen siebenstufigen Entwicklungsweg mit den griffig formulierten Stufen Mitwissen, Mitdenken, Mitlernen, Mitverantworten, Mitgenießen, Mitbesitzen und »Mit Werten unterwegs sein«. Alles beginnt mit Kommunikation: Wir haben eine offene Tür beim Chef, wo ohne Termin und ohne anzuklopfen jederzeit vorgesprochen werden kann. Auf Statussymbole, wie etwa teure Büroeinrichtungen, legen wir keinen Wert. Alle haben den gleichen Schreibtisch. Herrschaftswissen? Kennen wir nicht. In unserer 23 Meter langen Infothek steht alles Wissen allen zur Verfügung, bis hin zu täglichen Informationen über Umsatz, Gewinn und andere Kennzahlen. Noch mehr Infos gibt es auf den Versammlungen, die oft im Rahmen des monatlichen Mitarbeiterabends stattfinden.

Bei uns finden A-Mitarbeiter ein Umfeld, in dem sie gerne sind und bleiben

Wir loben gerne! Ermutigung statt Fehlersuche lautet die Devise. Oft genügt schon unser »Ein-Minuten-Lob« für eine Extraportion Motivation. Lobenswert sind auch die 14 Verbesserungsvorschläge pro Mitarbeiter und Jahr. Der Durchschnitt in Deutschland liegt bei 0,6 Vorschlägen. Das Beste bei uns: 85 Prozent der Verbesserungsvorschläge werden von den jeweiligen Mitarbeitern selbst umgesetzt. Bei unserer Mitarbeiterbeurteilung benoten nicht nur die Chefs ihre Mitarbeiter, sondern auch die Mitarbeiter ihre Chefs. Alle zwei Jahre. Flexible Arbeitszeiten verstehen sich bei tempus mittlerweile schon fast von selbst. Mit einer Jobrotation wollen wir Arbeitsmonotonie und -belastung zusätzlich entgegenwirken. Was hier noch nicht an Fachkenntnissen vertieft werden kann, kommt in regelmäßigen Weiterbildungen dazu, die der Betrieb bezahlt. Grundsätzlich sind Ziele bei tempus sehr wichtig: Wir überziehen das Unternehmen mit Zielen und binden das Gehalt an die Zielerreichung. Wer seine Ziele erreicht, kann Gehaltswünsche äußern. Gewinn- und Kapitalbeteiligung ergänzen das Gehalt.

Last but not least: Wir leben Werte, und wir leben Gemeinsamkeit. Auch kleinere Erfolge werden gefeiert. Wir gönnen uns gern etwas für Leib und Seele und verabreden uns häufig zu Freizeitaktivitäten. Bei uns braucht keiner auf das Wochenende zu warten, um sich zu verwirklichen. Durch regelmäßige Mitarbeiterbefragungen klären wir die Wertesituation bei tempus. In einem »Shared-Values-Prozess« legen wir fest, was uns als Richtschnur für die tägliche Arbeit dienen soll. Dabei spielen christliche Werte für uns eine große Rolle – sie sorgen dafür, dass unser Haus auf Fels gebaut ist und nicht auf Sand. Ziel ist es, eine Organisation zu schaffen, in der Menschen die Interessen anderer an die erste Stelle setzen, in der jeder jeden unterstützt, in der Wahrheit und Vertrauen im Übermaß vorhanden sind.

Wir sind stolz auf unsere zahlreichen Auszeichnungen, mit denen uns auch andere zeigen, dass wir auf dem richtigen Weg sind

Was macht tempus, um die besten Mitarbeiter zu finden und zu binden?

- Es gibt eine jährliche Mitarbeiterbeurteilung. Ziel ist ein Hochleistungsteam (100 Prozent A-Mitarbeiter). Alle zwei Jahre werden auch die Vorgesetzten beurteilt. Die Durchschnittsnote der letzten Vorgesetztenbewertung betrug 1,29.
- Die Ziele der einzelnen Mitarbeiter werden in einem Zielebuch zusammengestellt und jedem Mitarbeiter zur Verfügung gestellt. Die Zielerreichungsquote liegt jedes Jahr zwischen 150 und 160 Prozent.
- Selbst konzipierte Schulungsmaterialien werden aufbereitet und anderen Unternehmen zum Kauf angeboten.
- tempus arbeitet konsequent mit einem neunstufigen Einstellungsprozess. Die Materialien dazu werden ebenfalls zum Verkauf angeboten.
- Bewerber erhalten innerhalb von 24 Stunden ein erstes Feedback.
- Jedes Jahr werden die Mitarbeiter gefragt, ob sie mit ihrem Gehalt zufrieden sind. Ergebnis: 90 Prozent haben ihr Wunschgehalt.
- Persönliche Werte und Firmenwerte werden in Umsetzungsmeetings diskutiert. Die Mitarbeiter sind gesund und fit und sollen es bleiben. Der Krankenstand beträgt bei tempus nur 1 bis 2 Prozent. Der Durchschnitt in Deutschland liegt bei 6 bis 7 Prozent.
- Mitarbeiter werden ermuntert, auch an anderer Stelle Verantwortung zu übernehmen. Jörg Knoblauch hat den »Kongress christlicher Führungskräfte« initiiert, einen deutschlandweiten Wertekongress mit 3 000 Besuchern.
- Unter der Überschrift »Die 33 Rosen« gibt es ein Mitarbeitermotivationskonzept, das regelmäßig überarbeitet wird.

In unserer Online-Mediathek zum Buch unter www.geheimnis-der-champions.de/mediathek finden Sie eine Fülle von kostenlosen Zusatzangeboten: Formulare und Vorlagen, Videos, Artikel, Buchtipps und mehr!

Branchenvorbild Coplaning: Handwerker mit Herz – und ebenso viel Verstand

Unternehmen: Coplaning S.à r.l.
Hauptsitz: Junglinster, Luxemburg
Branche: Handwerk
Umsatz: 20 Mio. Euro
Website: www.coplaning.lu
Gründungsjahr: 1992
Anzahl der Mitarbeiter: 95

Woran erkennen wir, ob ein Unternehmen Top-Mitarbeiter und eine besondere Kultur hat? Wir könnten da so einige Punkte nennen, vom mehrstufigen Einstellungsprozess bis hin zu den Weiterbildungsmöglichkeiten. Alles richtig. Woran wir die besten Unternehmen jedoch oft auf Anhieb erkennen, ist ihre Gastfreundschaft. Gastfreundschaft lässt sich weder verordnen noch mit Tricks vorgaukeln. Es ist von den Mitarbeitern gelebte Herzlichkeit, die Besucher sofort spüren. Bei Coplaning, einem Luxemburger Handwerksbetrieb für Fenster und Türen, haben wir eine Gastfreundschaft beobachtet wie selten zuvor. Wer als Geschäftspartner herkommt, ist Gast der Eigentümer Günter und Roswitha Schmitz und wohnt im exklusiven Partner-Hotel. Vor der Ankunft des Gastes wird im Zimmer ein Überraschungspaket geschnürt. Es enthält eine gute Flasche Crément in einer extra gestylten Coplaning-Verpackung, Gutscheine für vergünstigtes Essen im Restaurant, ein Begrüßungsgetränk und sogar einen Autowaschgutschein. Im Restaurant speist der Gast von einem Coplaning-Gedeck. Wer am nächsten Tag zu früher Morgenstunde die Firma betritt, der erlebt, wie in einem edel eingerichteten Showroom die ersten Kunden beraten werden. Und das ebenfalls bei vorzüglicher Bewirtung. Wir kamen uns vor wie in einem Starbucks, bloß dass hier alles noch edler und besser ist: perfekter Kaffee, hausgemachte Backwaren, feine Pralinen. Die nächste Überraschung: Auch für die Mitarbeiter gibt es morgens erst einmal ein opulentes Frühstücksbüffet, inklusive Rührei, gebratenem Speck und anderen Extras. Und wenn die Monteure ausrücken, dann bringen sie den Kunden einen kleinen Karton mit. Günter Schmitz erklärt: »Da kommen drei Brötchen rein und ein Laugenweckchen, und dann ist noch Platz für ein Glas Honig, weil einer unserer Monteure ein mehrfach ausgezeichneter Imker ist.« Die Monteure überreichen den Hauseigentümern die Päckchen mit den Worten: »Wenn wir Ihnen jetzt schon Lärm und Staub machen, dann sollen Sie wenigstens ein ordentliches Frühstück haben.«

Eine echte Ausnahmeerscheinung unter den Handwerksbetrieben

Handwerksbetriebe haben zunehmend Schwierigkeiten, talentierte Mitarbeiter zu gewinnen. »Das Handwerk hat ein schlechtes Image«, stellt das *Handelsblatt* lapidar fest. Coplaning beweist täglich, dass es auch anders geht. Professionalität, Kundenorientierung, Betriebsklima, Weiterbildung – überall können die Luxemburger punkten. Angefangen hat alles 1992. Günter Schmitz hatte in einer erstklassigen Schreinerei gelernt und sich dann nach mehreren Stationen als Produktionsleiter mit »Coplaning – Fenster & Türen aus Luxembourg« selbstständig gemacht. Heute gehören 95 Mitarbeiter zum Unternehmen. Neben Fenstern, Türen und Toren können auch Veranden und Photovoltaik-Anlagen geordert werden. Das Unternehmen hat zahlreiche Preise gewonnen, darunter den Europäischen Qualitätspreis für herausragende Kundenbegeisterung. Hobbymusiker Günter Schmitz ist nicht nur ein motivierender Chef, sondern auch der geborene Trainer. Handwerker aus Deutschland, Österreich und der Schweiz reisen zu seinen Unternehmerseminaren im ausgebauten Obergeschoss der Firmenzentrale. DENK[HOUSE] heißt diese hauseigene Akademie, die auch Verkaufstrainings, Monteur-Seminare und verschiedene Praxis-Workshops anbietet.

Bei Coplaning finden A-Mitarbeiter ein Umfeld, in dem alles stimmt – nicht nur beim Frühstück. Alle Verkäufer tragen dreiteilige dunkle Anzüge mit Krawatte. Nicht gerade Standard in einem Handwerksbetrieb. Doch auch die Arbeitskleidung der Monteure muss für Günter und Roswitha Schmitz hochwertig und schön sein. Sie wird sogar hausintern gereinigt: Abends ge-

Im Showroom von Coplaning treffen Kunden auf den »passenden« Verkäufer.
Quelle: Coplaning

ben die Mitarbeiter ihre dreckige Montur ab, nachts wird dann gewaschen und gebügelt. Ein harmonischer Umgang zwischen Mitarbeitern und Kunden ist für Coplaning wichtig. Die Empfangsdamen sind psychologisch geschult und hören im ersten Gespräch heraus, ob ein Kunde eher dominant, menschenorientiert oder gewissenhaft ist. Dementsprechend wird der passende Ansprechpartner ausgesucht. Das geht dann später bis zur Formulierung von Angebotstexten. Eine eher dominante Persönlichkeit bekommt einen kurzen, knackigen Text. Ist jemand gewissenhaft, dann soll er eine gründliche Aufklärung bekommen. Das System folgt einem Grundsatz von Günter Schmitz: »Hier denkt nicht nur einer, hier denken alle.«

Zehnstufiger Einstellungsprozess, damit nur die Besten ins Haus kommen

»Die richtigen Mitarbeiter einzustellen ist das Wichtigste bei der Frage, wie man Kunden begeistert«, sagt Günter Schmitz. Coplaning arbeitet mit einem zehnstufigen Einstellungsprozess. Dieser ähnelt dem neunstufigen

Prozess von tempus. Der Schwerpunkt liegt auf drei persönlichen Interviews in den eigenen Räumen. Insofern ist dieser Prozess noch einen Tick gründlicher, man könnte auch sagen: rigoroser. Es gilt zudem der Grundsatz: Wir suchen nicht erst dann, wenn wir jemanden brauchen, sondern wir sind immer auf der Suche nach exzellenten Mitarbeitern. Wenn sich ein Top-Kandidat bewirbt, obwohl es keine offene Stelle gibt, dann bekommt er trotzdem ein Angebot. Das erinnert uns an ein Prinzip von Google – und das bei einem Handwerksbetrieb! Da Coplaning in Luxemburg sehr bekannt ist, gibt es viele Initiativbewerbungen. Etwa die Hälfte der Bewerber muss aber ganz traditionell gesucht werden. Häufig gibt es auch Empfehlungen von Mitarbeitern und Kunden. Anders als im Silicon Valley erhält dafür jedoch niemand Geldprämien, sondern ein kleines Dankeschön. Man will verhindern, dass es läuft wie bei den Abos von Tageszeitungen: Wenn jemand eine Bohrmaschine braucht, wirbt er einen neuen Abonnenten.

Ein Umfeld, in dem alles edel ist und bis ins Detail stimmt – ungewöhnlich für einen Handwerksbetrieb. Quelle: Coplaning

Coplaning recherchiert gewissenhaft. Das geht so weit, dass Mitarbeiter befragt werden, die in der Nähe des Bewerbers wohnen. Das ist sicher auch der Besonderheit eines so kleinen Landes wie Luxemburg und der ländlichen deutschen Grenzregion geschuldet, wo man schnell das Gefühl hat, dass jeder jeden um drei Ecken kennt. Das erste persönliche Gespräch dauert zwischen 15 Minuten und zwei Stunden. Im Anschluss wird stets ein Persönlichkeitsprofil erstellt. Die Auswertung darf der Bewerber auch dann behalten, wenn ihm abgesagt wird. Das zweite Gespräch findet immer mit dem Lebenspartner statt. Er oder sie soll die Entscheidung mittragen, wobei es oft auch um die Arbeitszeiten geht. Im dritten und letzten Gespräch werden Spielregeln diskutiert und eine »Wertefibel« übergeben. Noch eine Besonderheit: Am ersten Arbeitstag schreibt der Mitarbeiter einen »Motivationsbrief« an sich selbst. Thema: Was will ich bei Coplaning erreichen? Der Brief wandert ungeöffnet in die Personalakte und wird nur im Fall eines Durchhängers hervorgeholt. Dann heißt es: Schau, lieber Mitarbeiter, das hast du dir damals selbst geschrieben.

Alles tun, um wertvolle Mitarbeiter halten zu können

Chefin Roswitha Schmitz hat bei Coplaning den Rang einer Herzlichkeitsbeauftragten. Sie kennt nicht nur jeden Mitarbeiter mit Namen, sondern auch die Namen der Familienmitglieder. Außerdem ist sie sich nicht zu schade, morgens die Verpflegungspakete an die Monteure zu verteilen. Familienorientierung wird bei Coplaning großgeschrieben. Es gibt sogar eine kindgerechte Montagekleidung für Mitarbeiterkinder, die stolz sein sollen auf das, was die Eltern tun. Zum Geburtstag erhalten die Kinder Glückwunschkarten mit einem anhängenden Gutschein. Regelmäßig gibt es sowohl einen »Infotag« als auch einen »Funtag«. Einmal geht es um strategische Fragen, wozu dann zum Beispiel bekannte Gastredner eingeladen werden. Bei dem anderen Termin steht der Spaß im Vordergrund, etwa bei einer Schiffstour auf der Mosel. Ein weiteres großes Thema für die Coplaning-Kultur ist Nachhaltigkeit. Man möchte zu einem der ersten CO_2-neutralen Unternehmen Luxemburgs werden. Die eigene umweltfreundliche Stromerzeugung gehört ebenso dazu wie die sukzessive Umstellung der Geschäftswagen auf Elektrofahrzeuge. Auch hier bleibt man seinen hohen Ansprüchen treu: Seit der Markteinführung der ersten Modelle in Luxemburg zählt das viel bewunderte Luxus-Elektroauto Tesla S zum Fuhrpark.

Was macht Coplaning, um die besten Mitarbeiter zu finden und zu binden?

- A-Mitarbeiter finden ein optimales Umfeld. Alles ist stimmig, edel und hochwertig, bis hin zur Kleidung. Gastfreundschaft wird großgeschrieben, egal, ob für Kunden und Partner oder die Familien der eigenen Mitarbeiter.
- Coplaning beschäftigt einen eigenen Koch, der für ein kostenloses Frühstück und ein gesundes, leckeres Mittagessen sorgt.
- Kinder spielen eine wichtige Rolle. Sie sollen stolz auf ihre Eltern sein, die bei Coplaning arbeiten. Es gibt sogar eine kindgerechte »Montagekleidung« für Mitarbeiterkinder.
- Coplaning arbeitet mit einem zehnstufigen Einstellungsprozess. Dieser ähnelt dem neunstufigen Prozess von tempus (siehe tempus-Kapitel). Der Schwerpunkt liegt auf drei persönlichen Interviews in den eigenen Räumen.
- Die Firma ist immer auf der Suche nach exzellenten Mitarbeitern. Wenn sich ein Top-Kandidat bewirbt, obwohl es keine offene Stelle gibt, dann bekommt er trotzdem ein Angebot.
- Chefin Roswitha Schmitz fungiert als Herzlichkeitsbeauftragte, ist nahe an den Mitarbeitern, kennt sie und ihre Familien mit Namen und sorgt dafür, dass alle sich wohlfühlen.
- Jeder Monteur erhält monatlich eine Prämie, wenn er keinen Tag krank war. Auch Gesundheitsseminare, wie zum Beispiel Rückenschulungen, werden angeboten.
- In der hauseigenen Akademie finden Unternehmerseminare, Verkaufstrainings, Monteur-Seminare und verschiedene Praxis-Workshops statt. Inhaber Günter Schmitz ist ein motivierender Chef und der geborene Trainer.

In unserer Online-Mediathek zum Buch unter www.geheimnis-der-champions.de/mediathek finden Sie eine Fülle von kostenlosen Zusatzangeboten: Formulare und Vorlagen, Videos, Artikel, Buchtipps und mehr!

Sozialunternehmen domino-world: Revolution in der Altenpflege

Unternehmen: domino-world (domino e.V., Gesundheits- und soziale Dienste)
Hauptsitz: Birkenwerder, Brandenburg, Deutschland
Branche: Altenpflege
Umsatz: 25 Mio. Euro
Website: www.domino-world.de
Gründungsjahr: 1982
Anzahl der Mitarbeiter: 600

Um das Jahr 2000 hatte eine kleine Gruppe von Mitarbeitern bei domino-world eine so bahnbrechende Idee, dass der Betreiber von 13 Altenpflegeeinrichtungen in Berlin und Brandenburg heute von einem »Urknall« spricht. Bis dahin war man im Großen und Ganzen eine gewöhnliche Firma gewesen, als gemeinnützig anerkannt, vielleicht engagierter als andere, vielleicht freundlicher, menschlicher, aber alles in allem nichts Besonderes. Dann kam die Idee mit dem Coaching. Coaching? Genau: Das, was sonst gestresste Manager in Anspruch nehmen. Oder Spitzensportler. In den letzten Jahren auch ganz gewöhnliche Menschen, sofern sie gut situiert sind und mitten im Leben stehen. Aber nicht alte und oft einsame Menschen in einem Pflegeheim. Bei domino-world schien Coaching zunächst eine verrückte Idee. Doch dann wuchs die Überzeugung: Gerade alte Menschen brauchen Coaching! Coaching zielt stets auf Entwicklung, will Potenziale erkennen und Menschen befähigen, diese zu nutzen. In der Altenpflege geschieht zum größten Teil das Gegenteil. »Satt, sauber, trocken«, lautet die berüchtigte Devise. Menschen werden verwahrt, lassen den Tag passiv an sich vorüberziehen. Selbst dort, wo es ihnen relativ gut geht, werden Pflegebedürftige kaum aktiviert. Weil sie aber niemand fordert, geht es mit ihnen rapide bergab. Genau das wollte domino-world ändern und rief eine »Pflegerevolution« aus. Mit einem gesunden Gespür für Marketing ließ man »domino-coaching« gleich als Marke eintragen. Doch »domino-coaching« war mehr als ein Marketinggag. Heute, rund 15 Jahre später, ist es eine echte Erfolgsgeschichte. Bei domino-world werden alte Menschen aktiviert und machen Fortschritte. Wer seine Socken nicht mehr selbst anziehen konnte, schafft es mit etwas Coaching dann plötzlich doch. Das macht nicht nur die alten Menschen glücklich, sondern auch und gerade die Mitarbeiter. Anders als fast überall in der Altenpflege sehen sie hier täglich Fortschritte. Durch den Coachingansatz wird Altenpfleger von dem Frustjob, der er heute vielfach ist, wieder zu einer sinnvollen und befriedigenden Tätigkeit. »Ich bin seit 30 Jahren in der Pflege beschäftigt und war in verschiedenen Unternehmen«, meint eine Mitarbeiterin. »Ich bin stolz darauf, dass ich ein Teil von domino-world bin. Als Einzige haben wir hier ein Modell, das wirklich etwas bewegt.«

Von der überforderten Sozialstation zum Ludwig-Erhard-Preis

Lutz Karnauchow, Gründer und Vorstand von domino-world, ist ein fröhlicher Mensch. Mit seinem Standard-Outfit – schwarzer Anzug, schwarzes T-Shirt und schwarze Brille – sieht der Diplom-Psychologe eher aus wie ein Künstler oder ein Filmregisseur als wie ein Leiter von Pflegeeinrichtungen. Der gebürtige West-Berliner hat in den letzten gut drei Jahrzehnten schon manche Höhen und Tiefen erlebt. Nachdem im November 1989 die Berliner Mauer gefallen war, gründete er die erste Sozialstation im neu entstandenen Land Brandenburg. Da der Nachholbedarf riesig war, kamen schnell weitere Sozialstationen hinzu. Innerhalb eines Jahres explodierte die Mitarbeiterzahl von 40 auf 700. »Wir waren völlig überfordert«, erinnert er sich. Das Unternehmen schrammte nur knapp an der Pleite vorbei. Mittlerweile weiß Lutz Karnauchow: Um die richtigen Mitarbeiter auszuwählen und eine entsprechende Kultur aufzubauen, braucht es Geduld. Doch diese Geduld lohnt sich, denn gute Mitarbeiter sind das A und O. Auch und gerade in der Altenpflege. Die über 500 Mitarbeiter bezeichnet der Vorstand gern als seine »500 Freunde«. In der Altenpflege geht es um zwischenmenschliche Beziehungen oft mehr als alles andere. Unter den Mitarbeitern soll die Stim-

Durch konsequente Mitarbeiterauswahl zum Ludwig-Erhard-Preis:
Lutz Karnauchow und sein Team. Quelle: domino-world

mung ebenso positiv sein wie zwischen den Pflegern und den Bewohnern. Doch Lutz Karnauchow ist kein naiver Sozialromantiker. Manchmal spricht der ausgebildete Familientherapeut von »tough love«. Was er damit meint: Liebe kombiniert mit einer guten Portion Strenge. Menschlichkeit ja, aber auch straffe Führung, damit es einen verlässlichen Rahmen gibt und nichts aus dem Ruder läuft. Da scheint der Psychologe, der offen zugibt, arbeitslos gewesen zu sein, als er domino-world 1982 im Alter von 29 Jahren gründete, einiges richtig zu machen. Sein Unternehmen hat gleich zweimal den renommierten Ludwig-Erhard-Preis gewonnen. Bei Great Place to Work wurde domino-world 2014 zum dritten Mal mit dem 1. Platz als »Bester Arbeitgeber im Gesundheitswesen« ausgezeichnet.

Werte als verlässliche Grundlage für die tägliche Arbeit

Zum Erfolgsrezept von domino-world gehört die Orientierung an Werten. Zu den wichtigsten Werten zählen Entwicklung und Autonomie. Das Credo von domino-world lautet: Auch alte Menschen sind noch fähig, sich zu verändern, sich weiterzuentwickeln und über sich hinauszuwachsen. Niemals darf ein Mensch aufgegeben, abgeschrieben und nur verwahrt werden. Damit sich ältere Menschen noch weiterentwickeln, ist manchmal ein Anstoß nötig. Hier kommt die »tough love« wieder ins Spiel. Zusammen mit der Geschäftsführerin Dr. Petra Thees hat Lutz Karnauchow ein ganzheitliches Pflegekonzept entwickelt, das ständig optimiert wird. Nicht für alle Mitarbeiter war das Konzept leicht umzusetzen. »Zunächst ist es für die Mitarbeiter schwieriger, weil sie sich intensiv mit den Bewohnern beschäftigen müssen«, berichtet Lutz Karnauchow. »Danach wird es leichter, wenn sich erste Erfolge einstellen und Bewohner wie Coach Feuer gefangen haben.« Inzwischen sind viele Mitarbeiter regelrechte Fans. Ein ehemaliger Mitarbeiter schreibt im Internet: »Weiter so, Herr Karnauchow!« In zehn Regeln hat domino-world seinen Wertekodex festgelegt (siehe Kasten).

Die 10 domino-Regeln

1. Glaube daran, dass jeder Mensch fähig ist, sich zu verändern, sich weiterzuentwickeln und über sich hinauszuwachsen. Aus Fehlern kannst du lernen.
2. Betrachte jeden Menschen als prinzipiell okay, gleich wertvoll und in seinen Besonderheiten liebenswert. Erkenne dies, zeige es dem anderen und bringe ihm deine Wertschätzung zum Ausdruck.
3. Begegne anderen Meinungen und Andersartigkeiten mit Toleranz und Achtung. Unterschiede bereichern.
4. Schenke anderen Vertrauen, und du bekommst es doppelt zurück. Vertrauen ist die Grundlage jeder guten Beziehung. Sei ehrlich und offen. Dies fördert Vertrauen.
5. Lerne Stärken in dir und in anderen zu sehen, und du wirst erfolgreich, indem du sie nutzt.
6. Betrachte Schwächen als Blockaden im Fluss der Antriebsquellen oder als unbestellte Felder.
7. Glaube daran, dass Motivation und Antrieb stets von innen kommen und dass jeder diese Quellen in sich trägt. Manchmal bedarf es eines Anstoßes von außen, um sie zum Sprudeln zu bringen.
8. Jeder muss seinen eigenen Weg suchen. Zufriedenheit und Erfolg findest du nur in dir selbst.

9. Jede Veränderung in der Außenwelt, die du bewirken willst, fängt mit deiner eigenen Veränderung in deinem Kopf und in deinem Herzen an.
10. Vergiss nie den Spaß und die Freude im Leben. Sie sind ein Lebenselixier und ein wahrer Schatz.

Ein idealer Arbeitsplatz für Pflegekräfte – geht das?

Pflegeberufe gelten als schwierig. Viele starten ihre Ausbildung mit großem Idealismus, doch nach Jahren sind sie körperlich am Ende und haben resigniert. Bei domino-world hat man sich zum Ziel gesetzt, so etwas wie den idealen Arbeitsplatz für Altenpfleger zu schaffen. »Mittelmaß ist langweilig«, lautet die Devise. Die Mitarbeiter sollen mehr leisten als anderswo, dafür aber auch mehr Anerkennung erhalten. Das Unternehmen hat nach eigenen Angaben die höchsten Weiterbildungsbudgets in der Altenpflegebranche. Mitarbeiter erhalten in einem Gesundheitsprogramm persönliche Trainingspläne und ärztliche Vorsorgegutscheine. In den Einrichtungen selbst gibt es kostenlose Angebote, um die Fitness zu erhöhen oder um sich einfach zu entspannen und Stress abzubauen.

Der Anspruch von domino-world: Altenpflege auf höchstem Niveau bieten und zu den besten Arbeitgebern im Gesundheitswesen zählen. Quelle: domino-world

Strategische Personalentwicklung ist in der Altenpflege noch so gut wie unbekannt. Typischerweise werden Mitarbeiter zweimal pro Jahr zur Fortbildung geschickt. Bei domino-world wird genau überlegt, wer was braucht. Und auch, wer für neue Herausforderungen bereit ist. Jährlich erstellen die Teamleiter dann einen Fortbildungsplan. Das Rückgrat der Mitarbeiterbindung bleibt jedoch der revolutionäre Coachingansatz. Bis heute haben Altenpfleger kaum irgendwo sonst vergleichbare Erfolgserlebnisse.

Was macht domino-world, um die besten Mitarbeiter zu finden und zu binden?

- Coaching in Altenpflegeeinrichtungen ist ein bis heute einzigartiger Ansatz. Das verschafft nicht nur den Bewohnern Erfolgserlebnisse, sondern auch und gerade den Mitarbeitern. Der Pflegeberuf wird hier als viel sinnvoller erlebt als anderswo.
- domino-world orientiert sich an Werten. Zu den wichtigsten zählen Entwicklung und Autonomie. Für die Mitarbeiter spielt Stolz auf die Arbeit eine große Rolle.
- Dank der vielen Zusatzleistungen wie Rente, persönliches Gesundheitsprogramm, kostenlose Fitness und so weiter wird die Fluktuation in einer schwierigen Branche gering gehalten.
- Mit wissenschaftlich fundierten Methoden wie EFQM (European Foundation for Quality Management) und Balanced Scorecard werden Dinge messbar und damit veränderbar gemacht.
- Das Unternehmen verfolgt klare und ambitionierte Ziele, zum Beispiel »die beste Pflege in Deutschland« zu bieten.

In unserer Online-Mediathek zum Buch unter www.geheimnis-der-champions.de/mediathek finden Sie eine Fülle von kostenlosen Zusatzangeboten: Formulare und Vorlagen, Videos, Artikel, Buchtipps und mehr!

Menschenfischer Willow Creek: Wenn Kirche auf modernes Personalmanagement setzt

Unternehmen: Willow Creek Community Church
Hauptsitz: South Barrington bei Chicago, Illinois, USA
Branche: Non-Profit-Organisation (Christliche Mega-Gemeinde)
Website Headquarter: www.willowcreek.org
Deutsche Website: www.willowcreek.de
Gründungsjahr: 1975
Anzahl der Mitarbeiter: 400

Stellen Sie sich einmal vor, in Deutschland hält ein evangelischer Pastor bei einem Kongress einen Vortrag, ist pünktlich auf die Minute fertig, rennt nach draußen und steigt in einen Hubschrauber, um rechtzeitig für die nächste Predigt in seiner Heimatgemeinde zu sein. Das können Sie sich nicht vorstellen? Nun, das konnten so manche Besucher eines christlichen Gemeindekongresses 1993 in Nürnberg auch nicht. Und machten große Augen, als dank Sondergenehmigung des bayerischen Innenministeriums tatsächlich ein Hubschrauber direkt vor der Frankenhalle abhob. Nur so konnte Pastor Bill Hybels an diesem Samstag noch via Frankfurt in die USA zurückfliegen und abends um 18 Uhr in seiner Gemeinde predigen. Doch warum wollte er sich beim Abendgottesdienst nicht einfach von einem anderen Geistlichen vertreten lassen? Weil jedes Wochenende insgesamt 24 000 Menschen auf ihn warten. Und die sind ihm nun einmal wichtig. Deshalb war seine Bedingung für den Auftritt am Samstagvormittag gewesen, dass er abends wieder zu Hause ist. So kam Jörg Knoblauch als Mitorganisator des Kongresses schließlich auf die Idee mit dem Hubschrauber.

Christliche Gemeinde mit wöchentlich 24 000 Gottesdienstbesuchern

Jeden Sonntag 24 000 Gottesdienstbesucher? Sind uns da vielleicht ein oder zwei Nullen zu viel ins Manuskript gerutscht? Keineswegs, denn die Willow Creek Community Church, 1975 von Pastor Bill Hybels gegründet, ist nicht irgendeine Kirchengemeinde. Sie ist eine sogenannte Mega-Church. So nennt man in den USA Gemeinden mit mehr als 2 000 regelmäßigen Teilnehmern am Gottesdienst. Die größte von allen, die Lakewood Church in Houston im Bundesstaat Texas, hat wöchentlich über 40 000 Gottesdienstbesucher. Willow Creek im Westen von Chicago gehört ebenfalls zu den ganz Großen. Es handelt sich nicht etwa um eine Sekte, sondern um eine christliche Freikirche, die in Deutschland heute mit den evangelischen Landeskirchen und auch stark mit Freikirchen, Gemeinschaftsbewegungen – teilweise sogar mit der katholischen Kirche – zusammenarbeitet. In Chicago sorgen etwa 400 hauptamtliche Mitarbeiter sieben Tage die Woche für Programm. Ergänzt werden diese um einige tausend Ehrenamtliche.

Jede Hand wird gebraucht, wenn am Wochenende über 20 000 Menschen zum Gottesdienst kommen. Das »Care Center«, in dem 2 000 Ehrenamtliche tätig sind, verfügt über einen Lebensmittelmarkt und bietet neben medizinischer Vorsorge auch Rechtsberatung und Bewerbungstraining. Die Arbeit der Gemeinde richtet sich besonders an Menschen, die der Kirchentradition ablehnend gegenüberstehen. Die Predigten von Bill Hybels und seine zahlreichen Bücher zeichnen sich durch Ehrlichkeit, eine moderne Sprache und Praxisnähe aus. Nach einem Willow-Creek-Kongress 2010 in Karlsruhe geriet der damalige Landesbischof von Baden, Ulrich Fischer, geradezu ins Schwärmen: Von den Impulsen der Mega-Gemeinde hätte die Landeskirche enorm profitiert. Sein eigener Besuch bei der Willow-Creek-Gemeinde in Chicago gehöre zum »Eindrücklichsten«, was er als Bischof überhaupt erlebt habe.

Der außergewöhnliche Erfolg von Willow Creek hat uns bewogen, die Gemeinde in diesem Buch als Beispiel für eine Non-Profit-Organisation zu nehmen, der es gelingt, die besten Mitarbeiter zu gewinnen und zu entwickeln. Viele Non-Profit-Organisationen haben Berührungsängste mit der Welt der Wirtschaft und mit modernem Management. Bei Willow Creek ist das absolut nicht so. Im Gegenteil, man holt sich als Kirche bewusst Impulse von Rednern wie zum Beispiel Ex-CEO Jack Welch oder Fredmund Malik von der Universität Sankt Gallen. Doch bevor wir darauf näher eingehen, wollen wir Ihnen noch die ganze Geschichte erzählen, wie Pastor Bill Hybels zum ersten Mal nach Deutschland kam. Der wollte das nämlich ursprünglich gar nicht. Und der Hubschrauber war nur das spektakulärste Detail der erfolgreichen Überzeugungsarbeit.

Die »Entwicklungshelfer«: Was Willow Creek besonders macht

Im Jahr 1991 machte sich eine Gruppe von 40 deutschen Pastoren und Gemeindeleitern auf zu ihrer alljährlichen Studienreise. Mit dabei waren der bekannte evangelische Theologe und Buchautor Klaus Eickhoff sowie Jörg Knoblauch, einer der Autoren dieses Buchs. Ziel dieser Reisen war es, über den Tellerrand zu schauen und sich Impulse für die Gemeindearbeit in Deutschland zu holen. So kam die Gruppe nach South Barrington, einem Vorort im Westen von Chicago, der für seine imposanten Villen bekannt ist. Auf einem parkähnlichen Grundstück befindet sich hier die Willow Creek Community Church. Weder von außen noch von innen entsprach das Gebäude dem, was Europäer sich unter einer Kirche vorstellen. Eher wirkte es wie ein riesiger Konzertsaal. Dabei war das »Worship Center«, wie es offiziell heißt, mit seinen 4 500 Sitzplätzen damals schon zu klein. Im Jahr 2004 wurde ein fast doppelt so großer Neubau eingeweiht. Die Gruppe war jedoch weniger an der Architektur als an der Gemeindearbeit interessiert. Und die war überwältigend. Klaus Eickhoff erinnerte sich über zehn Jahre später noch genau: »Schon nach den ersten Eindrücken wurde uns klar: Das ist es! So etwa sollte Gemeinde sein! Was Christen im deutschsprachigen Raum ersehnten, hier war es.« So reifte bei der Gruppe der Gedanke, Bill Hybels nach Deutschland einzuladen.

Das »Worship Center« bietet Platz für 7 000 Gottesdienstbesucher. Hier finden auch die stets ausgebuchten »Leadership Summits« statt. Quelle: Willow Creek Association

»No time, no interest«, war die klare und knappe Antwort von Bill Hybels. Doch die Gruppe ließ nicht locker. Irgendwann sagte er schließlich: »Okay.« Und stellte die Bedingung, dass er am Samstag nur dann sprechen könne, wenn er an diesem Tag noch nach Hause käme, um am Abend zu predigen. Der Direktflug nach Chicago ging bereits um die Mittagszeit ab Frankfurt. Schließlich die Lösung mit dem Hubschrauber, der Bill Hybels nach seinem Auftritt am Samstagmorgen direkt zum Flughafen Nürnberg brachte. Dort war mit der Lufthansa vereinbart, dass er als »Last Pax« zur Maschine nach Frankfurt kommt. Das heißt, bis zehn Minuten vor Abflug direkt aufs Rollfeld zu kommen und einzusteigen, kurz bevor die Tür zugeht. Der Hubschrauber mit Bill Hybels landete dann sogar sechs Minuten zu früh am Flughafen. Eine lange Zeit, wenn alles so minutiös getaktet ist. Er sei »impressed«, sagte er und meinte zu den Organisatoren: »Please call me anytime, whenever you need me.«

Keine eigene Expansion, sondern Aufbauhilfe für andere

Was macht die Willow Creek Community Church zu einem Vorbild für andere Non-Profit-Organisationen? Da ist zunächst einmal eine klare Zielsetzung. Willow Creek möchte nicht über Chicago hinaus wachsen, sondern anderen christlichen Gemeinden dabei helfen, erfolgreich zu sein. Das ist bemerkenswert. Viele Glaubensgemeinschaften und generell »NGOs« haben einen ziemlichen Geltungsdrang und oft ehrgeizige Expansionspläne. Motto: Je öfter es uns auf der Welt gibt, desto besser für die Menschheit. Bill Hybels möchte nirgendwo mit existierenden christlichen Gemeinden in Konkurrenz treten. Im Gegenteil, die Willow-Creek-Organisation will die Ortsgemeinden stärken und ihnen nützliches Handwerkszeug liefern. Die Leute von Willow Creek verstehen sich als »Entwicklungshelfer« für christliche Gemeinden auf der ganzen Welt.

Das Spannende dabei – und eine weitere Besonderheit von Willow Creek – ist die Art und Weise, wie die Mitarbeiter anderer Gemeinden inspiriert und befähigt werden. Es geht eben nicht allein um biblische Themen, sondern auch schlicht um gutes Management. Insbesondere um gutes Personalmanagement. Bei den Leitungskongressen von Willow Creek haben sich in den vergangenen Jahren die Business-Gurus und Konzern-CEOs dieser Welt als Gastredner die Klinke in die Hand gegeben. Patrick Lencioni, ein Vordenker des Team-Managements, stand ebenso auf der Rednerliste wie der Managementexperte Jim Collins, Autor des internationalen Bestsellers *Der Weg zu den Besten*. Bill Hybels und seine Mitstreiter sind davon überzeugt, dass Non-Profit-Organisationen genauso professionell gemanagt werden müssen wie Wirtschaftsunternehmen. Seiner Meinung nach geht es auch hier darum, die besten Mitarbeiter zu gewinnen, zu entwickeln und zu halten. Bei Willow Creek hat man deshalb keine Schwierigkeiten mit dem Leistungsprinzip. Sie fragen sich, was daran das Besondere sein soll? Dann vermuten wir, dass Sie bisher noch nicht oft mit Non-Profit-Organisationen zu tun hatten.

Wenn eine Non-Profit-Organisation auf Mitarbeiterbeurteilung setzt

Bei Willow Creek hat man eingesehen, was anderswo gerne verdrängt wird: Eine Kirche – oder allgemein gesprochen: eine Non-Profit-Organisation – kämpft mit genau denselben Problemen wie jedes gewinnorientierte Wirtschaftsunternehmen. Fällt schon diese Einsicht vielen Wohltätigkeitsorganisationen schwer, so dürfte die Konsequenz, die man bei der Mega-Church gezogen hat, bei einigen im Non-Profit-Bereich noch unpopulärer sein: Sie lautet Mitarbeiterbeurteilung. In vielen Non-Profit-Organisationen läuft es nun einmal anders. Die Verantwortlichen sagen sich: »Unsere Mitarbeiter engagieren sich und tun Gutes. Wir können doch nicht anfangen, ihre Leistungen so streng zu bewerten wie in der Wirtschaft. Das wäre undankbar.« Genau das halten wir für einen schweren Fehler. Idealismus genügt eben nicht. Auch nicht bei Non-Profit-Organisationen.

Nicht allein die Wirtschaft braucht Mitarbeiterbeurteilung – die NGOs brauchen das erst recht! Warum? Weil es hier nicht um Gewinne, sondern direkt um den Menschen geht. Je wichtiger die Mission einer Organisation ist, desto wichtiger ist es auch, dafür die besten Mitarbeiter zu haben. Nehmen Sie allein das Thema Spenden. Alle christlichen Kirchen und die meisten Non-Profit-Organisationen sammeln Spenden ein. Wollen Sie, dass Ihre Spende von C-Mitarbeitern sinnlos verschleudert wird? Zum Beispiel für ebenso sinnlose wie luxuriöse Dienstreisen, die eigentlich verkappte Urlaube sind? Oder wollen Sie, dass die Spenden den Menschen zugutekommen, für die sie gedacht sind? Falls Letzteres, dann brauchen Sie eben auch Mitarbeiterbewertung.

Willow Creek hat gelernt, anspruchsvoll zu sein

Bill Hybels stammt aus einer Unternehmerfamilie. Der Gottesdienstbesuch war in der Familie selbstverständlich, doch als Jugendlicher war Bill der Meinung: »Mit der Kirche ist nichts los.« Das Gemeindeleben empfand er als langweilig und lebensfern. Er änderte seine Meinung, nachdem er mit der South Park Church in der Nähe des Flughafens von Chicago und deren lebendiger Jugendarbeit in Kontakt gekommen war. Bill Hybels beschloss, auf die Nachfolge im väterlichen Unternehmen zu verzichten und Theologie zu studieren. Später als Pastor spezialisierte er sich auf Gottesdienste für »Suchende«. Er wusste ja selbst, wie es sich anfühlt, wenn man mit der Kirche nichts mehr anfangen kann. Seine Gemeinde zog immer größere Kreise und brauchte immer mehr Mitarbeiter. Da erinnerte sich Bill Hybels an eine weitere Erfahrung aus seiner Jugend, nämlich daran, was es für seine Eltern bedeutet hatte, unternehmerische Verantwortung zu tragen. So beschloss er eines Tages, als Leiter seiner Gemeinde nicht weniger anspruchsvoll gegenüber den Mitarbeitern zu sein als ein Unternehmer.

In seinem Buch *Die Kunst des Führens: Meine Führungsprinzipien auf den Punkt gebracht* berichtet Bill Hybels von einem Schlüsselerlebnis: Da gab es einen hauptamtlichen Pastor für die Kleingruppenarbeit, den Bill Hybels als »netten Kerl« charakterisiert. Er glaubte, seine Sache richtig gut zu machen. Doch kurz vor Weihnachten bestellte ihn Bill Hybels in sein Büro und eröffnet ihm, dass er schlechte Nachrichten für ihn habe. Die Kleingruppenarbeit hätte die Erwartungen der Gemeindeleitung nicht erfüllt und müsste eingestellt werden. Dem Kleingruppenpastor fiel beinahe die Kinnlade herunter. »Das kommt für dich völlig überraschend?«, erkundigte sich Bill Hybels. Ein Gedanke schoss ihm durch den Kopf: »Die Tatsache, dass du keine Ahnung hattest, dass man dir bald kündigen würde, bestätigt mir nur, dass du deine Effektivität – oder deren Fehlen – als Kleingruppenpastor überhaupt nicht einschätzen kannst!«

Der schockierte Mitarbeiter saß wortlos da und starrte durchs Fenster in die Weite des Mittleren Westens, während er seinen Chef fortfahren hörte: »Hör zu, es tut mir leid, aber du wirst deinen Schreibtisch und das Büro noch vor den Weihnachtsgottesdiensten räumen müssen, damit wir im Januar mit jemand anderem neu anfangen können.« Am darauffolgenden Abend fand ein bereits vorher angesetztes Treffen für alle Kleingruppenleiter der Gemeinde statt, und dort erzählt der Geschasste den 500 Anwesenden die ganze Geschichte. Es dauert nicht lange, da verzeichnet der Anrufbeantworter von Bill Hybels zahlreiche Anrufe von Gemeindemitgliedern, die alle wissen wollen, wie es zu einem solchen Debakel hatte kommen können.

Mit der ABC-Strategie in sicheres Fahrwasser

»Ich wünschte, solche Geschichten wären frei erfunden«, schreibt Bill Hybels, dem es garantiert keinen Spaß macht, Mitarbeiter zu entlassen. »Aber sie sind es nicht. Ich habe sie in der einen oder anderen Form in hunderten von Gemeinden überall auf der ganzen Welt gehört. Und nachdem auch ich bei uns viel zu lange mit einem schwammigen Personalbewertungssystem gelebt hatte, entschloss ich mich schließlich zu einer drastischen Maßnahme. Das Ergebnis: jährliche Mitarbeiterbewertungsgespräche.« Der Spross einer Unternehmerfamilie machte also ernst mit professionellem Personalmanagement. Bill Hybels beschreibt die Gespräche selbst so: »Sie dauern pro Person mindestens eine Stunde. Sie decken ein halbes Dutzend wichtige Gesprächspunkte ab, und sie enden damit, dass alle Hauptamtlichen eine Beurteilung in Form eines Buchstabens bekommen, damit sie genau wissen, wo sie stehen. Ein A, ein B oder ein C. Man kann seine Vorbehalte gegen diese Vorgehensweise haben, aber man kann nicht den Vorwurf erheben, sie sei nicht klar. ›A‹ bedeutet hervorragend – jemand übertrifft die Erwartungen; ›B‹ bedeutet gut; ›C‹ bedeutet, dass sich bald Verbesserungen zeigen müssen.«

Als Bill Hybels dieses Konzept einführte, stieß es bei seinen Mitarbeitern auf ausgesprochen wenig Gegenliebe. Der Management- und Personalexperte Patrick Lencioni behauptet, dass viele Organisationen mit »tödlicher Nettigkeit« infiziert seien. Dies führe dazu, dass man einander nicht länger die Wahrheit sagen könne. Nach unserer Erfahrung ist das bei Non-Profit-Organisationen noch ausgeprägter als ohnehin in der Wirtschaft. Die Verschleierung von unangenehmen Tatsachen hilft aber niemandem weiter. Am Ende sind die Enttäuschungen nur noch größer. Bill Hybels war klargeworden: Ohne ein System, das Leistungen aussagekräftig und aufrichtig bewertet, würde unterdurchschnittliche Arbeitsleistung toleriert werden, und die Gemeinde könnte nie ihr volles Potenzial ausschöpfen. Wichtig war ihm jedoch jetzt auch, dass A-Mitarbeiter zusätzliche Ressourcen und Weiterentwicklungsmöglichkeiten erhalten sollten, ohne darum bitten zu müssen. Solche Mitarbeiter sollten

Wider die »tödliche Nettigkeit«: Pastor Bill Hybels fordert Leistung von seinen Mitarbeitern. Quelle: Willow Creek Association

wissen, wie wertvoll sie für die Gemeinde sind. Mit C-Mitarbeitern musste dagegen etwas geschehen. Bill Hybels ist der Meinung, dass auch jeder Mitarbeiter einer Non-Profit-Organisation wissen möchte, wo er steht. Er sagt: »Unser ABC-Ansatz ist bei weitem nicht perfekt. Aber eines muss man ihm lassen: Er spricht eine klare Sprache.«

Ein gigantisches Erfolgsmodell, das dennoch umstritten bleibt

Die Willow Creek Community Church ist, gerade in Deutschland, durchaus umstritten. Einige Christen sagen: »Die Botschaft von Willow Creek ist so schlicht, dass sie auch auf einen Bierdeckel passen würde.« Andere kritisieren, die Gemeinde richte sich zu sehr nach Marketinggesichtspunkten aus. Das politische Magazin *Der Spiegel* bezeichnete die Mega-Church gar als einen »Wellness-Tempel mit Unterhaltungsprogramm«. Bill Hybels ficht solche Kritik nicht an. Er ist das, was man in den USA »a man on a mission« nennt – ein Typ, der hundertprozentig überzeugt ist von seinem Auftrag. Klarheit sei noch lange keine Vereinfachung, sagt er. Und seine Gemeinde habe zwar ein 40-Millionen-Dollar-Budget, aber in deren Haushaltsplan gebe es nicht eine einzige Zeile für Marketing. Willow Creek gebe Millionen Dollar für die Weiterbildung der Gemeindemitglieder aus, leiste sich jedoch keinen Marketingverantwortlichen. Der Streit wird wohl dennoch weitergehen. Und erst recht umstritten dürfte die Mitarbeiterbeurteilung bei Willow Creek bleiben. Bis heute reichen die Reaktionen von höchstem Lob bis hin zu »Wie kann man als Kirche nur so etwas machen?«

Was Experten zum Management im Non-Profit-Bereich sagen

Wenn Sie unser Kapitel über General Electric gelesen haben, dann wissen Sie spätestens seit dieser Lektüre, dass Jack Welch als Begründer jener ABC-Strategie gilt, die Willow Creek als eine von ganz wenigen Non-Profit-Organisationen praktiziert. Der Ex-CEO von General Electric war mehrfach Gastredner auf den großen Leadership Summits von Willow Creek in Chicago. Obwohl sich der Manager nie für christliche Themen interessiert hat, freundete er sich mit Bill Hybels an. Jack Welch und Bill Hybels sind sich einig: Auch in Non-Profit-Organisationen muss man sich auf Ziele einigen. Es gibt dann immer einige, die »Foul!« rufen, und dann kann es auch durchaus hässlich werden. Doch gerade in Non-Profit-Organisationen sind die meisten Mitarbeiter einsichtig, sobald man ihnen die Sachlage erklärt. Auch der Management-Vordenker Peter Drucker (1909–2005) äußerte sich einmal zu diesem Thema. Er sagte: »Wenn es um bezahlte Mitarbeiter und durchaus auch kirchliche Mitarbeiter geht, dann ist Leistung, die unter dem gewünschten Maß zurückbleibt, nicht akzeptabel.« Und Fredmund Malik schrieb dazu: »Mit richtigem und gutem Management wird es der Kirche, das heißt, den Theologen gelingen, die Basis zu erreichen. Dies wird der Kirche und ihren Anliegen die ihr gebührende Anerkennung bringen – von ihren Mitgliedern ebenso wie von der Gesamtgesellschaft. Dadurch wiederum stärkt die Kirche ihre Reputation und erhöht ihre Bindungskraft.« Wir könnten noch weitere Experten zitieren. Sie alle sagen: Auch Kirchen und andere Non-Profit-Organisationen müssen wie Wirtschaftsunternehmen gemanagt werden. Eines ist dabei jedoch auch klar: Wo Ehrenamtliche auf festangestellte Mitarbeiter treffen, die in der Kirche ihren Lebensunterhalt verdienen, wird es nie ganz ohne Konflikte abgehen.

Auch NGO-Mitarbeiter mögen professionelles Personalmanagement

Wer wissen will, was Mitarbeiter über das eigene Unternehmen denken, kann das auf Arbeitgeber-Bewertungsportalen wie Glassdoor oder Kununu (in Deutschland) nachlesen. Willow-Mitarbeiter schätzen das Personalmanagement ihrer Organisation nicht durchweg positiv ein. Dass es jedoch auch uneingeschränkt positive Mitarbeiterstimmen gibt, beweist folgender Eintrag auf Glassdoor:

»Während der letzten 5 Jahre haben hier viele positive Veränderungen stattgefunden. Unsere Kultur hat sich zum Positiven gewandelt. Es gibt Umfragen unter Mitarbeitern, es gibt 4-Augen-Gespräche und es gibt regelmäßige Treffen der Hauptamtlichen. Hin und wieder sogar ein Treffen mit dem Hauptpastor. Ich habe den Eindruck, man hat verstanden, dass die Belegschaft Bedürfnisse hat und hat Veränderungen eingeleitet. [...] Dass wir hier durchaus auch Geschäftsgrundsätze leben, das ist für mich okay. Wir nehmen das Beste, das die Wirtschaft zu bieten hat und passen es an das an, was wir in der Kirche brauchen. Immerhin: Wir haben hier eine Arbeit, und wir wollen die richtig gut machen. [...] Human Resource in unserem Haus hat sich sehr angestrengt, die Vorgesetzten zu schulen. Das hat dazu geführt, dass vor allem unsere Mitarbeitertreffen richtig gut geworden sind. Dort lernen wir Dinge, die wir nicht nur im Dienst der Kirche, sondern auch im täglichen Leben gebrauchen können. Human Resource hat aber auch sehr viel vertrauensbildende Maßnahmen durchgeführt. Ich hatte persönlich ein großes Problem und man war nicht nur freundlich und mitfühlend, man hat sogar reagiert und Dinge verändert. Rückblickend bin ich sehr dankbar, dass ich damals nicht gekündigt habe, als die Dinge sehr turbulent waren.«

Die große Krise – und der unglaubliche Turnaround

Vor einigen Jahren erlebte Bill Hybels seine wohl größte Krise als Mensch und als Führungskraft. Er wollte seine Nachfolge regeln – jeder mittelständische Unternehmer weiß, wie schwierig so etwas sein kann. Der Pastor gab die Leitung der Gemeinde in Chicago ab, um mehr Zeit für die sogenannte Willow Creek Association zu haben. Diese wurde 1992 als Netzwerk zwischen örtlichen Gemeinden gegründet. Allein in Deutschland gibt es über 300 Partnergemeinden. Weltweit sind es viele tausende. Dieses Netzwerk organisiert auch die großen Tagungen und

Konferenzen überall auf dem Globus. Bill Hybels sah die Gemeinde in Chicago in guten Händen und wollte sich ganz der Weiterentwicklung dieser globalen Bewegung widmen. Aber wie so oft im Leben entwickelten sich die Dinge anders. Kaum war Bill Hybels nicht mehr Woche für Woche als Prediger zu erleben, brach das Spendenaufkommen in Chicago dramatisch ein. Erstmals in der Geschichte von Willow Creek sank auch die Zahl der Kirchenbesucher. Man startete eine Umfrage unter den verbliebenen Gottesdienstbesuchern – und die Ergebnisse waren deprimierend: Die Luft sei raus, meinten viele der Befragten. Die Gottesdienste weckten keine echte Begeisterung mehr, und man habe insgesamt das Gefühl eines gewissen Niedergangs.

Bill Hybels war am Boden zerstört. Schließlich ging es ja um sein Lebenswerk – so wie bei jedem Unternehmer in einer vergleichbaren Situation. Eines Abends war er allein zu Hause und dachte über die ganze desolate Situation nach. Den Kopf auf die Hände gestützt und mit Tränen in den Augen saß er an seinem Arbeitsplatz. Da kam seine Frau Lynne nach Hause, ging zu ihm ins Arbeitszimmer und sprach ihn an: »Bill, was ist los mit dir? So habe ich dich noch nie gesehen.« Er muss verzweifelt ausgesehen haben. Als er die Fassung wiedergefunden hatte, sagte er zu seiner Frau: »Lynne, du weißt, wie es drüben in unserer Kirche aussieht. Ich habe die Leitung aus der Hand gegeben. Was soll ich bloß tun?« Doch Lynne Hybels blieb von der Verzweiflung ihres Mannes ziemlich unbeeindruckt. »Tu einfach das, was du früher auch getan hättest«, riet sie ihm. »Steh auf, geh rüber und kläre die Situation.«

Und so machte Bill Hybels dann genau das, was jeder gute Mittelständler auch getan hätte: Er nahm sich die Mitarbeiter zur Brust. Er machte ihnen klar, dass es ausschließlich an ihnen lag, ob Willow Creek weiter Erfolg haben würde, und dass sie das selbst in der Hand hätten. In den Tagen darauf beförderte er die einen, schulte die anderen und entließ wieder andere. Und das Unglaubliche passierte: Innerhalb weniger Wochen setzte ein Turnaround ein. Die Stimmung verbesserte sich, es kamen wieder mehr Gottesdienstbesucher, und auch das alte Spendenaufkommen wurde erneut erreicht. Wie hat Bill Hybels das gemacht? Nun, mit der Klarheit und Konsequenz eines »echten« Managers. Und das ist genau das, was auch jede andere Non-Profit-Organisation an ihrer Spitze braucht.

Was macht Willow Creek, um die besten Mitarbeiter zu finden und zu binden?

- Die Willow Creek Community Church ist eine evangelische Freikirche, die auf Methoden des modernen Personalmanagements setzt. Die Organisation möchte ebenso effektiv sein wie die besten Wirtschaftsunternehmen.
- Willow Creek hat keine Berührungsängste mit dem Big Business. Die Kirche holt sich bewusst Impulse von CEOs, Beratern und Wirtschaftsprofessoren. Das Who's Who des Topmanagements gibt sich die Klinke in die Hand.
- Wer bei Willow Creek arbeitet, der weiß, dass es nicht darum geht, mit anderen Kirchen zu konkurrieren, sondern den Menschen in weniger erfolgreichen Gemeinden zu helfen. Das motiviert enorm.
- Bill Hybels setzt auf das Leistungsprinzip. Er sieht nicht ein, warum es bei Kirchen und Non-Profit-Organisationen nicht gelten sollte.
- Es gibt jährliche Mitarbeiterbewertungsgespräche. Sie dauern mindestens eine Stunde und decken ein halbes Dutzend Gesprächspunkte ab.
- Die Mitarbeiterbewertungsgespräche enden für alle Hauptamtlichen in einer ABC-Einstufung: »A« bedeutet hervorragend; »B« bedeutet gut; »C« bedeutet, dass sich bald Verbesserungen zeigen müssen.
- Bill Hybels toleriert auch in einer Kirche auf die Dauer keine C-Mitarbeiter. Einmal fragte ihn ein älterer Pastor kopfschüttelnd: »Herr Hybels, bei Ihnen klingt das so, als ob Sie tatsächlich einen Mitarbeiter feuern, der Ihnen Probleme macht?« Darauf Bill Hybels: »Nun, ich weiß nicht, ob ich das so knapp formulieren würde. Aber ja, im Prinzip haben Sie das richtig verstanden. Und wir werden es auch tun.«
- A-Mitarbeiter erhalten zusätzlich Ressourcen und Weiterentwicklungsmöglichkeiten, ohne dass jemand sich dafür rechtfertigen muss. Solche Mitarbeiter sollen sich wertgeschätzt fühlen. Sie sollen wissen, wie wertvoll sie für die Gemeinde sind.

In unserer Online-Mediathek zum Buch unter www.geheimnis-der-champions.de/mediathek finden Sie eine Fülle von kostenlosen Zusatzangeboten: Formulare und Vorlagen, Videos, Artikel, Buchtipps und mehr!

Nordlicht Upstalsboom: Vom Ausbeuter zum Mitarbeiterliebling

Unternehmen: Upstalsboom Hotel + Freizeit GmbH & Co. KG
Hauptsitz: Emden, Niedersachsen, Deutschland
Branche: Hotellerie und Touristik
Umsatz: 43,2 Mio. Euro
Website: www.upstalsboom.de
Gründungsjahr: 1976
Anzahl der Mitarbeiter: 650

Es war Anfang 2010, und Bodo Janssen war stocksauer. Der Geschäftsführer von Upstalsboom, einer Hotelkette an der Nord- und Ostsee, hatte seinen Personaler Bernd Gaukler zu sich zitiert. Er hatte den Mann vor einem halben Jahr ins Boot geholt und ihn als Erstes beauftragt, eine Mitarbeiterbefragung zu machen. Doch statt die Ergebnisse zu bekommen, musste der Chef sich diesen Satz anhören: »Herr Janssen, es gibt da ein Problem: Ich arbeite mittlerweile für zwei Unternehmen.« Wie bitte? Bodo Janssen war sofort auf Hundertachtzig: »Ich zahle Ihnen ein gutes Gehalt, und Sie sind nicht mal mit dem zufrieden, was Sie verdienen, und fangen einen Zweit- und möglicherweise noch einen Drittjob an? Das kann doch wohl nicht wahr sein!« Der Personaler blieb gelassen und erklärte seinem Chef, was er meinte: »Nun ja, es ist so: Ich arbeite einmal für das Unternehmen, das Sie mir vor sechs Monaten bei der Einstellung beschrieben haben. Und das zweite ist das aus den Schilderungen Ihrer Mitarbeiter. Das eine Unternehmen hat mit dem anderen nichts zu tun.« Bodo Janssen wurde ganz still. Schweigend hörte er sich die desaströsen Ergebnisse der Mitarbeiterbefragung an. Sie gipfelten in der Aussage: »Wir brauchen einen anderen Chef als Bodo Janssen.« Was für eine Abrechnung! Bodo Janssen überlegte, welche Alternativen er hatte: Er konnte seinen Hut nehmen. Schwierig, wenn man der Inhaber ist. Er konnte die Ergebnisse der Befragung in der Schublade verschwinden lassen. Doch die Mitarbeiter würden irgendwann danach fragen – und dann? Dritte und letzte Möglichkeit: Er konnte kämpfen. Alles verändern, die Reset-Taste drücken. Genau dazu entschloss er sich.

Vom Profit durch Ausnutzung zur »Wertschöpfung durch Wertschätzung«

Erst nach langer Bedenkzeit übernahm Bodo Janssen 2006 den elterlichen Betrieb, der sich innerhalb von 30 Jahren vom Bauunternehmen zum erfolgreichen Betreiber von Hotels und Ferienwohnungen entwickelt hatte. Bald gefiel ihm seine Rolle als Chef. Er habe auf einem hohen Ross gesessen, offenbart er im Gespräch. Dazu passte ein wunderschönes Büro im fünften Stock der Firmenzentrale in Emden, mit Aussicht auf den Hafen. In den letzten Monaten des Jahres 2009 hatte Bodo Janssen dann das Gefühl, dass irgendetwas nicht stimmte. Es war so eine Unruhe entstanden, eine Hektik. Mitarbeiter kündigten, und die noch Verbliebenen mussten die Arbeit der anderen machen. Die Krankheitsquote nahm dramatisch zu. Es wurden Task Forces gegründet, um die Probleme durch Personalknappheit zu lösen. Erst durch die Mitarbeiterbefragung kam das ganze Ausmaß des Debakels auf den Tisch. Ein grausamer Arbeitgeber sei man, hieß es. Die Führungskräfte kleine Napoleons, die sich auf Kosten der Untergebenen profilierten. Kommunikation finde kaum statt. Ziele würden diktiert. Am Ende zähle nur der Profit. Das Unternehmensporträt, das die Mitarbeiter zeichneten, war das eines Ausbeuters.

Bodo Janssen nennt es Fügung, dass er die Bücher von Pater Anselm Grün schon kannte. Der Benediktiner und Bestsellerautor war bis 2013 betriebswirtschaftlicher Leiter der Abtei Münsterschwarzach und gibt Managementkurse mit Titeln wie »Führen mit Werten«. Anselm Grün war die Hoffnung für Bodo Janssen. Eineinhalb Jahre lang ging er regelmäßig nach Münsterschwarzach, um von Anselm Grün und dem »Team Benedikt« zu lernen. Er dachte zunächst, er bekäme Managementtipps. Doch dann sollte er über sich selbst nachdenken und eine Vision für sein Leben entwickeln. Er bekam ein neues Menschenbild und wollte glückliche Menschen in seiner Firma. So lud er seine 70 Führungskräfte eben-

Schöne Hotels und Ferienwohnungen hatte Upstalsboom schon immer – doch früher waren die Mitarbeiter unzufrieden. Quelle: Upstalsboom

falls zu Klosterseminaren ein. Parallel beschäftigte sich Bodo Janssen mit einem Konzept von Oliver Haas und ließ einige Mitarbeiter zu »Corporate-Happiness-Beauftragten« ausbilden. In den Seminaren ging es um Potenziale, Stärken und darum, was wirklich Spaß macht. Innerhalb von nur vier Jahren wandelte sich die Unternehmenskultur total. Aus Mitläufern wurden Mitdenker. Diesen Erfolg in so kurzer Zeit finden wir außergewöhnlich.

Mitarbeiterorientierung total – der neue Weg von Upstalsboom

Mit dem eigenen Film »Der Upstalsboom Weg« gelang der Firma ein Hit im Internet. Plötzlich interessieren sich auch *brand eins*, *Focus*, und *Cosmopolitan* für die Firma aus Ostfriesland. Den nächsten Film »Die stille Revolution« haben in nur vier Tagen über 30 000 Menschen angeschaut. Was gibt es bei Upstalsboom zu sehen? Zunächst einmal können Mitarbeiter ihre Arbeitszeiten an der inneren Uhr ausrichten: Morgenmenschen arbeiten in der Frühschicht, Nachtmenschen in der Spätschicht. Das ist ebenso ungewöhnlich wie die Möglichkeit, zusätzlich zur Mittagspause 30 Minuten zu meditieren, spazieren zu gehen oder einfach nichts zu tun, ohne die Arbeitszeit verlängern zu müssen. Jeder Mitarbeiter bekommt jährlich bis zu zwei zusätzliche freie Tage, um sich sozial zu engagieren. Einen eigenen Weg schlägt Upstalsboom auch beim Thema

Schulung ein: Bodo Janssen kümmert sich selbst darum, nach seinen Angaben bis zu 50 Tage im Jahr. Intern wird das »Curricula« genannt. Die Mitarbeiter beschäftigen sich anderthalb Tage mit sich und ihren Stärken. Im nächsten Schritt schaut Upstalsboom, wo im Unternehmen diese Talente benötigt werden. Das führte schon mal dazu, dass ein Koch sich zum Controller umschulen ließ.

Der »Wertebaum« illustriert, was für das Unternehmen heute zählt. Quelle: Upstalsboom

Junge Menschen schnell in Verantwortung zu bringen ist ein weiterer Baustein. Als der Extremsportler Hubertus Schwarz beim »Upstalsboom-AzubiDay« 15 Freiwillige für eine Kilimandscharo-Expedition suchte, hoben alle 60 Azubis die Hand. Und das, obwohl ihnen gerade ungeschminkt geschildert worden war, was auf sie zukommen würde. Einmal fragte eine Studentin nach einem Job. Bodo Janssen fiel ein kleines Hotel auf Borkum ein, das er wegen Unwirtschaftlichkeit geschlossen hatte. Als Ferienjob könnte sie es für eine Saison öffnen, wie wäre das? Sie bekäme jede Unterstützung. Nach anfänglicher Überraschung sagte die junge Frau zu. Sie suchte sich Mitarbeiter und erzielte gemeinsam mit ihnen das beste Ergebnis der 30-jährigen Geschichte dieses Hotels. Doch nicht nur dieses Hotel legte zu, sondern alle. Lag die Auslastung 2009 noch bei etwa 57 Prozent, so sind es heute 70 Prozent. Der Umsatz verdoppelte sich. Die Mitarbeiterzufriedenheit stieg um 80 Prozent. Und um sage und schreibe 500 Prozent stieg die Anzahl der Bewerbungen. Bei der letzten Hoteleröffnung gab es 3000 Bewerbungen auf 100 Stellen. Gesunken ist dagegen die Krankheitsquote, und zwar auf 3 Prozent. Task Forces gegen Personalknappheit braucht Bodo Janssen nicht mehr.

Die Grenzen einer totalen Mitarbeiterorientierung

Wir ziehen unseren Hut vor dem, was Bodo Janssen und seine Mitarbeiter bei Upstalsboom geleistet haben. Dieser Turnaround mit solchen Ergebnissen in so kurzer Zeit ist eine Glanzleistung. Und dennoch: Wir wollen Ihnen unsere Zweifel nicht verschweigen, ob es mit einem Mitarbeiterparadies wie bei Upstalsboom lange gutgehen kann. Bedenklich finden wir zum Beispiel, dass es bei Upstalsboom keinen mehrstufigen Einstellungsprozess gibt. Auch sehen wir bisher nur wenig in Richtung Mitarbeiterbeurteilung. Enttäuschungen bleiben leider nicht aus, wenn es stets nur danach geht, was die Mitarbeiter gerne hätten. Jeder Unternehmer erlebt irgendwann Menschen, die zwar könnten, aber nicht wollen. Als wir mit Bodo Janssen persönlich gesprochen haben, schien er sich bewusst, dass seine neue Philosophie noch Lücken hat. Früher hatte der studierte Betriebswirt knallharte Systeme, nun ist er mit seiner totalen Mitarbeiterorientierung auf der anderen Seite. Im Gespräch sagt er: »Unsere Herausforderung besteht darin, jetzt wieder Systeme aufzubauen, die dann aber zu unserer neuen menschenorientierten Philosophie passen müssen – vom Management by Objectives zu Leading by Meaning.« Wir halten das für den richtigen Gedanken und drücken Bodo Janssen fest die Daumen. Der »Upstalsboom Weg« hat es verdient, konsequent zu Ende gegangen zu werden.

Was macht Upstalsboom, um die besten Mitarbeiter zu finden und zu binden?

- Geschäftsführer Bodo Janssen ist überzeugt: Jeder Mitarbeiter hat seine Stärken. Führung heißt, die Mitarbeiter an die richtige Position zu bringen, um ihr Potenzial zur Entfaltung zu bringen.
- Schulung und Weiterbildung sind eine tragende Säule. An bis zu 50 Tagen im Jahr schult der Chef die Mitarbeiter selbst. Die Mitarbeiter beschäftigen sich mit ihren Stärken. Im nächsten Schritt wird geschaut, wo im Unternehmen diese Talente benötigt werden.
- Die Stimmung im Unternehmen ist wichtiger als jedes Wissen oder Kapital. Nach einem Konzept von Oliver Haas sind einige Mitarbeiter zu »Corporate-Happiness-Beauftragten« ausgebildet.
- Manager und renommierte Führungskräfte bewerben sich bei Upstalsboom nur wegen der außergewöhnlichen Unternehmenskultur.
- Mitarbeiter dürfen ihre Arbeitszeiten an der inneren Uhr ausrichten. Es gibt mittags 30 Minuten zusätzlich zur freien Verfügung. Zwei Tage im Jahr können bezahlt freigenommen werden, um sich sozial zu engagieren.
- Azubis und junge Mitarbeiter übernehmen früh Verantwortung. Auf Borkum wird ein ganzes Hotel allein von Nachwuchskräften bewirtschaftet.

In unserer Online-Mediathek zum Buch unter www.geheimnis-der-champions.de/mediathek finden Sie eine Fülle von kostenlosen Zusatzangeboten: Formulare und Vorlagen, Videos, Artikel, Buchtipps und mehr!

Gute-Laune-Truppe Maschinenringe: Wir fahren nicht ins Legoland, wir mieten es komplett

Unternehmen: Maschinenringe Deutschland GmbH
Hauptsitz: Neuburg a. d. Donau, Bayern, Deutschland
Branche: Dienstleistung
Umsatz: 1,1 Mrd. Euro (alle 260 Maschinenringe bundesweit)
Website: www.maschinenring.de
Gründungsjahr: 1958
Anzahl der Mitarbeiter: 100 (nur Service-GmbH in Neuburg)

Dirk Eichler liebt Maschinen. Und wenn der Personalchef der Maschinenringe Deutschland aus dem Fenster schaut, dann sieht er eine ganz besondere Maschine. Dicke Traktorspuren, so wie auf einem Kunstwerk im Foyer des neuen Bürogebäudes, hinterlässt diese Maschine nicht. Sie eignet sich, anders als die anderen Maschinen bei den Maschinenringen, auch nicht zum Einsatz in der Landwirtschaft. Dafür hat Erwin Ballis, Geschäftsführer und Chef von Dirk Eichler, für diese Maschine eigens ein Schild besorgt. Es steht auf dem Firmenparkplatz und trägt die Aufschrift: »Harley-Davidson Motorcycle Parking only«. Die Lieblingsmaschine von Dirk Eichler ist nämlich eine Harley. Nicht irgendeine, sondern *seine* Harley. Im Jahr 2010 hatte der Personaler eine Motorrad-Tour durch die USA gemacht: Route 66, Grand Canyon, die Nationalparks an der Westküste – alles mit einer gemieteten Harley. Danach war er vom Harley-Davidson-Virus infiziert. Seit 2012 hat er sein eigenes Motorrad. Und mit der Einweihung der neuen Räumlichkeiten der Maschinenringe im Juni 2014 sogar seinen eigenen Parkplatz. Der Parkplatz und das witzige Schild passen zu den Maschinenringen, denn hier herrscht ein besonderes Miteinander. Die Kultur ist ambitioniert und gleichzeitig locker und familiär.

Seit 1958 eine fortschrittliche Idee für die Landwirtschaft

Maschinenringe sind eine Erfindung, die in den vergangenen Jahren erheblich an Bedeutung gewonnen hat. Es ist ein freiwilliger Zusammenschluss von Landwirten, um Landmaschinen gemeinsam zu nutzen, aber auch um landwirtschaftliche Arbeitskräfte bei Überkapazitäten zu vermitteln. Nicht zuletzt werden viele deutsche Bahnhöfe im Winter durch Landwirte von Schnee und Eis befreit. Es gibt 260 Maschinenringe im Bundesgebiet, rund 200 000 landwirtschaftliche Betriebe sind Mitglied. Im neuen »Haus der Maschinenringe« sitzt die Maschinenring Deutschland GmbH als Tochter und Servicegesellschaft des Bundesverbands. Während sich Produktionsnetzwerke in der Industrie erst langsam durchsetzen, gibt es solche Netzwerke in der Landwirtschaft schon lange. Die Maschinenringe existieren in Deutschland seit 1958. Der Gedanke dahinter ist einleuchtend: Ein Traktor, ein Pflug oder ein Mähdrescher sind teuer. Da ist es nur sinnvoll, wenn man sie gemeinsam anschafft und nutzt. Viele Landwirte hätten längst aufgeben müssen, wenn sie nicht Zuflucht in einer solchen Kooperation gefunden hätten.

Wir beobachten gerade einen regelrechten Bürogebäude-Bauboom – im Mittelstand scheinen sich alle gegenseitig übertrumpfen zu wollen. Die neue Zentrale der Maschinenringe hat eine Vielzahl von Innovationen und wurde 2014 eingeweiht. Quelle: Maschinenringe

Das nagelneue Bürogebäude in Neuburg für die 100 Mitarbeiter, die alles organisieren und zusammenhalten, ist eine Augenweide. Manche Wände sind mit echtem Moos bewachsen. Sogar ein Feldkreuz steht auf dem Grundstück. Es wurde aus Dankbarkeit für einen unfallfreien Bau errichtet und im Rahmen eines Festaktes von katholischen und evangelischen Geistlichen geweiht. Der Tag der offenen Tür wurde dann auf einen Sonntag gelegt und prompt sind Gottesdienste ausgefallen, weil die Menschen Schlange standen, um das neue Gebäude zu besichtigen. Wer hier ein visionäres, zukunftsorientiertes Unternehmen vermutet, liegt nicht falsch. Die Vision der Maschinenringe lautet, der beste Dienstleister der Landwirtschaft mit der höchsten Kundenzufriedenheit und der höchsten Mitarbeiterzufriedenheit zu sein. Dass der Weg nicht mehr weit ist, zeigt die Platzierung bei »Great Place to Work«. Mit Platz 47 im Jahr 2013 gehören die Maschinenringe zu den 50 besten Arbeitgebern in Deutschland.

Wo die Mitarbeiter als größtes Gut des Unternehmens erkannt wurden

Bei den Maschinenringen hat man erkannt, dass die Mitarbeiter das höchste Gut sind und nur derjenige seine Visionen verwirklicht, der die passenden Leute hat. Um die besten Mitarbeiter zu finden, gibt es einen 8-stufigen Einstellungsprozess, der demjenigen von tempus (siehe tempus-Kapitel) sehr ähnlich ist. Man ist wählerisch, wen man an Bord lässt. Gleichzeitig weiß man, was auch Gallup gebetsmühlenartig wiederholt: Mitarbeiter verlassen nicht das Unternehmen, sondern ihren Vorgesetzten. Deshalb bewerten hier Mitarbeiter ihre Vorgesetzten in einem fünfseitigen Feedbackbogen, der zum Mitarbeitergespräch mitgebracht wird. Da geht es dann zum Beispiel um Führungsverhalten und Führungsstil, Umgang mit Informationen oder Motivation. Die Maschinenringe gehen jedoch noch einen Schritt weiter: Das Gefälle zwischen Mitarbeitern und Führungskräften soll abgebaut werden. Ein Programm namens JUMP bildet Mitarbeiter gezielt weiter, damit sie Teamleiter in Führungsaufgaben unterstützen und vertreten können. Kleine und mittlere Projekte sollen von den Mitarbeitern dann später eigenständig umgesetzt werden.

Vorbild tempus: Der achtstufige Einstellungsprozess bei den Maschinenringen.
Quelle: Maschinenringe

Eine ebenso große Rolle wie die Weiterbildung spielt das Thema Nachwuchs. Die Aktion »Azubis werben Azubis« hat sich bestens bewährt. In der Regel ist es ein Tag im Juli, an dem junge Leute mit Interesse am Beruf des Bürokaufmanns eingeladen werden, sich für das »After-School-Event« mit spannendem Rahmenprogramm anzumelden. An den Schulen und auf Social Media wird intensiv geworben. Vor dem Gebäude wartet einer jener »Burger-Busse«, wie sie gerade im Trend sind – meist gelbe amerikanische Schulbusse, die zum Imbiss umgebaut wurden. Es sind ausdrücklich Schüler aller Schularten eingeladen. Bei der Anmeldung per E-Mail soll jeder kurz den Grund für seinen Berufswunsch erklären. Beim Azubi-Tag haben die jungen Leute dann auch gleich Gelegenheit, die Büros zu bewundern. Wer die Räume der Maschinenringe besichtigt, denkt nämlich, dass die Mitarbeiter im Urlaub sind – so aufgeräumt und ordentlich sieht es dort aus. Geschäftsführer Erwin Ballis gibt auch Seminare und hält Vorträge zum Thema »Zeitmanagement und Selbstorganisation«. Dazu sind die eigenen Mitarbeiter stets herzlich eingeladen.

Mitarbeiter erfahren Wertschätzung und können Spaß haben

Wer bei den Maschinenringen arbeitet, erhält zum Geburtstag von der Personalabteilung eine persönliche Glückwunschkarte an seine Privatadresse. Klar, dass das gut ankommt und Einladungen zu Kaffee und Kuchen nach sich zieht. Doch auch wer gerade nicht Geburtstag hat, erfährt viel Wertschätzung und darf sich auf außergewöhnliche Erlebnisse freuen. So fand ein Mitarbeiter heraus, dass das Legoland bei Ulm im Rahmen einer Benefiz-Aktion für einen Tag zu ersteigern war. Die Geschäftsleitung zögerte nicht lange, und so gehörte der gesamte Freizeitpark den Mitarbeitern und den Familien der Landwirte. 6000 Teilnehmer waren dabei. Zum Oktoberfest werden Kunden und Mitarbeiter ebenfalls eingeladen. Und auch sonst versteht man bei den Maschinenringen zu feiern. So lässt man zum Beispiel nach einer erfolgreichen Wintersaison bei einem gemeinsamen Abendessen die Korken knallen. Kein Wunder, dass da niemand etwas verpassen will: Mitarbeiter, die in Mutterschutz oder Elternzeit gehen, können sich über ein Formular anmelden und werden dann regelmäßig mit Informationen versorgt. So reißt die Verbindung nicht ab. Und wenn tatsächlich einmal ein Mitarbeiter andere Pläne hat und die Maschinenringe verlässt? Dann gibt es ein ausführliches Austrittsinterview. Es enthält auch die Frage: Dürfen wir Sie als Ehemaligen in unserer Personaldatenbank behalten und mit Ihnen zukünftig in Kontakt bleiben? Den meisten dürfte es nicht schwerfallen, diese Frage mit Ja zu beantworten.

Was machen die Maschinenringe, um die besten Mitarbeiter zu finden und zu binden?

- Die 100 Mitarbeiter pflegen ein besonderes Miteinander. Sie verstehen sich als große Familie. Die Kultur ist gleichzeitig ambitioniert und ungezwungen.
- Das 2014 neu eröffnete Bürogebäude spiegelt die Werte und das Umfeld der Landwirte wider. Der Bau ist elegant, lichtdurchflutet und sorgt dafür,

dass die Mitarbeiter sich wohlfühlen. Es wird viel Wert darauf gelegt, dass die Büros aufgeräumt und ordentlich sind. Das neue Bürogebäude wurde bei der Befragung von Great Place to Work von den Mitarbeitern mit 96 Punkten bewertet.

- Ein 8-stufiger Einstellungsprozess steht nicht nur auf dem Papier, sondern wird konsequent befolgt. Die Mitarbeiterauswahl bleibt hier nicht dem Zufall überlassen.
- Ein bestens organisierter Azubi-Tag sorgt für Nachschub bei den Auszubildenden.
- Das Programm JUMP bereitet auf Führungspositionen vor und verringert das Gefälle zwischen Mitarbeitern und Führungskräften. Mitarbeiter werden befähigt, kleine und mittlere Projekte eigenständig umzusetzen.
- Mit Mitarbeitern, die die Firma verlassen, wird ein ausführliches Austrittsinterview geführt.
- Geniale Aktionen wie die Ersteigerung eines Tages Legoland oder die Anmietung eines Oktoberfestzeltes mit 6000 Sitzplätzen kommen nicht nur den Kunden zugute, sondern auch den eigenen Mitarbeitern.

In unserer Online-Mediathek zum Buch unter www.geheimnis-der-champions.de/mediathek finden Sie eine Fülle von kostenlosen Zusatzangeboten: Formulare und Vorlagen, Videos, Artikel, Buchtipps und mehr!

IT-Schmiede easySoft: Mit Zielen zum attraktiven Arbeitgeber

Unternehmen: easySoft. GmbH
Hauptsitz: St. Johann (ab 2016: Metzingen), Baden-Württemberg, Deutschland
Branche: Softwareentwicklung und -vertrieb
Umsatz: 3,85 Mio. Euro
Website: www.easysoft.info
Gründungsjahr: 1994
Anzahl der Mitarbeiter: 60

Fast jedes Unternehmen kennt Zeiten der Stagnation. Monate wie Blei, in denen nichts mehr rund läuft. Ende 2007 war so eine Zeit für easySoft, einen Entwickler von Software für Seminarorganisation, Personalentwicklung und Ausbildungsverwaltung. Nachdem sich der Rauch der Silvesterraketen verzogen hatte, kam 2008 alles nur noch schlimmer: Keine neuen Aufträge in Sicht. Entwicklungen zogen sich hin. Und dann auch noch Streit im Team! Zwei der wichtigsten Mitarbeiter warfen hin. Andreas Nau, einer der Geschäftsführer, bangte nicht nur um seine Existenz. Er landete auch mitten in einer persönlichen Krise, konnte nicht mehr schlafen, saß bis spät in die Nacht beim Rotwein und grübelte. Eines Nachts packte ihn wütende Entschlossenheit. »So geht es nicht weiter!«, rief er und warf das Rotweinglas in die Ecke. »So habe ich mir mein Leben nicht vorgestellt.« Er beschloss, etwas zu ändern. Beim Sport überlegte der passionierte Läufer, was er machen konnte. Es lief auf einen radikalen Schnitt hinaus. Im Gespräch mit seiner Frau festigte sich seine Entscheidung. Daraufhin ging er, wie er glaubte, ein letztes Mal in sein Büro, packte seine Sachen und verkündete seinen Mitgeschäftsführern: »Ich steige aus dem Unternehmen aus.« – »Warum?« – »Weil alles keinen Sinn mehr macht.« Für die anderen Geschäftsführer war das ein Weckruf. Nach einer Aussprache schlugen sie Andreas Nau einen Deal vor: Er sollte dem Unternehmen noch sechs Wochen eine Chance geben. Wenn sich in dieser Zeit nichts änderte, könnte er gehen. Andreas Nau willigte ein – und ein Ruck ging durch das Unternehmen. In wenigen Wochen war die Insolvenzgefahr vom Tisch. Mehr noch: Der Umsatz schnellte nach oben.

Wer nicht an sich und seine Firma glaubt, der hat auch keine Top-Mitarbeiter

Wir sehen es immer wieder: In kleinen und mittleren Unternehmen sind die Inhaber und Geschäftsführer Schlüsselfiguren. Im besten Fall ziehen sie allein schon durch ihre Persönlichkeit Top-Mitarbeiter an, die unbedingt für sie arbeiten wollen. Doch was passiert, wenn der Chef selbst nicht mehr an den Erfolg seiner Firma glaubt? Wenn er vielleicht sogar in eine persönliche Krise rutscht und die Mitarbeiter seine Niedergeschlagenheit täglich spüren? Das hat oft zur Folge, dass die Leistungen der Mitarbeiter einbrechen und einige sogar gehen. Wir glauben, dass ein Chef hier im Grunde nur zwei Möglichkeiten hat: entweder sich zurückziehen – zumindest auf Zeit – und andere machen lassen. Oder sich zusammenreißen, sich umorientieren, neue Ziele setzen und den Mitarbeitern wieder die Richtung zeigen. Andreas Nau hatte sich anfangs für das Erste entschieden und entschied sich dann doch noch für das Zweite. Bei der Lektüre von Ratgeberliteratur wurde ihm schließlich klar: Wir haben kein Ziel mit der Firma. Es ist ein Laufen im Hamsterrad.

Gemeinsamer Sport spielt bei easySoft eine große Rolle und schweißt die Mitarbeiter zusammen. Quelle: easySoft

In einem Coaching setzt sich Andreas Nau Ziele zu Dingen, die ihm wichtig sind. Wie die Karte für den Lauf macht er eine Landkarte für sein Leben. Er merkt, dass die Familie ihm besonders wichtig ist, aber durch den Druck im Unternehmen zur Seite gedrängt wird. Das will er ändern und zukünftig auf alle Lebensbereiche gleichzeitig achten. Bald merken die Mitarbeiter: Unser Chef ist wie ausgetauscht. Sie fragen nach, kommen mit ihm ins Gespräch und lassen sich von seiner neuen Zielstrebigkeit anstecken. Vieles ändert sich, neue Produkte und neue Kunden kommen, der Anteil an Beratungsgeschäft nimmt zu. Heute ist der Erfolg groß: 2014 gewann easySoft den 1. Platz bei »Top Job« und war Finalist beim Wettbewerb »Frauen in MINT-Berufen«. 2015 belegte man den fünften Platz bei »Great Place to Work« im Bereich IT und wurde mit dem EKD-Arbeitsplatzsiegel »Arbeit Plus« für sozial nachhaltige Unternehmenspolitik ausgezeichnet. In Metzingen entsteht gerade eine neue Zentrale, in der sich die Mitarbeiter noch wohler fühlen können.

easySoft auf der Erfolgsspur – jetzt kommen die besten Mitarbeiter

Als preisgekrönter Arbeitgeber bekommt easySoft zahlreiche Initiativbewerbungen. Um die Bewerberzahl weiter zu erhöhen, spielen Anzeigen eine große Rolle. Nur noch 10 Prozent der Stellenanzeigen erscheinen gedruckt, 90 Prozent dagegen online. Früher gab es Naturmotive, inzwischen sind Bilder aus dem Unternehmen angesagt. So können Bewerber sich von zukünftigen Kollegen ein Bild machen. Stets sind einige der Preise zu sehen, doch der Hingucker sind Sportbilder. Sport und Fitness spielen in der Unternehmenskultur nämlich eine große Rolle.

Bei den digitalen Anzeigen hat easySoft erkannt, wie wichtig Suchmaschinenoptimierung ist. Über das Bewerberportal landen Bewerber in einem Auswahlprozess in fünf Schritten. Eine geschickte Lösung ist dabei eine Antwort-Mail mit Fragen an den Bewerber, mit dem easySoft eine höhere Responsequote erzielt als mit einem üblichen Fragebogen (siehe Kasten).

Aus alt (links) mach neu: So optimierte easySoft seine Online-Stellenanzeigen. Quelle: easySoft

Antwort-E-Mail an Bewerber bei easySoft: Das sind die Fragen

Vielen Dank für Ihre Bewerbung und Ihr Interesse an einer Mitarbeit in unserem Unternehmen. Wir haben noch folgende Fragen an Sie (welche in dieser Form an alle unsere Bewerber gehen):

- Welche Freizeitbeschäftigung haben Sie? Was ist Ihnen dabei wichtig?
- Sind Sie in Vereinen engagiert? Wenn ja, in welchen und in welcher Position?
- Haben Sie Ziele? Wenn ja, in welchem Bereich?
- Wie sind Sie auf unsere Firma aufmerksam geworden?
- Was wissen Sie über unsere Firma?
- Was sind Ihre Gehaltsvorstellungen?
- Wann ist der Eintritt in das Arbeitsverhältnis frühestens möglich?
- Sind Sie damit einverstanden, wenn wir Ihre ehemaligen Arbeitgeber kontaktieren?

Über eine baldige Beantwortung würden wir uns sehr freuen. Sollten Ihrerseits Fragen bestehen, können Sie mich gerne kontaktieren.

Andreas Nau berichtet uns, dass manchmal eine Bewerbung erfolgsversprechend aussieht, dann kommen die Antworten zurück, und es wird klar: Da können wir uns alles Weitere sparen. Manchmal sei es aber auch genau umgekehrt: Die Online-Bewerbung hinterlässt Zweifel, auf die Fragen gibt es dann aber geniale Antworten. Bingo! Ist auch noch ein Telefoninterview gut gelaufen, folgt die Einladung zum Gespräch. Bewerber werden weniger nach ihren Kenntnissen als nach ihrer Einstellung gefragt. Getreu dem Motto: »Hire for attitude, train for skills«.

Work-Life-Blend statt Work-Life-Balance – die easySoft-Erfolgsformel

»Viele behaupten, dass der Mitarbeiter im Mittelpunkt steht«, sagt Andreas Nau, »wir praktizieren das durch unser Work-Life-Blend. Es geht bewusst nicht um Work-Life-Balance, also um eine Balance zwischen Arbeit und Freizeit, sondern darum, Arbeit und Freizeit so zu verbinden, dass ein ›Blend‹, eine gute Mischung, entsteht. Arbeit ist Leben und Leben soll Spaß machen.« Also nicht früher Feierabend machen, sondern seinen Arbeitstag besser gestalten und zum Beispiel Sport, Fitness und Erholung integrieren. Weil der Chef gerne läuft, schnüren inzwischen viele seiner 60 Mitarbeiter die Laufschuhe. Ein zehnköpfiges Firmenteam hat bereits mehrfach beim Swiss-Alpine-Marathon in Davos teilgenommen. Bei einem Ausflug in eine Kletterarena kamen die Mitarbeiter auf den Geschmack. In der badischen Niederlassung in Bretten wurde daraufhin eine sieben Meter hohe Boulder- und Kletterwand eingebaut. Wer mit dem Fahrrad kommt, hat komfortable Duschmöglichkeiten. Aber auch Tischkicker und Volleyball oder ein Mittagslauf mit den Kollegen gehören zum Angebot.

Christliche Werte bei easySoft

Die Geschäftsführer von easySoft sind engagierte Christen und machen ihre Werte an der Bibel fest. Das sieht dann zum Beispiel so aus:

- *Bestleistung,* denn nach dem Matthäusevangelium (25,14-30) sind die Talente uns anvertraut, um das Beste daraus zu machen.

- *Menschlichkeit und gesundheitliche Fürsorge,* denn es heißt: »Liebe deinen Nächsten wie dich selbst.« (Matthäus 22,39 u.a.)
- *Wachstum und Entwicklung,* denn Paulus schreibt an die Philipper (3,12): »Dabei ist mir klar, dass ich alles noch lange nicht erreicht habe, dass ich noch nicht am Ziel bin. Aber ich setze alles daran, dass ich das Ziel erreiche.«

Bei den Geschäftsführern beginnt der Arbeitstag mit einem gemeinsamen Gebet. Freitags um 7:45 Uhr hat einer der Mitarbeiter eine Bibelstelle vorbereitet und gibt einen geistlichen Impuls.

Eine Spezialität des Hauses ist die »easySoft-Time«. Jeder Mitarbeiter hat an einem Tag im Monat die Möglichkeit, Dinge in Angriff zu nehmen, die fernab aller Routine liegen – die eigenen Arbeitsabläufe zu reflektieren, neue Projekte und Innovationen zu skizzieren und alte Zöpfe abzuschneiden. Und noch eine gute Idee: Statt positive Kundenfeedbacks irgendwann einmal in der Mitarbeiterzeitschrift zu bringen, gibt es die »tägliche Erfolgsgeschichte« im Intranet. Wer neben dem Sport noch einen geistigen Kick braucht, wird hier fündig.

Was macht easySoft, um die besten Mitarbeiter zu finden und zu binden?

- Work-Life-Blend statt Work-Life-Balance: Nicht früher Feierabend machen, sondern Arbeit und Freizeit so verbinden, dass eine gute Mischung entsteht.
- Sportliche Fitness wird bei easySoft großgeschrieben: Mittagslauf, Tischkicker, Kletterwand, Volleyballfeld, Duschmöglichkeiten, gemeinsame Teilnahme an Wettbewerben und so weiter.
- Bewerber durchlaufen einen fünfstufigen Einstellungsprozess und erhalten mit der Eingangsbestätigung acht Bewerberfragen per E-Mail.
- Positive Kundenreaktionen werden sofort als »tägliche Erfolgsgeschichten« an alle Mitarbeiter weitergeleitet.
- Regelmäßig wird gemeinsam gekocht und gegessen. Die Rezepte stammen aus einem Kochbuch, das die Mitarbeiter selbst erstellt haben.
- Open-Book-Management: Jeder Mitarbeiter hat zu jeder Zeit Einblick in wichtige Finanzkennzahlen des Unternehmens, wie Auftragseingang,

Zielerreichung für Monat, Quartal und vieles mehr. Mitarbeiter erhalten regelmäßige »Finanztrainings« sowie einen Monatsbericht der Geschäftsleitung.

- Die »easySoft-Time« ermöglicht jedem Mitarbeiter, einen Tag im Monat Dinge in Angriff zu nehmen, die fernab aller Routine liegen.

In unserer Online-Mediathek zum Buch unter www.geheimnis-der-champions.de/mediathek finden Sie eine Fülle von kostenlosen Zusatzangeboten: Formulare und Vorlagen, Videos, Artikel, Buchtipps und mehr!

Vorzeigehotel Schindlerhof: Kleine Firma, großes Kino für die Mitarbeiter

Unternehmen: Schindlerhof Klaus Kobjoll GmbH
Hauptsitz: Nürnberg, Bayern, Deutschland
Branche: Hotellerie
Umsatz: 6,3 Mio. Euro
Website: www.schindlerhof.de
Gründungsjahr: 1984
Anzahl der Mitarbeiter: 70

Wenn der Unternehmer Klaus Kobjoll erklären will, wie manche in seiner Branche mit Bewerbern umgehen, dann erzählt er das schon mal ungefähr so: Stellen Sie sich vor, Sie sind jung, aus dem Hotelfach und bewerben sich bei einem Fünf-Sterne-Hotel in einem Schweizer Jet-Set-Ort. Sie können es kaum fassen: Auf schwerem, cremefarbenem Papier kommt tatsächlich eine Einladung zu einem Vorstellungsgespräch. Sie ziehen Ihren besten Anzug oder Ihr schickstes Kostüm an und machen sich auf den Weg. Vorbei an Porsches und S-Klassen geht es durch eine Drehtür in die prunkvolle Hotelhalle. Sie melden sich an der Rezeption, worauf Sie kurze Zeit später der Direktor persönlich abholt. Er begleitet Sie lächelnd zu einer edlen Sitzgarnitur und fragt Sie, welche Kaffeespezialität er Ihnen denn kredenzen darf. Bei Kaffee und feinem Gebäck sagt er Ihnen schließlich, wie sehr er sich freuen würde, Sie in diesem wunderschönen Haus als neuen Mitarbeiter zu begrüßen. Beschwingt unterschreiben Sie ein paar Tage später Ihren Arbeitsvertrag.

Am ersten Arbeitstag gehen Sie wieder durch die Drehtür und können es kaum erwarten anzufangen. Da schnauzt Sie einer Ihrer neuen Kollegen an: »Weißt du nicht, wo der Personaleingang ist, du Blödmann!« Sie gehen rückwärts wieder raus und suchen das Gebäude nach einem weiteren Eingang ab. Hinter dem Haus, bei den Müllcontainern, sehen Sie eine schäbige, verwitterte Tür. Sie gehen hindurch und kommen in einen Flur, der vor gefühlt 50 Jahren zum letzten Mal gestrichen wurde. Links an der Wand hängt eine Stechuhr. Von rechts schallt Ihnen aus einer offenen Bürotür entgegen: »Sie sind zwei Minuten zu spät!« Verunsichert gehen Sie in das Büro, wo Ihnen wortlos Ihr Dienstplan überreicht wird. Ihre Stimmung sinkt auf den Nullpunkt. Wo ist der freundliche Direktor? Für Sie jedenfalls vorerst nicht zu sprechen. Wozu gibt es das jährliche Mitarbeitergespräch?

Erst den Härtetest, dann das Verwöhnprogramm – statt umgekehrt

Wir verraten Ihnen hier nicht, welches Schweizer Hotel Klaus Kobjoll bei dieser Geschichte im Sinn hat. Das können Sie in seinen Büchern nachlesen. Dafür verraten wir Ihnen, was der Hotelier in seinem fränkischen Tagungshotel Schindlerhof anders macht als andere in seinem Gewerbe. Er zeigt Bewerbern nämlich zunächst die abschreckenden Seiten ihres künftigen Jobs. Das Verwöhnprogramm startet erst, wenn der Arbeitsvertrag unterschrieben ist. Dann aber richtig: Es warten zahlreiche Benefits und Weiterbildungsmöglichkeiten auf die Mitarbeiter – vom Azubi bis zur Führungskraft. Klaus Kobjoll macht es also genau umgekehrt wie das Schweizer Luxushotel: Er schraubt erst einmal einen richtig dicken Filter auf. Nur zukünftige A-Mitarbeiter sollen da durchkommen.

Das fängt damit an, dass Vorstellungsgespräche grundsätzlich zu Zeiten stattfinden, die für die Bewerber unbequem sind. Am Sonntagmorgen um 7 Uhr zum Beispiel. Das gilt auch für die Auszubildenden. Wer sich darüber auch nur zwischen den Zeilen beklagt, der ist schon herausgefiltert. Denn diese Zeiten sind keine Schikane, sondern ein Abbild der tatsächlichen Arbeitszeiten in einem inhabergeführten Hotelbetrieb. Wer ohne Murren zum Vorstellungsgespräch erscheint, der bekommt eine Hausführung. Es geht also durch die Vinothek, den Wellnessbereich oder den japanischen Garten? Nein, es geht zu den Schandflecken der alten Gemäuer, um die herum das moderne Hotel sukzessive entstanden ist. Und an die Orte, wo der größte Stress herrscht. Der Bewerber erlebt die brüllheiße Spülküche oder die Enge in den Büros, selbst dort, wo die Führungskräfte sitzen. Na, noch Lust auf den Job?

Ein kleines Unternehmen sammelt Preise wie andere Payback-Punkte

Die unkonventionellen Methoden passen zu dem kreativen Querdenker und begnadeten Motivator Klaus Kobjoll, der das 1984 gemeinsam mit seiner Frau Renate gegründete Hotel deutschlandweit bekannt gemacht hat. Neben seiner regen Vortragstätigkeit und seinen begehrten Seminaren für andere Unternehmer hat dazu wohl vor allem beigetragen, dass der Schindlerhof Preise abgestaubt hat wie kein anderes kleines Unternehmen. Gleich drei Mal innerhalb von 15 Jahren wurde der Betrieb mit dem renommierten Ludwig-Erhard-Preis ausgezeichnet. In Paris erhielt das Hotel den Europäischen Qualitätspreis überreicht. Bei »Great Place to Work« war man 2013 bestes Unternehmen in Deutschland in der Kategorie 50 bis 500 Mitarbeiter – branchenübergreifend – und europaweit das branchenbeste. In einem Ranking der Zeitschrift *Capital* belegte der Schindlerhof gleich mehrmals Rang 1 in der Hotellerie und kam unter die Top 20 in der Gesamtwertung der Unternehmen aller Größen deutschlandweit. Das sind lediglich Beispiele.

Das Erfolgsgeheimnis des Schindlerhofs? Eindeutig die Mitarbeiter! Hier hat ein kleines deutsches Unternehmen den Ehrgeiz, die allerbesten Mitarbeiter zu finden, zu halten und zu entwickeln. In Nürnberg-Boxdorf wird das mit einer Konsequenz umgesetzt, wie man sie eher im Silicon Valley vermutet als in der »nordbayerischen Diaspora«, wie Klaus Kobjoll seinen Standort scherzhaft nennt. »Da fährt keiner freiwillig hin«, fügt er schmunzelnd hinzu. Für ihn ist das lediglich Ansporn, sein Hotel aus mehreren Gebäuden und mit 92 Zimmern sowie 200 Restaurantplätzen – die Tische im Garten nicht mitgezählt – zu einem Magneten zu machen. Einem Magneten für Tagungsgäste ebenso wie für neue Mitarbeiter. Wir geben Ihnen auf den folgenden Seiten Einblicke, wie der Schindlerhof neue Mitarbeiter auswählt und was das Unternehmen tut, um bestehende Mitarbeiter immer wieder zu Spitzenleistungen zu motivieren.

Slow to hire: Der neun- bis dreizehnstufige Einstellungsfilter

Wenn wir in den USA unterwegs sind und uns dort umhören, dann kommt dort seit Jahren immer wieder ein bestimmter Spruch. Ihr Deutschen, heißt es dann, seid »quick to hire and slow to fire«. Während es in Amerika umgekehrt laufe: »Slow to hire and quick to fire.« An der Beobachtung ist etwas dran. In Deutschland werden immer noch viele Mitarbeiter ohne viel Federlesen eingestellt. Motto: Passt schon. Wer dann einmal auf der Gehaltsliste steht, der hat seinen Job so sicher wie nirgendwo sonst auf der Welt. Der Arbeitsplatz gilt bei uns als kostbarer Besitz, als etwas, das man jemandem gar nicht mehr wegnehmen darf. Jedenfalls nicht, ohne als böser Mensch dazustehen. Wir kennen Unternehmer im Mittelstand, die haben überhaupt noch nie jemanden entlassen. Mögen sie auch noch so unzufrieden sein, so fühlen sie sich doch verpflichtet, selbst C-Mitarbeitern immer wieder eine Chance zu geben. Im Gegensatz zu uns Deutschen stehen die Amerikaner auf rigorose Auswahlverfahren. Wer ins Unternehmen hineinwill, wird durchleuchtet wie mit einem Nacktscanner. Und wenn jemand den Test bestanden hat, dann wird ihm sein Job keineswegs verliehen wie ein Adelstitel. Ist seine Leistung nicht mehr akzeptabel, muss ein amerikanischer Arbeitnehmer mit Entlassung rechnen.

Klaus Kobjoll gehört hierzulande zu den ganz wenigen, die »slow to hire« sind. Er will nicht jeden. Er verabscheut Mittelmäßigkeit. Er nimmt sich das Recht heraus, als Unternehmer abseits der Wirtschaftsmetropolen nur die Besten der Besten einzustellen. Jetzt können Sie sagen: kein Kunststück, wenn man einen Arbeitgeberpreis nach dem anderen abstaubt, dadurch deutschlandweit bekannt ist und die Bewerber Schlange stehen. Doch Klaus Kobjoll hat seinen mehrstufigen Einstellungsprozess – wie die meisten der Managementprinzipen im Schindlerhof – schon vor vielen Jahren definiert und seitdem konsequent angewendet. Die Preise sind also die Folge davon, dass der Hotelier bei neuen Mitarbeitern so wählerisch ist, und nicht die Voraussetzung dafür. Klaus Kobjoll spricht selbst vom »Filter«. Das Wort »Recruiting« mag er nicht so – wie fast alles, was aus der Konzernwelt kommt. Er scheut sich nicht zu sagen, dass er am liebsten Bewerber »ohne Konzernerfahrung« sehen möchte. Die neuen Mitarbeiter sollen in einen Familienbetrieb passen, ja sich später in gewisser Weise als Teil der Familie fühlen.

Diese Grafik zeigt den detaillierten, 13-stufigen Einstellungsfilter beim Schindlerhof. Die kürzere, neunstufige Variante beschreiben wir ausführlich. Quelle: Schindlerhof

Top oder Flop? Schritt für Schritt ans Licht der Wahrheit

Klaus Kobjoll hat seine Bewerber schon einmal als seine zukünftigen »Mitspieler« bezeichnet. Da ist er wieder, dieser Hang zur Kreativität, auch in der Wortwahl. Doch die Wortwahl sagt viel über die Unternehmensphilosophie. Mag das Auswahlverfahren auch streng sein, so ist dem Chef doch wichtig, dass alles eine spielerische Leichtigkeit hat. Die künftigen Mitarbeiter sollen Freude miteinander haben. »Freiheit, Freude, Harmonie«, lauten die Grundwerte des Schindlerhofs. Es ist ein bisschen wie in der Fußball-Bundesliga: Der Trainer muss oft streng sein, die Spieler sollen absolute Profis sein, doch bei allem darf man nicht vergessen, dass Fußball ein Spiel ist. Ohne Spielfreude ist es für die Spieler ein Krampf und für die Zuschauer eine Qual. Seine Mitspieler findet Klaus Kobjoll über einen Einstellungsfilter, der mindestens neun und – je nach Führungsebene – bis zu dreizehn Stufen hat. Wir beschränken uns hier der Übersicht halber auf den neunstufigen Filter.

Stufe 1: Das Unternehmen stellt sich dem Bewerber vor Der Bewerber soll sich dem Unternehmen »vorstellen« – so ist es allgemein üblich. Klaus Kobjoll findet es eine »Unverschämtheit«, wenn ein Unternehmer »mit verschränkten Armen im Sessel hockt und den Bewerber ausfragt, während er sich selber bedeckt hält«. Sein Unternehmen stellt sich erst einmal dem Bewerber vor. Dafür gibt es einen eigenen Mitarbeiterprospekt, der zusammen mit einem Bestätigungsschreiben an den Bewerber verschickt wird. Mit im Umschlag sind ebenso ein Pressespiegel, Unterlagen zur Unternehmensphilosophie, das Organigramm sowie Kurzportraits der Inhaberfamilie (Klaus und Renate Kobjoll sowie Tochter Nicole) und der Führungskräfte. Es gibt Bewerber, die schreiben jetzt Sätze zurück wie: »Ihren elitären Ansprüchen werde ich bestimmt nicht genügen.« Schon sind sie herausgefiltert, und das bereits auf Stufe 1. Andere sind Feuer und Flamme und fiebern dem ersten Termin entgegen.

Stufen 2 und 3: Persönliches Gespräch arrangieren und durch das Haus führen Steht der Termin für ein persönliches Gespräch – vorzugsweise an einem Sonntag –, lernt der Bewerber in Stufe drei ausführlich kennen, was für ein Arbeitsplatz ihn erwartet. Und zwar nicht durch die Gästebrille, sondern aus der Mitarbeiterperspektive. Statt der Highlights gibt es also erst einmal die »Lowlights« zu sehen – Klaus Kobjoll spricht selbst unverblümt von den »Schandflecken des Unternehmens«, die dem Bewerber da genüsslich vorgeführt werden. Danach verabschiedet sich der eine oder andere Bewerber schon einmal mit den Worten: »Vielen Dank, es ist sehr interessant gewesen, sich bei Ihnen umzusehen.« Rausgefiltert! Das ist natürlich nur die eine Seite der Medaille. Der Bewerber bekommt gleichzeitig die Chance, etwas von der besonderen Atmosphäre des Hauses zu spüren. »Wir pflegen eine lockere und gleichzeitig hoch professionelle Stimmung an Bord«, sagt Nicole Kobjoll. »Fast alle Mitarbeiter sind miteinander per Du – ich mit allen. Wir haben einfach Freude daran, miteinander zu arbeiten.« Immer wieder nennen Besucher ein Wort: Herzlichkeit. Kein bloßer Zufall, denn das Hotel hat sogar eine »Herzlichkeitsbeauftragte«.

Stufe 4: Eine umfangreiche Bewerberanalyse durchführen Hat der Bewerber die vierte Stufe erreicht, wird er so richtig durchleuchtet. In einem ausführlichen Test, der beim Schindlerhof »Partneranalyse« heißt, geht es um die Stärken und Schwächen des Bewerbers und um seine Entwicklungsziele. Ziel ist es, am Ende die Teams so gut zusammenzustellen, dass sich die Teammitglieder optimal ergänzen. Auf dieser Stufe zählt auch, wie selbstreflektiert ein Bewerber ist und wie er es mit dem Thema Eigenverantwortung hält. Wem zum Beispiel auf die Frage »Welchen Nutzen können Sie unserem Unternehmen bieten?« nicht viel einfällt, der hat kaum eine Chance, diese Filterstufe zu passieren. Der Schindlerhof sucht Mitarbeiter, die wie Mitunternehmer denken. Auf dieser Stufe geht es auch um ganz konkrete theoretische und praktische Fertigkeiten. Der Bewerber muss sich verbindlich zu seinen Kenntnissen und Fähigkeiten äußern.

Stufe 5: Den Bewerber persönlich näher kennenlernen Auf der vierten Stufe gehen wiederum einige Bewerber freiwillig, weil sie sich zum Beispiel von bestimmten Fragen ertappt fühlen. Wer den Check bestanden hat, bei dem geht es auf der fünften Stufe schwerpunktmäßig um die Persönlichkeit. Jetzt sind auch Dinge an der Reihe, die sich einfach nicht systematisch abfragen lassen, auf die es am Arbeitsplatz jedoch trotzdem ankommt. Sympathie und Antipathie zum Beispiel. Hat der Bewerber leuchtende Augen, wenn von seinem zukünftigen Job die Rede ist? Wie redet er über Gäste – abschätzig oder respektvoll? Auf dieser Stufe hilft nur das persönliche Gespräch. Und dabei kommen dann auch andere aus dem Team ins Spiel. Natürlich ist hier rechtlich vieles eine Gratwanderung. Fragen zu persönlichen Verhältnissen sind unzulässig, es sei denn, der Arbeitgeber hat ein berechtigtes Interesse an der Beantwortung. Beim Schindlerhof geht man pragmatisch mit diesem Problem um. Die Devise lautet: Offenheit gegen Offenheit. Die künftigen Kollegen nehmen kein Blatt vor den Mund und erwarten im Gegenzug, dass der Bewerber auch etwas von sich persönlich erzählt. Man muss ja nicht direkt danach fragen.

Stufe 6: Den Bewerber zwei bis drei Tage zur Probe arbeiten lassen Jeder potenzielle Mitarbeiter muss erst einmal zwei bis drei Tage zur Probe im Betrieb arbeiten. Ohne Entlohnung. Wer anderswo in einem ungekündigten Arbeitsverhältnis ist, der muss sich dafür eben Urlaub nehmen. Hier geht es nicht zuletzt auch um die Feedbacks aus dem übrigen Team. Wie gut harmoniert der Bewerber mit den anderen Mitarbeitern? Was fällt den potenziellen Kollegen so alles auf? Nach zwei bis drei Tagen kann es schon eine Menge Feedbacks geben. Wie es für den Schindlerhof typisch ist, werden diese offen und ehrlich abgegeben. Wenn es dann zum Beispiel über jemanden heißt: »Der drückt sich vor schmutziger Arbeit«, oder: »Der grüßt nur die Chefs, aber nicht die Kollegen«, dann ist der Bewerber auf dieser Stufe so gut wie herausgefiltert.

Stufe 7: Ein graphologisches Gutachten einholen Obwohl sie sehr umstritten sind, findet Klaus Kobjoll graphologische Gutachten wichtig. Dem Graphologen wird in einigen Fällen mit Einverständnis des Bewerbers eine Schriftprobe zur Verfügung gestellt, die dieser dann auswertet. Beim Schindlerhof hat sich gezeigt, dass Graphologen einen Bewerber mit erstaunlicher Präzision einschätzen können. Der Hintergrund: Es kann durchaus passieren, dass die Objektivität leidet, wenn einem ein Bewerber sehr sympathisch ist. Der Graphologe holt den Chef dann wieder auf den Teppich. Getreu einer weiteren Maxime von Klaus Kobjoll: »Niemals eine Position um eine Person herum gestalten, sondern immer die Person einstellen, die den Anforderungen möglichst genau entspricht.«

Stufe 8: Den Arbeitsvertag als Kommunikationsinstrument nutzen Im Hause Kobjoll gibt es keinen gewöhnlichen Arbeitsvertrag. Selbstverständlich entspricht er allen rechtlichen Anforderungen. Doch er heißt »Spielvertrag« – denn schließlich werden »Mitspieler« gesucht. Die Unternehmensphilosophie ist wesentlich durch eine »Spielkultur« geprägt. Sie ist Grundlage des Unternehmens. Und der Gesetzgeber verbietet es keineswegs, den Arbeitsvertrag auch als Kommunikationsmittel für die Unternehmenskultur zu nutzen. Jeder neue Mitarbeiter ist verpflichtet, die Spielkultur eingehend zu studieren und sich bei Unklarheiten zu melden. Für neue Mitarbeiter gibt es einen Einführungstag – und hier wird auch ausführlich die Spielkultur für alle erklärt.

Stufe 9: Die Probezeit voll ausschöpfen und intensiv nutzen In den meisten kleinen und mittelständischen Unternehmen wird die Probezeit wie eine rechtliche Formalie gehandhabt. Auch die neuen Mitarbeiter wissen in der Regel: Solange man keine silbernen Löffel klaut, ist die Wahrscheinlichkeit, während der Probezeit noch herausgefiltert zu werden, gering. Nicht so beim Schindlerhof. Die Probezeit wird hier voll ausgeschöpft und intensiv genutzt, um klar definierte Meilensteine zu erreichen. Sie ist die letzte Filterstufe. Ein Versprechen auf Weiterbeschäftigung am Ende der Probezeit bekommt niemand. Wenn »Onboarding« nicht einer dieser Konzern-Begriffe wäre, die Klaus Kobjoll so hasst, könnte man von einem ausgeklügelten Onboarding-Prozess sprechen. Schriftliche Feedbacks und weitere Gespräche sind während der ersten Monate Pflicht. Beim Schindlerhof verdient die Probezeit wirklich diesen Namen.

Von Aktienspiel bis Wunschgehalt: Eine besondere Kultur, um Mitarbeiter zu binden

Wer aufgrund des Einstellungsfilters meint, beim Schindlerhof würden nur Forderungen gestellt und die Mitarbeiter bekämen nichts zurück, der liegt falsch. Bewerber, die bewiesen haben, dass sie den hohen Ansprüchen der Inhaberfamilie genügen, dürfen sich auf eine lupenreine A-Kultur freuen. A-Mitarbeitern wird hier alles geboten, was sie für anhaltende Spitzenleistungen benötigen. Und das nicht erst nach Jahren der Betriebszugehörigkeit, sondern von Anfang an. »Als Azubi hast du im Schindlerhof so große Vorteile wie in keinem anderen Hotel«, meint ein Auszubildender – und klingt voll überzeugt. Für besondere Leistungen gibt es immer mal wieder kleine Geschenke. Das kann dann auch einmal eine Einladung zum Essen in einem Sterne-Restaurant sein. Gemeinsame kleine Reisen und spannende Ausflüge gehören ohnehin zum Programm. Und alle sechs bis acht Wochen ist für jedes Team eine Teamparty fällig – auf Kosten des Hauses, versteht sich. Hinzu kommt ein breites Weiterbildungsprogramm: Die Schindlerhof-Akademie bietet an über 50 Terminen im Jahr rund 45 verschiedene Seminare an – allein für das Team. Doch auch für so etwas wie Raucherentwöhnung kann man sich bei der Geschäftsleitung melden.

In dem aus unterschiedlichen historischen und modernen Gebäuden bestehenden Hotelkomplex fühlen sich Gäste und Mitarbeiter gleichermaßen wohl. Quelle: Schindlerhof

Was sich weniger an Äußerlichkeiten festmachen lässt, sind die Freiheit und der harmonische Umgang miteinander. Jeder soll er selbst sein und seine Persönlichkeit zum Ausdruck bringen. Deshalb gibt es zum Beispiel auch keine starre Kleiderordnung. Mitarbeiter aus fernen Ländern dürfen Deutsch gerne mit einem anderen als dem fränkischen Akzent sprechen – und sich ohnehin ihre kulturellen Besonderheiten bewahren. Authentizität ist gefragt, nicht Anpassung. Für Nicole Kobjoll ist gute Stimmung enorm wichtig: »Unsere Energie verwenden wir auf gemeinsam gesteckte Ziele, um diese zu erreichen – und nicht für Streit oder Ähnliches.« Beim Schindlerhof ist ein positiver Kreislauf entstanden. Den Mitarbeitern macht es Spaß, für ein erfolgreiches Unternehmen zu arbeiten, was wiederum dafür sorgt, dass der Erfolg noch größer wird. Mit Blick auf die Vitrine mit all den Auszeichnungen als Top-Arbeitgeber sagt die Unternehmerin: »Unsere Stolzkultur ist unbezahlbar.«

Gehalt nach Wunsch – wo gibt es denn so was?

Streit gibt es beim Schindlerhof nicht einmal ums Gehalt. Und das hat einen ganz einfachen Grund: Seit Jahren zahlt Klaus Kobjoll jedem Mitarbeiter einfach sein Wunschgehalt. Wenn ein Mitarbeiter eine neue Stelle antritt oder befördert wird, dann sagt er, was er verdienen möchte. Und Klaus Kobjoll sagt: »Okay.« Eine Mitarbeiterin berichtet, dass bisher keine ihrer Gehaltsverhandlungen mit dem Chef länger als eine Minute gedauert hätte. Wie kann so etwas funktionieren? Erstens durch den Einstellungsfilter. Bewerber, die das sich in einem »Wunschgehalt« ausdrückende Vertrauen schamlos ausnützen würden, haben ohnehin kaum eine Chance, alle Filterstufen zu passieren. Zweitens werden die Mitarbeiter ausdrücklich gebeten, ihr Wunschgehalt »sensibel« festzulegen und dabei ihr bisheriges Gehalt zu berücksichtigen. Als dritte und letzte Vorsichtsmaßnahme gibt es dann noch sogenannte Lohnkorridore, die von den Führungskräften für einzelne Jobs festgelegt, aber verständlicherweise nicht nach außen kommuniziert werden. Innerhalb dieser Korridore ist jedes Wunschgehalt okay. Übrigens betrifft die Großzügigkeit beim Thema Geld nicht nur das Gehalt. »Wenn wir erfahren, dass der eine oder andere Probleme mit einem finanziellen Engpass hat«, erklärt Klaus Kobjoll, »dann helfen wir im Schindlerhof gerne auch mit zinslosen Krediten. Denn wer existenzielle Sorgen hat, kann sich auf seine sonstigen Aufgaben nur noch schwer konzentrieren, ist belastet, fühlt sich im Hotelalltag oft überfordert und verliert die Freude an seiner Tätigkeit.«

Leistung steht hoch im Kurs: MAX, der Mitarbeiter-Aktienindex

Ein Ort des ganz großen Geldes, die Börse, stand Pate für eine weitere Besonderheit des Schindlerhofs: den Mitarbeiter-Aktienindex, kurz MAX genannt. Stellen Sie sich vor, jeder Mitarbeiter Ihres Unternehmens ist wie eine Aktie, und je nach seiner aktuellen Leistung steigt oder fällt sein Kurs. Wie an einer richtigen Börse kann jeder andere die aktuellen Kurse verfolgen. Keine Sorge: Wie vieles im Schindlerhof ist auch das spielerisch zu verstehen. Weder Boni noch sonstige materielle Vorteile sind an den »Kurswert« eines Mitarbeiters gebunden. Es ist einfach ein Spiel – jedoch eines, das die Mitarbeiter lieben und das in dem Hotelbetrieb als wahrer Motivationsturbo wirkt. Wie funktioniert der MAX konkret? Mitarbeiter, die neu anfangen, bekommen einen Startwert von 1000 »Pixel« zugeteilt, an dem der spätere persönliche Kursverlauf gemessen wird. Der Schindlerhof nimmt bewusst die Fantasiewährung »Pixel« statt Euro oder Dollar, um den spielerischen Charakter des MAX zu betonen.

Der »Börsenwert« eines Mitarbeiters in »Pixel« errechnet sich monatlich neu und kann – wie an der Börse üblich – sowohl steigen als auch fallen. Und wer bestimmt den Kurs? Die Mitarbeiter selbst! Die aktuelle »Performance« der Mitarbeiteraktie wird ausschließlich aufgrund einer Selbsteinschätzung berechnet. Dazu haben die Mitarbeiter vor Jahren selbst Kriterien festgelegt. Hierzu zählen:

- Engagement bei Projekten
- Verbesserungsvorschläge
- subjektive Fehlerquote
- Pünktlichkeit
- aktive Arbeit mit einem Zeitplansystem
- Herzlichkeit
- Teamfähigkeit
- Eigenmotivation

- Identifikation mit dem Unternehmen
- Fort- und Weiterbildung
- Fehlzeiten

Dass die Mitarbeiter sich selbst einschätzen, ist sehr wichtig. Das hat den Effekt, dass sie reflektieren und sich mit ihrer Leistung der vergangenen Wochen kritisch auseinandersetzen. Der jeweilige Teamleiter hat Einblick in die Daten, die seine Teammitglieder für den MAX in eine spezielle Software eingegeben haben. Gibt es unterschiedliche Auffassungen über die Bewertung, so hat der Teamleiter die Möglichkeit, die Mitarbeiter anzusprechen und sich mit ihnen auf eine Neubewertung zu verständigen. Auf spielerische Weise entsteht eine Gruppendynamik, die zur Leistung ansporntot. Eine stimmige Eigenanalyse stärkt zudem das Selbstvertrauen. Klaus Kobjoll gibt übrigens offen zu, dass seine eigene Performance im MAX nur oberer Durchschnitt ist.

Der »Fehler des Monats« – darauf ein Glas Schampus!

Der Mitarbeiter-Aktienindex, bei dem jeder sehen kann, ob der »Wert« eines Kollegen gerade gestiegen ist, setzt eine Menge Offenheit und Vertrauen voraus. Diese Offenheit ist beim Schindlerhof weit mehr als nur ein Spiel. »Wir leben die totale Transparenz«, sagt Nicole Kobjoll. Alle Mitarbeiter sehen jeden Tag die Umsätze der einzelnen Bereiche, die Teamkosten und die Warenkosten. »Sie können sich auch die ganze BWA ansehen«, erklärt die Juniorchefin. Die Philosophie dahinter erläutert sie so: »Ein Mitarbeiter, der keine Information hat, kann auch keine Verantwortung übernehmen. Ein Mitarbeiter dagegen, der die volle Information hat, kommt nicht umhin, die Verantwortung mitzutragen – und so dabei zu helfen, das Unternehmen weiterzuentwickeln.«

Früher gab es beim Schindlerhof dazu schwarze Bretter, seit 2015 bekommen die Mitarbeiter alle Informationen digital. Jeder Mitarbeiter hat dafür ein iPad bekommen und sieht in einer eigens programmierten Mitarbeiter-App alles, was er wissen muss. Das gesamte betriebliche Vorschlagswesen ist jetzt ebenfalls digital und in die App integriert. Ein besonderes Highlight für das Team ist das hauseigene Chat-Programm für die schnelle und unkomplizierte Kommunikation via iPad. Sogar ehemalige Mitarbeiter dürfen die App weiter nutzen, ja es gibt sogar eine Funktion für Ehemalige mit Namen »stay in contact«. Über die – etwas eingeschränkte – Version der App für Ehemalige kann der Schindlerhof bewährte Mitarbeiter zurückholen, wenn im Haus Führungspositionen frei werden.

Und was passiert, wenn sich ein Mitarbeiter dabei einmal zu weit aus dem Fenster lehnt und kläglich scheitert? Dann wird angestoßen. Mit Schampus. Kein Scherz! Vielleicht nicht jeden Monat, aber doch alle paar Monate wird beim Schindlerhof der »Fehler des Monats« gekürt – und dann darauf getrunken. Das Ritual ist Teil einer »Fehlerfreudigkeit, aber nicht Fehlerhäufigkeit«, wie es das Unternehmen definiert. Mitgründerin Renate Kobjoll sagt: »Mir ist es wichtig, dass auch Dinge auf den Tisch kommen, die nicht so gut gelaufen sind.« Und sie ergänzt: »In einem Unternehmen wie dem unseren, in dem Kreativität ganz, ganz großgeschrieben wird, müssen Fehler passieren können. Weil es einen kreativen Prozess ohne Fehler nicht gibt.« Allzu schlimme Fehler sind es allerdings nicht, die hier gemacht werden. Denn sonst stünden in der Vitrine ein paar Preise weniger.

Was tut das Hotel Schindlerhof, um die besten Mitarbeiter zu finden und zu binden?

- Auch als kleiner Betrieb abseits der Wirtschaftsmetropolen besteht man beim Schindlerhof darauf, ausschließlich A-Mitarbeiter einzustellen. Wer nicht zum Unternehmen passt, wird in einem (je nach Verantwortung) 9- bis 13-stufigen Einstellungsfilter rigoros aussortiert.
- Statt den Bewerbern erst eine heile Welt vorzugaukeln und sie anschließend zu enttäuschen, konfrontiert man die Kandidaten schon beim ersten Treffen mit den Schattenseiten des Jobs und den »Schandflecken« des Hauses. Davon darf sich niemand abschrecken lassen.
- Die Bewerber werden intensiv auf ihre Kenntnisse und Fähigkeiten sowie ihre Persönlichkeitsmerkmale hin getestet. Das Unternehmen zeigt sich offen und erwartet Offenheit auch von den Bewerbern. Ohne 2 bis 3 Tage Probearbeit kommt dennoch niemand an Bord.
- Die Probezeit ist keine Formalie, sondern wird voll ausgeschöpft und intensiv genutzt, um klar definierte Meilensteine zu erreichen. Ein Versprechen auf Weiterbeschäftigung am Ende der Probezeit bekommt niemand.
- Der Schindlerhof betreibt in einem für ein kleines Unternehmen außergewöhnlichen Maß Employer Branding. Inhaber Klaus Kobjoll ist gefrag-

ter Redner und Seminarleiter. Das Unternehmen nimmt an Wettbewerben teil und holt zahlreiche Preise. Die Presse berichtet regelmäßig über den Schindlerhof.

- A-Mitarbeitern wird alles geboten, was sie für anhaltende Spitzenleistungen benötigen. Und das bereits während der Ausbildung. Mit Geschenken, Partys oder Ausflügen wird Wertschätzung ausgedrückt.
- Der »Mitarbeiter-Aktienindex« (MAX) ist ein spielerisches Instrument der Selbsteinschätzung, bei dem die Mitarbeiter ihre Leistung nach festgesetzten Kriterien regelmäßig bewerten.
- Jeder Mitarbeiter nennt sein Wunschgehalt und bekommt dieses gezahlt, sofern es sich innerhalb eines realistischen »Korridors« bewegt.

In unserer Online-Mediathek zum Buch unter www.geheimnis-der-champions.de/mediathek finden Sie eine Fülle von kostenlosen Zusatzangeboten: Formulare und Vorlagen, Videos, Artikel, Buchtipps und mehr!

Touristenmagnet Pike Place Fish Market: Wo die Mitarbeiter die größte Attraktion sind

Unternehmen: Pike Place Fish
Hauptsitz: Seattle, Washington, USA
Branche: Lebensmitteleinzelhandel
Umsatz: k. A.
Website: www.pikeplacefish.com
Gründungsjahr: 1930
Anzahl der Mitarbeiter: 15

»Wir werden weltberühmt«, beschlossen die Mitarbeiter von John Yokoyama 1986. Das nennen wir mal ein hohes Ziel! Denn sie waren nicht etwa Musiker, Sänger oder Schauspieler. Es waren Fischverkäufer, die Seelachs, Schollen und Hummer unter die Leute brachten. Ihr 360 Quadratmeter großer Stand ist Teil des historischen Pike Place Market in Seattle. Damals kamen Stammkunden aus der Umgebung und hin und wieder ein paar Touristen. Doch das reichte nicht mehr. Der Fischmarkt stand kurz vor der Pleite. John Yokoyama, selbst ursprünglich Fischverkäufer, hatte den Stand 1965 nur deshalb übernommen, weil er zu wenig verdiente, um die Raten für sein neues Auto abzuzahlen. Rückblickend gesteht er, dass seine erste Zeit als Chef ein Debakel war. Er mischte sich überall ein und brüllte seine Mitarbeiter ständig an. Die Pleite wäre besiegelt gewesen, hätte John Yokoyama nicht im letzten Moment den Unternehmensberater Jim Bergquist kennengelernt. »Ihr müsst aufhören, bloß Fisch zu verkaufen«, riet er. »Ihr solltet euren Kunden eine einmalige Show bieten. Dann verkauft sich der Fisch wie von selbst.« Das Team ließ sich überzeugen. Heute ist Pike Place Fish tatsächlich weltberühmt. Es herrscht jeden Tag Partystimmung: Die Verkäufer werfen die Fische durch die Luft, ein Witz jagt den nächsten, und manche Einlage ist echte Akrobatik. Die Kunden werden stets in das Spiel mit einbezogen. Bis zu 10 000 Besucher kommen jeden Tag, die meisten davon Touristen. John Yokoyama macht keine Angaben zum Umsatz, doch wenn jeder Besucher auch nur einen Dollar ausgeben würde, wäre der Fischmarkt mit seinen 15 Mitarbeitern bereits eine Goldgrube. Der Fernsehsender CNN kürte Pike Place Fish im März 2001 zum »lustigsten Arbeitsplatz der USA«.

Nur A-Mitarbeiter können Kunden täglich mit einer Show begeistern

Pike Place Fish ist nicht nur als Touristenziel berühmt geworden, sondern taucht auch in der Managementliteratur immer wieder auf. Das liegt nicht zuletzt an dem Erfolgstrainer und Filmemacher John Christensen. 1997 entdeckte er den Stand, an dem Fischverkauf eine Show ist und die Mitarbeiter stets gute Laune verbreiten. Er war sofort elektrisiert. Erst entstand ein Film über diese ungewöhnliche Belegschaft. Danach erschien das Motivationsbuch *Fish!* – und wurde ein Weltbestseller. Christensen schuf daraufhin die »Fish-Philosophie« als Trainingskonzept für die Aktivierung von Mitarbeitern. Bei den Angestellten des Pike Place Fish Market wollte er vier zentrale Elemente erkannt haben, mit denen auch jedes andere Unternehmen seine Mitarbeiter zu Spitzenleistungen animieren könnte: Erstens die eigene Einstellung wählen – bin ich Fischverkäufer oder Entertainer? Zweitens ein spielerischer Zugang zur Arbeit – ist das hier ein Knochenjob, oder können wir jede Menge Spaß haben? Drittens Menschen zu positiven Erlebnissen verhelfen – wie zaubere ich ein Lächeln in das Gesicht meiner Kunden? Schließlich viertens Präsenz – bin ich ganz bei der Sache oder in Gedanken woanders?

Seit dem Buch *Fish!* von John Christensen und den Co-Autoren Stephen Lundin und Harry Paul wird der Pike Place Fish Market gerne als Beispiel dafür zitiert, dass man in jedem Job Spaß haben kann, sei die Tätigkeit auch noch so anstrengend oder monoton – wenn nur die Einstellung stimmt und man etwas draus macht. Das ist sicher nicht falsch, aus unserer Sicht aber höchstens die halbe Miete. Beim Phänomen Pike Place Fish wird gerne vergessen, wie extrem anspruchsvoll es ist, jeden Tag gute Laune zu verbreiten und eine perfekte Show abzuliefern. Manchmal liest sich das so, als hätte John Yokoyama gesagt: Los, Jungs, jetzt habt mal ein

Wo Mitarbeiter echte Akrobaten sind: Die »fliegenden Fische« und Gags am laufenden Band haben Pike Place Fish berühmt gemacht. Quelle: www.bizfutures.com

bisschen mehr Spaß bei der Arbeit, verbreitet gute Laune, dann kommen auch wieder mehr Kunden. Aber so einfach ist das nicht. Nicht umsonst gilt das Showgeschäft als eines der härtesten. Die Show mit den fliegenden Fischen bildet da keine Ausnahme. Um die Idee von Berater Jim Bergquist umzusetzen, musste John Yokoyama bei den Mitarbeitern jahrelang optimieren. Wer nicht früh aufstehen wollte, wer nicht spaßig und extrovertiert war, wer mit der mageren Bezahlung nicht klarkam, der wurde ausgewechselt. Nur so konnte eine wirklich weltberühmte Firma entstehen.

Ein besonderer Führungsstil für die Männer mit den fliegenden Fischen

John Yokoyama hat seine Verkäufer zu so etwas wie Stars gemacht. Hinter der Theke befindet sich ihre Bühne. Sie dürfen mit dem Publikum spielen und sich so gut wie alles erlauben – Hauptsache, es garantiert den nächsten Lacher. Auf der Website von Pike Place Fish gibt es eine Rubrik »Meet the Guys«. Wer diese anklickt, sieht alle Verkäufer mit Fotos und Namen. Doch damit nicht genug. Ein Klick auf einen Verkäufer führt zu dessen persönlicher Seite, samt einem kleinen Interview mit Fragen wie: Was inspiriert dich? Was macht dich am meisten stolz? Was sind deine Zukunftspläne? Fragen, wie sie sonst eher Schauspielern oder Buchautoren gestellt werden. Hier dürfen sich einfache Mitarbeiter als etwas ganz Besonderes fühlen. Sie sind der Mittelpunkt der Show und wirken stolz darauf. Viele sind schon lange dabei. Der Mitarbeiter Justin Hall berichtet zum Beispiel, dass er 1986 im Alter von 13 Jahren als Samstagsaushilfe angefangen hat. Seit 1991 ist er Vollzeit dabei. Die Mitarbeiter wirken wie Individualisten, die gleichzeitig perfekt aufeinander eingespielt sind und einander blind vertrauen. Die Show soll nicht bloß Theater für die Kunden sein, sondern auch das Team zusammenschweißen.

Selbstverständlich weiß der Chef John Yokoyama, dass er solche Mitarbeiter nicht mehr herumkommandieren kann wie zu früheren Zeiten. Er ist heute gefragter Keynote-Sprecher zum Thema Mitarbeiterführung und betont immer wieder, wie viel weniger Stress er selbst hat, seit er seinen Leuten einfach vertraut und sie machen lässt. Der wesentliche Erfolgsfaktor für die Wandlung von der Pleitefirma zur Touristenattraktion war seiner Meinung nach eine neue innere Einstellung: »Wir mussten uns als Menschen vollkommen verändern, insbesondere ich«, erklärt er. »Von einem tyrannischen Boss wurde ich zu jemandem, der seine Mitarbeiter liebt, ihnen vertraut und sie ermächtigt, sich selbst zu führen.« Drei Jahre hätte es gedauert, sich selbst und die Firma völlig umzukrempeln, sagt der Inhaber. Er sei in dieser Zeit von einem »Schreihals« zu einem »Zuhörer« geworden. Nachwuchssorgen hat Pike Place Fish dank seiner Berühmtheit heute keine mehr. Doch wer glaubt, das sei hier eine reine Spaßtruppe, hat als Bewerber keine Chance. Yokoyama verlangt viel von seinen Mitarbeitern. Regelmäßige Meetings sind Pflicht, zusätzlich zu den typischerweise 50 bis 60 Arbeitsstunden pro Woche. Dort wird an der Vision gearbeitet. Und von allen Mitarbeitern werden Vorschläge erwartet, wie man noch besser werden kann.

Kleine Firma mit ganz großen Zielen – als Nächstes der Weltfrieden

Das Ziel, weltberühmt zu werden, entstand Anfang der 1990er-Jahre während eines Brainstormings mit John Yokoyama, dem Berater Jim Bergquist und sämtlichen Mitarbeitern. »Einer rief in die Runde: ›Lasst uns weltberühmt werden‹, und alle dachten, der spinnt«, erzählt Yokoyama. »Doch dann sagten wir uns: Warum eigentlich nicht? Wir schrieben auf alle unsere Kisten und Einkaufstüten, wir wären der ›weltberühmte‹ Fischmarkt.« Nach gut zehn Jahren war Pike Place Fish dann wirklich weltberühmt. John Yokoyama geht inzwischen an vier Tagen in der Woche Golf spielen. Seine Mitarbeiter haben die volle Verantwortung und wissen, was zu tun ist. In den letzten Jahren war Nachhaltigkeit ein großes Thema für Pike Place Fish. Das bedeutet für John Yokoyama sowohl langfristige, vertrauensvolle Mitarbeiterbeziehungen als auch Produkte ohne Giftstoffe aus zertifiziertem, nachhaltigem Fischfang. Nur ein einziges Problem gab es bis vor kurzem: Da war kein hohes Ziel mehr. Weltberühmt ist man ja längst. Die Mitarbeiter setzten sich zusammen, und einer sagte: »Als Nächstes sorgen wir für den Weltfrieden!« Eine ziemlich unrealistische Idee, klar. Aber das war die Idee, einen kleinen Fischstand am äußersten Zipfel der USA weltberühmt zu machen, schließlich auch gewesen. »Wir wissen nicht, wie wir das machen sollen, genau wie damals«, sagt John Yokoyama. »Aber wir fangen bei uns selbst an, bei unseren Freunden und unseren Familien. So entsteht der Weltfrieden Mensch für Mensch.«

Was macht Pike Place Fish, um die besten Mitarbeiter zu finden und zu binden?

- Seit 1987 bieten die Fischverkäufer von Pike Place Fish den Kunden eine einmalige Show. Die Arbeit ist ein Knochenjob, doch der Spaß steht im Vordergrund. Ein Gag jagt den nächsten, und es wird den ganzen Tag gelacht.
- Inhaber John Yokoyama behandelt seine 15 Mitarbeiter wie Showstars. Auf der Website von Pike Place Fish gibt es eine Rubrik »Meet the Guys«, wo jeder Mitarbeiter seine persönliche Unterseite hat und sich mit seinen Ideen, Zielen und Vorlieben präsentiert.

- Die Mitarbeiter wurden über Jahre ausgewählt, um den hohen Anforderungen zu genügen. Nur wirkliche Showtalente hatten eine Chance. Wer einmal dabei ist, soll jedoch möglichst lange bleiben.
- Die Motivation entsteht über den Teamgeist und über die Begeisterung der Kunden. Die Show schweißt auch das Team zusammen. Die Teilnahme an regelmäßigen Meetings ist Pflicht. Von allen Mitarbeitern werden immer wieder neue Ideen erwartet.
- Die Mitarbeiter arbeiten mit einem Höchstmaß an Eigenverantwortung. Der Chef ist nur noch an wenigen Tagen im Unternehmen präsent. Alle sind perfekt aufeinander eingespielt. Der Unternehmensberater Jim Bergquist begleitet das Team seit über 25 Jahren und bringt auch seine Ideen mit ein.
- Hohe Ziele sind wichtig. Sie werden bei Brainstormings von den Mitarbeitern selbst vorgeschlagen und dürfen auch zunächst unerreichbar erscheinen. Das um 1990 definierte Ziel, »weltberühmt« zu werden, wurde nach zehn Jahren tatsächlich erreicht.
- Die Mitarbeiter sollen gute Produkte mit gutem Gewissen verkaufen. Pike Place Fish setzt deshalb seit einigen Jahren auf Fisch und Meeresfrüchte aus zertifiziertem, nachhaltigem Fang. Die weitere Optimierung der ökologischen Bilanz ist ständiges Thema bei den Mitarbeiterversammlungen.

In unserer Online-Mediathek zum Buch unter www.geheimnis-der-champions.de/mediathek finden Sie eine Fülle von kostenlosen Zusatzangeboten: Formulare und Vorlagen, Videos, Artikel, Buchtipps und mehr!

Dachdeckermeister Thullesen: Wo Schüler nicht können müssen, sondern nur wollen

Unternehmen: Volker Thullesen GmbH
Hauptsitz: Neumünster, Schleswig-Holstein, Deutschland
Branche: Handwerk
Umsatz : k. A.
Website: www.thullesen.de
Gründungsjahr: 1927
Anzahl der Mitarbeiter: 30 (davon 8 Auszubildende)

Geschafft – doch noch! Florian ist ein lebensfroher junger Mann, der sich in seinem Ausbildungsbetrieb, der Dachdeckerei Volker Thullesen, so richtig wohlfühlt. Für das Arbeitsklima und die aufgeschlossenen, netten Kollegen hat er nur lobende Worte übrig. Immer schon wusste er, dass er gerne etwas Handwerkliches machen würde. Doch mit dem Traumjob wäre es beinahe nichts geworden. Der Grund: Schulprobleme. Viele Schüler in Deutschland verlieren in einem oder gleich mehreren Fächern den Anschluss. Sie drohen in der Schule zu scheitern und am Ende der Schulzeit keinen Ausbildungsplatz zu bekommen. So war es auch bei Florian. In Mathe kam er irgendwann nicht mehr mit. Auch wenn es die Lehrer noch so gut meinen, verfügt das öffentliche Schulsystem nur über ein schmales Repertoire, um hier gegenzusteuern. Florian hatte das Glück, im schleswig-holsteinischen Neumünster zur Schule zu gehen. Denn hier hat Handwerksmeister Lars Thullesen, in dritter Generation Unternehmer im gleichnamigen Betrieb, eine deutschlandweit beachtete Initiative gestartet. In enger Kooperation mit den Schulen hilft er Problemschülern, so wie es Florian einer war, auf die Sprünge. »Grundstein« heißt das Nachhilfeprojekt, für das Lars Thullesen sogar einen eigenen Lehrer eingestellt hat. Die Nachhilfe ist für die Schüler und ihre

Eltern komplett kostenlos. Davon profitieren somit auch sozial schwache Familien, die sich kommerzielle Nachhilfe nicht leisten können. Mit seinem Projekt verbindet Lars Thullesen bürgerschaftliches Engagement mit gesundem Eigennutz. Denn die Nachhilfeklassen sind gleichzeitig Nachwuchsschmiede für seinen Handwerksbetrieb. So folgte für Florian auf die Mathe-Nachhilfe ein zweiwöchiges Osterferien-Praktikum bei Thullesen. Weil er dabei sehr viel Spaß hatte, bewarb der Jugendliche sich schließlich um einen Ausbildungsplatz – und hätte es beinahe nicht geschafft. Doch Lars Thullesen gab Florian eine zweite Chance beim Einstellungstest. Getreu der Parole, die der Chef für die Jugendlichen ausgegeben hat: »Du musst nicht können, du musst nur wollen.« Florian wollte. Und schaffte es doch noch.

Bei der Dachdeckerei Thullesen steht die Fahrzeugflotte selbstverständlich nicht im Freien, sondern unter einem handwerklich perfekt gearbeiteten Dach. Quelle: Thullesen

Wenn ein kleiner Betrieb etwas Großartiges auf die Beine stellt

Thullesen ist nicht die einzige Firma in Deutschland, die Angebote für Schüler macht und damit indirekt Auszubildende rekrutiert. Zu den Vorreitern zählt zum Beispiel auch Heldele, ein schwäbisches Unternehmen für Elektrotechnik, das über seine 1995 gegründete Heldele-Stiftung regelmäßig Schüler zu Fortbildungsveranstaltungen einlädt. Es geht darum, die Schüler möglichst früh darauf vorzubereiten, was sie außerhalb der Schule erwartet. Thullesen ist aus unserer Sicht dennoch ziemlich einzigartig. Immerhin hat der Handwerksbetrieb keine 500 Mitarbeiter, so wie Heldele, sondern – abzüglich der Azubis – nur knapp über 20. Einer davon ist der fest angestellte Lehrer. Er heißt übrigens Ingo Bublitz und unterrichtet Mathematik, Physik, Chemie, Politik, Wirtschaft und Erdkunde. Bei Thullesen bekommen Schüler mit Schulproblemen nicht nur Tipps für ihre Zukunft, sondern werden wirklich ausbildungsfähig gemacht. »Das Projekt Grundstein ist etwas ganz Besonderes, das wir so im Handwerk noch nicht erlebt haben«, sagte denn auch Thomas Keindorf vom Zentralverband des Deutschen Handwerks, der Thullesen 2011 den Heribert-Späth-Preis als bester Ausbilder verlieh.

Was die Bereitschaft zu lernen und sich fortzubilden betrifft, geht Geschäftsführer Lars Thullesen als leuchtendes Vorbild voran. Er ist nämlich nicht nur Dachdeckermeister, sondern auch Zimmerermeister, Klempnermeister und Maurermeister. Die von seinem Großvater gegründete Dachdeckerei ist inzwischen zu einem Unternehmen geworden, das Immobilienbesitzern ein ganzes Spektrum von Gewerken und zusätzlichen Dienstleistungen anbietet. Häuser werden nicht nur errichtet oder renoviert, sondern auch vermietet und verkauft. Ein eigener Architekt und Bauleiter gehört ebenfalls zum Team. Dabei hat das Unternehmen ein besonderes Faible für Qualität. Es will sich nicht über den Preis, sondern über die Qualitätsführerschaft in seiner Region differenzieren. Alle Unternehmen, die einen solchen Weg gehen, sind ganz schnell beim Thema gute Mitarbeiter. Wenn man wie Thullesen in einer eher strukturschwachen Region angesiedelt ist, verschärft sich das Problem noch. In Neumünster gibt es viele Migranten und nur wenige Hochqualifizierte. Die Entscheidung, so viel wie möglich in Aus- und Fortbildung zu investieren und dabei auch ungewohnte Wege zu beschreiten, war da nur konsequent.

Schluss mit deprimierenden Bewerbungen auf Ausbildungsplätze

Unzählige Unternehmen in Deutschland kennen das: Die Qualität von Bewerbungen auf Ausbildungsplätze lässt einen schier verzweifeln. Lars Thullesen ging es früher nicht anders. Vollkommen »demotiviert« hätte ihn das, was da von den Jugendlichen geboten wurde. Will man wirklich jemanden ausbilden, der selbst den kürzesten deutschen Satz nicht fehlerfrei schreiben kann und minutenlang überlegen muss, wie viel 8 x 4 ist? Da traf er Ingo Bublitz wieder, bei dem er selbst als Jugendlicher Nachhilfe hatte. Ja, Sie haben richtig gelesen: Der heutige vierfache Handwerksmeister brauchte in jungen Jahren selbst etwas Starthilfe. Daher weiß er aus eigener Erfahrung, dass man manchmal zwar will, aber nicht kann. Gemeinsam konzipierten Lars Thullesen und Ingo Bublitz die Initiative »Grundstein« und gingen damit 2010 zunächst für Hauptschüler an den Start. Heute steht das Angebot Schülern aller Schulformen offen. Rund 40 Schüler sind im Schnitt dabei. Ingo Bublitz unterrichtet sie an fünf Tagen in der Woche in kleinen Gruppen zu drei bis vier Teilnehmern für jeweils anderthalb Stunden. Mit vier Gruppen am Tag hat der Pädagoge, inklusive Vor- und Nachbereitung, einen echten Vollzeitjob.

Einzigartig im Handwerk und bereits mehrfach ausgezeichnet: Für die Schülerförderung »Grundstein« wurde ein eigener Lehrer eingestellt. Quelle: Thullesen

Die Schüler sind begeistert und akzeptieren gern, dass zu diesem kostenlosen Angebot ein paar Knigge-Regeln gehören. Wer zu spät kommt oder schwänzt, der bekommt eine Verwarnung. Im Wiederholungsfall ist Schluss. Wer nicht will, soll Platz machen für diejenigen, die wollen. Davon gebe es einfach genug, sagt Lars Thullesen. Die Nachhilfestunden werden mit den jeweiligen Lehrern eng abgestimmt. Wenn eine schwierige Klassenarbeit ansteht, sind nach Absprache sogar zusätzliche Vorbereitungsstunden am Wochenende möglich. Wenn Lars Thullesen die Schüler einmal im Haus hat, macht er ihnen natürlich auch Appetit auf sein Unternehmen. Im Internet setzt sich die Werbung um künftige Azubis dann fort. So finden Jugendliche auf der Firmenseite bei Facebook immer wieder Informationen zu den Berufsbildern bei dem Handwerksbetrieb. Auch in einige sehr professionelle Filme hat Thullesen investiert. Wer Lust bekommen hat und über 14 Jahre alt ist, kann im Betrieb auch jobben und damit sein Taschengeld aufbessern. Helfende Hände werden in einem Handwerksbetrieb schließlich immer gebraucht.

Die perfekte Verbindung von Idealismus und Pragmatismus

Lars Thullesen ist erfolgreicher Unternehmer und hat gleichzeitig eine sehr idealistische Seite. Kindern und Jugendlichen, die sich in der Schule schwertun, eine einmalige Chance zu bieten, das ist ihm wichtig und macht ihn auch ein wenig stolz. Nur wer einen Beruf erlerne, sagt er, könne sich später ein schönes Leben aufbauen. Und ein schönes Leben wünsche er allen jungen Leuten. Umso schöner, wenn sein eigenes Unternehmen von dem Engagement profitiert und auch zukünftig seinen Kunden herausragende handwerkliche Leistungen bieten kann. Lars Thullesen hat klare Werte. Erfolg sei kein Selbstzweck, meint der Unternehmer. Der Erfolgreiche stehe in der Pflicht, seinen Erfolg zu teilen und anderen Menschen zu helfen. Sein Engagement ist ihm einiges wert, doch es ist auch eine Win-win-Situation. Thullesen hat in den vergangenen Jahren mehrere Landessieger, einen Bundessieger und sogar einen Vize-Weltmeister im Dachdeckerhandwerk ausgebildet. Das ist gut für den Ruf – und der gute Ruf ist gut fürs Geschäft. Für noch mehr Renommee sorgen zahlreiche Preise, die Thullesen während der letzten Jahre verliehen wurden. Neben dem erwähnten Heribert-Späth-Preis gab es unter anderem den Kai-Uwe-von-Hassel-Förderpreis der Hermann-Ehlers-Stiftung. Die Stiftung begründet den Preis mit dem Engagement des Unternehmens für junge Menschen über das normale Maß hinaus. Dass nicht nur die Ausbildung erstklassig ist, zeigt die Auszeichnung als einer der 100 besten Dachdeckerbetriebe in Deutschland. Das ist dann auch eine Anerkennung für die Arbeit von Azubis wie Florian, die bei Thullesen beweisen dürfen, wie viel Talent wirklich in ihnen steckt.

Was macht Thullesen, um die besten Mitarbeiter zu finden und zu binden?

- Einzigartig im Handwerk ist die Initiative »Grundstein«: Thullesen beschäftigt einen eigenen Lehrer, der Problemschülern kostenlos Nachhilfe gibt. Den Schülern ab 14 werden auch Praktika und Jobs als Aushilfen angeboten. Einige ehemalige Nachhilfeschüler werden später Azubis.
- In Social Media, zum Beispiel auf Facebook, gibt es schülergerechte Informationen zum Unternehmen und seinen Ausbildungsmöglichkeiten.
- Thullesen hat in die Produktion gleich mehrerer hoch professioneller Imagefilme investiert. Neben der Kundenansprache dienen sie auch dem Employer Branding.
- Das Unternehmen gibt Auszubildenden sehr früh ein hohes Maß an Verantwortung. Im letzten Ausbildungsjahr können Auszubildende Baustellen eigenverantwortlich leiten.
- Die Fitness der Mitarbeiter führt zu einem herausragenden Unternehmenserfolg. Dies ermöglicht eine strategische Ausrichtung, die nicht nur Dachdeckergewerke beinhaltet, sondern alle Dienstleistungen rund ums Bauen, bis hin zu einer Immobilienverwaltung.

In unserer Online-Mediathek zum Buch unter www.geheimnis-der-champions.de/mediathek finden Sie eine Fülle von kostenlosen Zusatzangeboten: Formulare und Vorlagen, Videos, Artikel, Buchtipps und mehr!

Wegbahner Verkehrsbetriebe Zürich: »Ich bewerbe mich als Ihr neuer Chef«

Unternehmen: Verkehrsbetriebe Zürich (VBZ)
Hauptsitz: Zürich, Schweiz
Branche: Öffentlicher Personenverkehr
Umsatz: 597 Mio. Schweizer Franken
Website: www.stadt-zuerich.ch/vbz
Gründungsjahr: 1896
Anzahl der Mitarbeiter: 2 400

Öffentliche Verkehrsmittel haben in der Schweiz einen anderen Stellenwert als in Deutschland. Ob Student oder Topmanager – alle nutzen Bahn, S-Bahn und Tram. Das gilt insbesondere für Zürich, die größte Stadt der Schweiz. Der öffentliche Verkehr ist hier europaweit vorbildlich. Insgesamt 37 Prozent aller Wege legen die Zürcher mit Bus und Bahn zurück, in Stoßzeiten sind es 60 Prozent. Spitzenreiter in Deutschland ist Frankfurt am Main mit gerade einmal 25 Prozent. Obwohl Zürich eine der reichsten Städte der Welt ist, geht die Autodichte stark zurück. Verfügten im Jahr 2007 noch 457 von 1 000 Zürchern über ein eigenes Auto, so waren es 2013 nur noch 359. Für viele hat das Auto als Statussymbol ausgedient. In eines der blau-weißen »Trämmli« zu steigen, die aus dem Stadtbild von Zürich nicht mehr wegzudenken sind, gilt als modern, ökologisch und cool. Die 1896 gegründeten Verkehrsbetriebe Zürich, zu 100 Prozent im Eigentum der Stadt, kommen mit ihren Straßenbahnen und Bussen auf eine Fahrleistung von über 31 Millionen Kilometern pro Jahr. Sogar eine Standseilbahn gehört zum Angebot. Sie fährt auf den Zürichberg und wird jährlich von 600 000 Fahrgästen genutzt. Ja, in der Schweiz ist die Welt in Ordnung – so scheint es wieder einmal.

Die Verkehrsbetriebe Zürich, hier die Zentrale, gelten europaweit als Vorbild im öffentlichen Nahverkehr. Quelle: VBZ

Bei den VBZ, so kürzen sich die Verkehrsbetriebe Zürich ab, können sich die Manager zufrieden zurücklehnen. Oder etwa nicht? Tatsächlich hat die Chefetage der VBZ ein Riesenproblem: Während die Nachfrage nach öffentlichem Verkehr steigt und steigt, ist der Arbeitsmarkt leer gefegt. In der Schweiz herrscht de facto Vollbeschäftigung. Immer mehr Unternehmen siedeln sich im Großraum Zürich an und buhlen um Arbeitnehmer. Längst nicht nur Programmierer oder Ingenieure, sondern auch Mechaniker, Lackierer oder Kraftfahrer können sich in und um Zürich ihren Arbeitgeber aussuchen. Was macht da ein kommunaler Betrieb, der zwar eine allseits beliebte Dienstleistung anbietet, aber vielen Bewerbern weniger attraktiv erscheint als die Privatwirtschaft? Bei den VBZ haben die Personaler die neuen Machtverhältnisse akzeptiert und eine mutige Entscheidung getroffen. Sie lautet: »Ab jetzt bewerben *wir* uns!« Seitdem wird das »Produkt Stelle« mit allen Mitteln des zeitgemäßen Marketings gepusht – frech, kreativ und ausgesprochen selbstbewusst.

Die Einstellung zum Thema Einstellung komplett geändert

Jörg Buckmann, bis Ende 2015 verantwortlich für das Personalmanagement der Verkehrsbetriebe Zürich, war in den vergangenen Jahren die treibende Kraft hinter einem Personalmarketing, das im öffentlichen Dienst seinesgleichen sucht. Der in der Fachwelt als Blogger und Buchautor bekannte Personaler hat einen Lieblingsausdruck für das, was er sich im Personalmanagement wünscht: »Frechmut«. Diese freche und mutige, eben »frechmutige« Herangehensweise sieht dann zum Beispiel so aus: In einem Jobvideo, wie sie ja heute viele Firmen drehen, heißt es: »Walter Pohlenz, Leiter Realisierung, bewirbt sich als Ihr neuer Chef.« Konsequent zieht das Video die neue Einstellung zum Thema Einstellung durch: Wir, die Chefs, bewerben uns bei dir, Arbeitnehmer. Dürfen wir für dich Chef sein? Der originelle Perspektivwechsel geht freilich nicht auf Kosten von Substanz und Informationsgehalt. Auch diese 3- bis 5-minütigen Filme erklären, wie jedes anständige Jobvideo, die Aufgaben des zukünftigen Mitarbeiters, zeigen den Arbeitsplatz und geben – getreu dem Konzept – einen ersten Eindruck vom künftigen Vorgesetzten.

Die meisten Unternehmen, die Jobvideos produzieren, nehmen darin bestimmte Berufsbilder in den Blick. Also zum Beispiel: So sieht bei uns die Ausbildung zum Bürokaufmann aus. Oder: Das sind in unserer Firma die Aufgaben eines Mechatronikers. Nicht so bei den Verkehrsbetrieben Zürich. Für jede einzelne offene Stelle wird ein individuelles Video produziert – rund 40 Mal im Jahr. Die Kandidaten sehen also genau, wer ihr zukünftiger Chef wäre, bekommen ihren tatsächlichen Arbeitsplatz gezeigt und erhalten ganz konkrete und aktuelle Informationen. Jetzt könnten Sie sagen: Der öffentliche Dienst kann's sich ja mal wieder leisten – dank der Steuerzahler. Doch Zürich ist eine Bankenstadt, und da können die Leute offensichtlich rechnen: Durch ein geschicktes Konzept der Jobvideos, das einmalig rund 50 000 Schweizer Franken gekostet hat, lässt sich jedes einzelne neue Video nun für circa 3 000 Franken produzieren. Das ist wirklich günstig. Durch den großen Erfolg der bisher fast 100 Videos können die VBZ auf Printanzeigen mittlerweile weitgehend verzichten. Unterm Strich wurde so bereits ein sechsstelliger Betrag eingespart.

Werbung machen, was das Zeug hält – und alle Wege nutzen

Die Verkehrsbetriebe Zürich setzen beim Recruiting voll auf das Internet. »Worauf denn sonst?«, meint Jörg Buckmann. Schließlich sei das Internet Alltag geworden und werde von rund 90 Prozent der Schweizer regelmäßig genutzt. Selbstverständlich laufen die Jobvideos in einem eigenen YouTube-Kanal. YouTube, XING und Facebook nutzen inzwischen zahllose Arbeitgeber. Die VBZ wollen so viele Chancen wie möglich ergreifen und präsentieren sich beispielsweise auch auf der Seite Watchado. Die in Österreich produzierte Jobvideo-Plattform stellt Menschen und ihre beruflichen Geschichten vor. Insgesamt gibt es auf der Website über 4 000 Videos, die vor allem Jugendlichen bei der Berufswahl helfen sollen. Etwa 100 Unternehmen sind mit einem eigenen Kanal dabei, so auch die Verkehrsbetriebe Zürich. Über 20 Mitarbeiter, vom Busfahrer bis zum Vize-Direktor, erzählen ihre Jobgeschichte in einem 6-minütigen Video. Immer wieder bekommen die Verkehrsbetriebe Zürich von Bewerbern das Feedback, sie seien verblüfft gewesen, dass ein Arbeitgeber im öffentlichen Dienst so einen frischen Auftritt hinlegt. Das habe sie neugierig gemacht. Was von außen frech und spontan wirkt, ist Teil einer crossmedialen Kommunikationsstrategie, die die VBZ für das Personalmarketing entwickelt haben.

Werben in fremden Branchen – das tun so manche, die mit Fachkräftemangel zu kämpfen haben. Die Verkehrsbetriebe Zürich sind eine Idee weiter: Angesichts einer extrem niedrigen Frauenquote, insbesondere bei Straßenbahnfahrern, umwerben die Herren über rund 320 Straßenbahnwagen vor allem Frauen, die bisher in anderen Berufen tätig waren. Kombiniert mit dem typischen »Frechmut« klingt das dann ungefähr so: »Die Verkehrsbetriebe Zürich suchen ambitionierte Friseurinnen.« Dass gerade Bäckerinnen, Köchinnen, Verkäuferinnen oder eben Friseurinnen angesprochen werden, ist wiederum kein Zufall. Straßenbahnfahrer arbeiten im Schichtdienst. Da ist es von Vorteil, wenn Quereinsteigerinnen bereits Erfahrung mit Arbeitszeiten abseits von »Nine to Five« haben. Ein zweiter wichtiger Aspekt ist Kundenorientierung. Straßenbahnfahrer werden sehr häufig angesprochen, nicht zuletzt von den vielen Touristen in Zürich. Wer aus dem Dienstleistungssektor kommt, muss Kundenkommunikation nicht erst erlernen. Ergebnis der zielgruppenorientierten Aktion »Tram sucht Frau«: doppelt so viele Bewerberinnen auf die Stellen in den Zürcher Straßenbahn-Cockpits – und doppelt so viele Anstellungen von Frauen wie zuvor. Ganz ohne Quote.

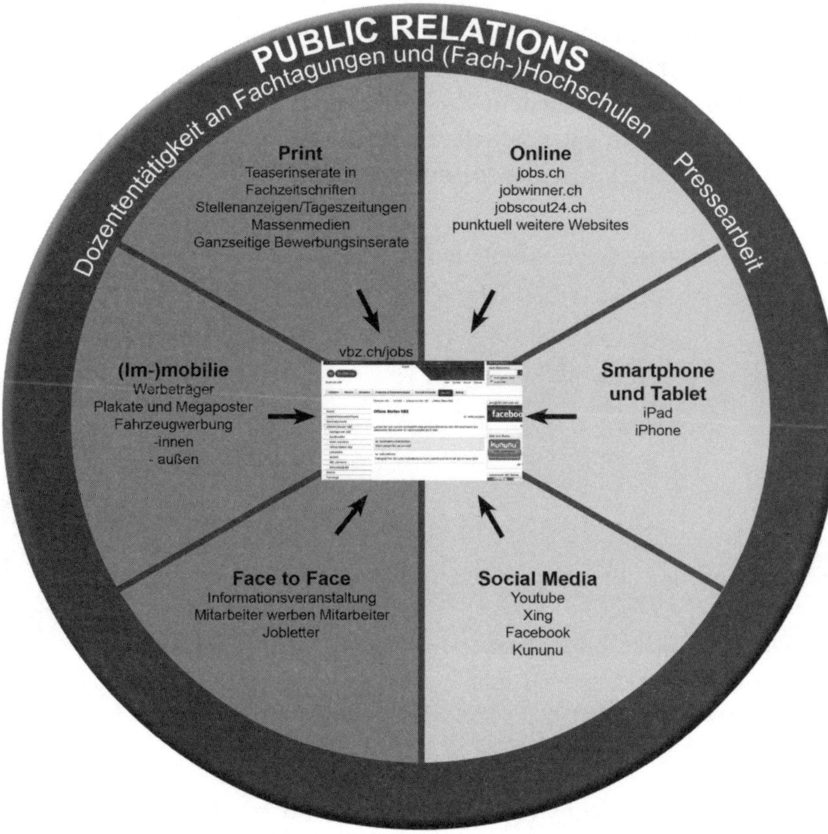

Die crossmediale Strategie der Verkehrsbetriebe Zürich für das Personalmarketing im Überblick. Digital spielt die Hauptrolle, Print wurde stark zurückgefahren. Quelle: Beck, *Personalmarketing*, 2012

Die Verkehrsbetriebe Zürich polieren ihr Image als Arbeitgeber kräftig auf

Um als kommunaler Arbeitgeber ebenso attraktiv zu wirken wie innovative Unternehmen der Privatwirtschaft, lassen sich die Verkehrsbetriebe Zürich einiges einfallen. Frisch und frech, modern und überraschend – so möchte das Traditionsunternehmen wahrgenommen werden. Dreh- und Angelpunkt sind dabei immer wieder die Mitarbeiter, die auf ganz unterschiedliche Art in Szene gesetzt werden. Da ist zum Beispiel die

Tramfahrerin Tinka, eine Comic-Figur, die zeitweise jede Woche in einer neuen Episode auf Facebook zu sehen war. Die mit viel Selbstironie zum Thema »Frauen in Männerberufen« gewürzten Geschichten dienten selbstverständlich wieder dem Ziel, Frauen den Beruf des Straßenbahnfahrers schmackhaft zu machen. Die Macher hatten erkannt: Eine gesunde Distanz zu sich selbst kommt vor allem bei jüngeren Bewerbern gut an.

Kein bloßer Trick mit Photoshop: Inspiriert von dem chinesischen Künstler Liu Bolin lässt diese Kampagne Mitarbeiter, die im Hintergrund agieren, durch geschickte Bemalung mit dem Bildhintergrund verschmelzen. Quelle: VBZ

Nicht zuletzt auch künstlerisch herausragend ist die Kampagne »Unsichtbare Talente« der Verkehrsbetriebe Zürich. Straßenbahnfahrer, Busfahrer, Ticketverkäufer, Kontrolleure – daran denkt jeder bei öffentlichem Nahverkehr. Doch fast 1 000 der rund 2 400 Mitarbeiter arbeiten hinter den Kulissen, sind also für die Kunden unsichtbar. Die Kampagne setzt diese Mitarbeiter kunstvoll in Szene: Sie sind an markanten Punkten in Zürich fotografiert und verschmelzen durch geschickte Bemalung mit dem Hintergrund. Für die Kampagne wurde sogar die eigene Domain www.unsichtbarevbztalente.ch eingerichtet. Die bemalten Mitarbeiter werden hier ausführlich vorgestellt – natürlich inklusive Jobvideos. Zugenommen hat bei den Verkehrsbetrieben Zürich vor allem die Qualität der Bewerbungen. Die Kandidaten sind viel besser informiert. In fast jedem Interview werden die Kampagnen angesprochen. Erfreulich für ein Unternehmen, dessen blau-weiße Fahrzeuge nach eigenem Bekunden »zu Zürich gehören wie die Limmat und der See«.

Was machen die Verkehrsbetriebe Zürich, um die besten Mitarbeiter zu finden und zu binden?

- Der kommunale Arbeitgeber hat eine neue Haltung entwickelt: Wir bewerben uns! Mit 3- bis 5-minütigen Videos als Herzstück ihrer Online-Stellenanzeige bewerben sich die Chefs bei den Kandidaten. Die Chefs erzählen auch etwas über ihre eigene Karriere und über sich privat.
- Jobvideos finden eine höhere Aufmerksamkeit als Stellenanzeigen. Außerdem sind Bewerber anschließend viel besser informiert.
- Die Verkehrsbetriebe Zürich produzieren Jobvideos nicht allgemein für bestimmte Berufe, sondern individuell für jede offene Stelle. So entstehen rund 40 Videos im Jahr. Durch ein kluges Konzept ist das kosteneffizient möglich.
- Internet und mobiles Internet sind die Kanäle der Wahl. Print wurde stark zurückgefahren. Die Verkehrsbetriebe Zürich zeigen auch Flagge auf weniger bekannten, aber innovativen Seiten, wie zum Beispiel Watchado.
- Facebook ist für die Zürcher ein wichtiger Kanal, um mit ihren Zielgruppen in einen Dialog zu treten und mit vielen kleinen Geschichten über die VBZ-Berufswelt ihr Markenprofil zu schärfen.
- Auf www.24stundenvbz.ch gewähren 24 VBZ-Mitarbeiter eine Stunde Einblick in ihren Alltag. Sie machen den Alltag in einer »Rund-um-die-Uhr-Unternehmung« erlebbar. Storytelling pur.
- Insbesondere Frauen sollen gewonnen werden. Dabei suchen die Verkehrsbetriebe Zürich in fremden Branchen, in denen ungewöhnliche Arbeitszeiten und Kundenorientierung normal sind.
- Auffällige Werbekampagnen – mal witzig, mal künstlerisch anspruchsvoll – rücken die Mitarbeiter in den Mittelpunkt und machen neugierig auf die Berufsbilder bei den Verkehrsbetrieben Zürich.
- Die VBZ setzen in der Personalwerbung auf Transparenz und viele Informationen. Als erstes Unternehmen der Schweiz kommunizieren sie in ihren Stelleninseraten immer auch den Lohn.

In unserer Online-Mediathek zum Buch unter www.geheimnis-der-champions.de/mediathek finden Sie eine Fülle von kostenlosen Zusatzangeboten: Formulare und Vorlagen, Videos, Artikel, Buchtipps und mehr!

Pflegefall Yahoo: Schafft unorthodoxes Personalmanagement die Wende?

Unternehmen: Yahoo! Inc.
Hauptsitz: Sunnyvale, Kalifornien, USA
Branche: Internetdienstleistung (Webportal)
Umsatz: 4,60 Mrd. US-Dollar
Website: www.yahoo.com
Gründungsjahr: 1995
Anzahl der Mitarbeiter: 13 500

Eine der verrücktesten Geschichten über Marissa Mayer handelt davon, wie die Chefin des Internetunternehmens Yahoo ihren Mitarbeitern bei der wöchentlichen Betriebsversammlung aus einem Kinderbuch vorliest. Es ist November 2013. Seit die langjährige Google-Managerin im Jahr zuvor den Chefsessel bei Yahoo übernommen hat, gibt es jede Woche eine Versammlung in der Kantine namens »URL's Café«. (Der turnhallengroße Raum wirkt weniger wie ein Café als wie die Mensa einer größeren Uni, bietet kostenloses Essen und wird von den Mitarbeitern wie »*Earl's* Café« ausgesprochen, also »Café der Grafen«.) Hier setzt sich die Chefin also aufs Podium, umringt von hunderten Mitarbeitern. Wie es sich für ein Technologieunternehmen gehört, kann die Veranstaltung von allen, die gerade nicht in »URL's Café« kommen können, live am Computerbildschirm verfolgt werden. Sichtbar und unsichtbar sind tausende Augenpaare auf die 1975 geborene Managerin gerichtet. Die Atmosphäre ist angespannt. Viele Mitarbeiter sind sauer, weil Marissa Mayer im Frühjahr ein rigides System der Leistungsbewertung eingeführt hat. Wird es heute zu dem heiklen Thema Neues geben?

Statt wie von allen erwartet ein kurzes Statement abzugeben und dann die Fragerunde zu eröffnen, holt Marissa Mayer ein Kinderbuch aus ih-

Taumelnder Pionier der Internetwirtschaft: Zentrale von Yahoo im Silicon Valley.
Quelle: Yahoo

rer Tasche: *Bobby Had a Nickel*, ein Klassiker, der erstmals 1946 erschien. Ein »Nickel« ist eine 5-Cent-Münze, für die Kinder sich damals noch etwas kaufen konnten. Marissa Mayer öffnet kommentarlos dieses Buch und beginnt, ihren Mitarbeitern vorzulesen: »Der kleine Bobby hatte einen Nickel ganz für sich. Sollte er Süßigkeiten oder ein Eis kaufen?« Marissa Mayer hält das Buch in die Höhe, damit die Mitarbeiter die Illustration sehen können. »Sollte er Kaugummi kaufen oder ein Holzschiffchen?« Sie zeigt die nächste Illustration. »Vielleicht wäre auch ein kleiner Spielzeuglaster das Beste?« Dazu wieder eine Illustration. Die Anwesenden in der Kantine schauen einander ratlos an. In den Büros starren Mitarbeiter mit heruntergeklappter Kinnlade auf die Liveübertragung. Was macht die Mayer da?

»Bobby saß da und überlegte, Bobby saß da und dachte nach«, liest die Chefin unbeirrt weiter. »Was war das Tollste, was man für einen Nickel kaufen konnte?« Jetzt überblättert Marissa Mayer ein paar Seiten mit Möglichkeiten für Bobby, sein Geldstück auszugeben. »Er könnte ein Windrädchen kaufen«, fährt sie dann fort, »oder eine Schachtel Buntstifte.« Die Anspannung im Raum ist kaum noch zu ertragen. Doch Marissa Mayer zieht das jetzt durch. »Als Bobby weiter nachdachte, hatte er eine kluge Idee«, liest sie vor und erreicht endlich die letzte Doppelseite des Kinderbuchs. »Er gab seinen Nickel so aus …« Sie hält die letzte Illustration in die Höhe. Sie zeigt einen kleinen Jungen, der eine Runde Karussell fährt. So gut wie niemand im Raum kann das Bild erkennen. Es herrscht Grabesstille.

Ist die Chefin von Yahoo bekloppt – oder genial?

Sie kennen jetzt das, was über die Lesestunde von Marissa Mayer einigermaßen verbürgt ist. Die Interpretationen dieses Auftritts fallen unterschiedlich aus. Nach einer Deutung seien die Fragen der Mitarbeiter zum Thema Leistungsbewertung in dieser Betriebsversammlung so kritisch gewesen, dass Marissa Mayer in Verlegenheit kam. Sie habe die Antworten aufgeschoben und in ihrer Verzweiflung angefangen, aus einem Kinderbuch vorzulesen. Auch wenn unter anderem die angesehene Tageszeitung *Die Welt* sich an der Verbreitung dieser Version beteiligt hat, scheint sie uns dennoch wenig glaubwürdig. Das wäre der Offenbarungseid einer Topmanagerin gewesen. Und es würde überhaupt nicht zu der Informatikerin passen, die über zehn Jahre lang »Erste Technologin« bei Google war, in dieser Zeit »Google News« erfand und vom US-Magazin *Newsweek* zu den »10 einflussreichsten Vordenkern der Technologiebranche« gezählt wird.

Eine zweite Version der Geschichte dreht den Spieß um. Danach war Marissa Mayer dermaßen genervt von den Woche für Woche gleich dummen Fragen der Mitarbeiter, dass sie ihnen eine Geschichte vorlas, über die diese einmal nachdenken sollten. Knifflige Denksportaufgaben lösen zu müssen ist schließlich Standard in den Einstellungsverfahren im Silicon Valley – und vielleicht würden die Mitarbeiter ja auch dahinterkommen, was die Chefin mit dieser Geschichte sagen wollte. War *Bobby Had a Nickel* also wie ein biblisches Gleichnis zu interpretieren, als eine Parabel, eine Analogie? Die Spekulationen schossen ins Kraut. Okay, Bobby gibt seine fünf Cent für ein schönes Erlebnis aus statt für irgendetwas, das man anfassen kann. Wie war das zu verstehen in einem ins Schlingern geratenen Unternehmen, über das gerade spekuliert wurde, es sei an der Börse bald nichts mehr wert?

Einige behaupten, Marissa Mayer hätte sagen wollen, dass sie trotz aller Probleme bei Yahoo eine gute Zeit habe und die Mitarbeiter sich daran ein Beispiel nehmen könnten. Motto: Wir fahren hier Karussell, aber lasst uns dabei Spaß haben. Auch bei dieser Interpretation ist die Frage, ob das wirklich zu Marissa Mayer passt. Eine schöne Zeit hätte sie noch jahrelang bei Google haben können. Hatte sie nicht den Ehrgeiz, es Steve Jobs gleichzutun? Wollte sie nicht, wie es einst Apple schaffte, für das Comeback eines sinkenden Sterns der Technologiebranche sorgen und damit in die Wirtschaftsgeschichte eingehen? Vielleicht wollte Marissa Mayer den Mitarbeitern ja auch ein Gleichnis über das bedrohte Geschäftsmodell von Yahoo erzählen: Du kannst alles Mögliche verkaufen, solltest am Ende aber nicht vergessen, dem Kunden eine einzigartige Erfahrung zu bieten. Marissa Mayer war angetreten, aus Yahoo wieder eine Marke mit Coolness-Faktor zu machen. Der Wow-Effekt sollte zurück. War der kleine Bobby nicht auch auf der Suche nach dem größten Wow-Effekt? Nun, was auch immer gemeint war, die Mitarbeiter schienen es nicht verstanden zu haben. Spricht das gegen Marissa Mayer? Oder hat sie die falschen Mitarbeiter? Schauen wir uns Yahoo genauer an.

Warum Spitzentalente heute zweimal überlegen, ob sie zu Yahoo gehen

David Filo und Jerry Yang, zwei Doktoranden der Standford-Universität, stellten 1994 unter dem Namen »Jerry and David's Guide to the World Wide Web« ihre Lesezeichensammlung kostenlos ins Internet. Das Verzeichnis von Webadressen war so gut, dass es im Herbst bereits eine Million Anfragen und 100 000 Nutzer gab. Daraufhin gründeten David Filo und Jerry Yang das Unternehmen Yahoo. Im Jahr 1995 wurde Yahoo in eine Aktiengesellschaft umgewandelt, ein Jahr später erfolgte der Börsengang. Fast alle neuen Angebote im WWW waren kostenlos. Erst einmal kostenlos, glaubten viele Unternehmen. Doch die Verbraucher gewöhnten sich an die Gratiswelt im Netz. Trotzdem mussten Yahoo und andere Start-ups Geld verdienen. Yahoo darf als Erfinder der Online-Werbung gelten. Das »Telefonbuch fürs Internet« war kostenlos, doch dazwischen gab es jede Menge Werbung. Hunderte Millionen Dollar sprudelten in die Kasse. Das ermöglichte es, eigene Redaktionen und Dienste aufzubauen: Yahoo-Wetter, Yahoo-Nachrichten, Yahoo-E-Mail und so weiter.

Im September 1998 gingen Larry Page und Sergey Brin mit ihren Killer-Algorithmen auf den Markt der Suchdienste. Die Suchmaschine Google war geboren – und die Suchtreffer waren sensationell gut. Warum sich noch mühsam durch Yahoo klicken, wenn man in eine einzige Zeile eingeben kann, wonach man sucht? Und es fast unter Garantie findet? Bis heute ist Google immer perfekter geworden. Kein Mensch braucht mehr ein Internetverzeichnis. Das ursprüngliche Geschäftsmodell von Yahoo hat sich vollkommen erübrigt. Doch was macht man, wenn man eigentlich nicht mehr gebraucht wird, aber tausende Mitarbeiter und riesige Cash-Reserven hat? Richtig: Man macht irgendwie trotzdem weiter. Yahoo macht das mit Nachrichten, einem E-Mail-Dienst, der Fotocommunity Flickr und noch vielen anderen netten Dingen. Doch reicht das, um auf Dauer genug Geld zu verdienen? Reicht das, um innovativ zu bleiben? Reicht das, um dieselben hochkarätigen Talente anzuziehen wie Google, Apple oder Facebook?

Hat Marissa Mayer bei Yahoo überhaupt eine Chance?

Sommer 2012. Ein Raunen geht durch die Technologiebranche. Das deutsche Magazin *Der Spiegel* schrieb: »Bei Google war Marissa Mayer als Spitzenkraft nicht mehr allzu gefragt, nun hat sie die schwerste Auf-

Wechselte 2012 von Google zu Yahoo: Die Hoffnungsträgerin Marissa Mayer soll den angeschlagenen Internetpionier retten. Quelle: Yahoo

gabe übernommen, die das Silicon Valley zu vergeben hat: den angestaubten Netzgiganten Yahoo auf den richtigen Kurs zu bringen.« Bei Yahoo wurde sie mit Postern empfangen, die ihr Konterfei zeigten und darunter das Wort »Hope«. Es war eine exakte Nachbildung des legendären ersten Wahlkampfplakats von Barack Obama. Innerhalb von zwei Jahren als CEO von Yahoo killte Marissa Mayer Dutzende Angebote und setzt andere komplett neu auf. Sie kaufte 41 Start-ups und holte Top-Leute für Millionengehälter ins Managementteam. Sie gewann Microsoft und Firefox als strategische Partner und versuchte, eine Allianz gegen Google zu schmieden. Trotzdem musste Marissa Mayer zwei Jahre nach ihrem Amtsantritt die schlechtesten Quartalszahlen seit einem Jahrzehnt verkünden.

Nochmal ein großes Rad drehen oder die Reste auspressen?

Das Silicon Valley ist mittlerweile gepflastert mit Unternehmen, deren Geschäftsmodell nicht mehr up-to-date ist, die sich nicht mehr weiterentwickeln und die dennoch aus ihren in der Vergangenheit geschaffenen Werten noch etwas Honig saugen. Die mittlerweile unbedeutende und fast unbekannte Suchmaschine Ask.com zum Beispiel macht zwar keine Innovationen mehr, setzt aber immer noch 400 Millionen US-Dollar im Jahr um. Wird Yahoo in diese Liga abrutschen? Oder glaubt Marissa Mayer, mit dem Internetpionier noch mal ein großes Rad drehen zu können? Unbeirrt sagte sie im firmeneigenen Web-TV: »Wir glauben fest an das zukünftige Potenzial von Yahoo und an die Transformation, die wir verfolgen, um diese ikonenhafte Firma zurück zu alter Größe zu führen.« Ein wesentlicher Baustein dafür soll eine Strategie für das mobile Internet sein. Allerdings beschäftigten sich beim Amtsantritt von Marissa Mayer gerade einmal 60 von 11 500 Mitarbeitern mit dem Thema mobile Anwendungen.

Yahoo hat aktuell zwei Hauptprobleme. Das erste: Während man über die Jahre das Angebot immer breiter gemacht hat, haben sich andere Silicon-Valley-Companys immer stärker spezialisiert. Yahoo ist heute nirgendwo Marktführer, konkurriert aber überall mit spezialisierten Marktführern. Das zweite Problem sind die vielen redaktionellen Inhalte. Yahoo begrüßt seine Nutzer heute als Nachrichtenseite. Doch mit Inhalten lässt sich im Internet nur wenig Geld verdienen. Die Zeitungen schaffen es kaum, und Yahoo hat auch kein Geheimrezept. Mehr und mehr wandern die großen Werbebudgets zu den heute angesagten Internetadressen wie Facebook oder Instagram. Ob es Yahoo noch gibt, wenn dieses Buch gedruckt ist, darauf wollen wir keine Wetten abschließen.

Sind drakonische und unorthodoxe Methoden in der Krise okay?

Soweit die Probleme von Yahoo. Wie geht Marissa Mayer damit um? Zunächst einmal sollte man wissen: Schon bei Google hat die Topmanagerin erkannt, dass die Zukunft eines Unternehmens einzig und allein von den Mitarbeitern abhängt. Marissa Mayer galt und gilt als »Talentscout auf dem Chefsessel«. Sie holt nicht nur High Potentials ins Unternehmen, sondern stellt ihnen auch persönlich Aufgaben, an denen sie wachsen können. Zehn ehemalige Trainees von Google schleuste sie zu Yahoo, neun davon persönlich. Beim zehnten entschuldigte sie sich später dafür, ihn per E-Mail und nicht persönlich rekrutiert zu haben. Das sei allein dem Umstand geschuldet gewesen, dass sie wenige Stunden zuvor ihr erstes Kind zur Welt gebracht habe. Zu den bestehenden Mitarbeitern bei Yahoo war sie nicht immer so höflich. In ihren Augen hatten die es vermasselt. Sie hatten das Schiff Yahoo sehenden Auges auf eine Sandbank laufen lassen. Dafür kehrte Marissa Mayer bei Yahoo mit eisernem Besen.

Die Managerin räumte mit aller Härte und Konsequenz auf. Als Erstes pfiff sie sämtliche Mitarbeiter aus ihren Home Offices zurück in die Zentrale. Ausnahmslos und per sofort. Ein beispielloser Schritt. An den Schreibtischen in den Wohnstuben herrschte nämlich Kindergeburtstag: Leute standen mit sechsstelligen Jahresgehältern auf der Gehaltsliste von Yahoo und dachten gar nicht daran, für das Internetunternehmen zu arbeiten. Stattdessen gründeten sie während der Arbeitszeit eigene Startups, programmierten heimlich für die Konkurrenz oder gingen ihren Hobbys nach. Unter Marissa Mayer hatten alle ab sofort wieder morgens pünktlich zur Arbeit zu erscheinen. Und zwar an der 1st Avenue 701, Sunnyvale, Kalifornien. Ein Tabubruch in Zeiten großzügiger Home-Office-Regelungen. Marissa Mayer scheute jedoch auch vor zwei weiteren Tabubrüchen nicht zurück: Erstens betrieb sie Mikromanagement. Sie mischte sich persönlich in Details ein, statt die Dinge laufen zu lassen.

Zweitens führte sie ein »Forced Ranking« ein. Also Mitarbeiterbewertung mit festen Quoten.

Alle Mann zurück an Bord, das Schiff kentert!

Der große Hype um das Home Office ist zwar schon wieder vorbei, doch sind sich fast alle modernen Personaler einig, dass Home-Office-Lösungen ein kaum mehr wegzudenkender Baustein im modernen Personalmanagement sind. Nicht für alle und nicht unbedingt täglich, aber für jeden Wissensarbeiter als Option. Elke Frank und Thorsten Hübschen, beide bei Microsoft Deutschland, schreiben in ihrem Buch *Out of Office. Warum wir die Arbeit neu erfinden müssen:* »Flexibles Arbeiten heißt: Jeder, wie er will und kann, mit klaren Zielen. [...] Wer zu Hause besser arbeitet, kann es zu Hause machen, wer gerne ins Büro fährt, kann auch das machen. Für die meisten wird es ein Mix sein, man kann es eben nicht schwarz-weiß sehen.« Da werden die meisten Personaler jetzt wahrscheinlich zustimmend nicken. Marissa Mayer ist dieser neue Konsens egal. Sie ließ ihre Personalchefin per Rundmail ausrichten, dass sämtliche Mitarbeiter im Home-Office drei Monate Zeit hätten, um in die Zentrale zurückzukehren. Wörtlich hieß es in dem Schreiben: »Bei Yahoo zu sein, das ist nicht nur ein Job, den man von Tag zu Tag erledigt, es geht um eine Zusammenarbeit, die nur in unseren Büros möglich ist.« Wem das nicht passe, der solle gehen.

»Mit der Peitsche zurück ins Büro«, titelte daraufhin die *Süddeutsche Zeitung*, und auch anderswo fielen die Reaktionen harsch aus. Wir finden, das sollte differenziert betrachtet werden. In welcher Situation befand sich Yahoo? Von »Vertrauensarbeitszeit« konnte keine Rede mehr sein, eher von missbrauchtem Vertrauen. Es gab Mitarbeiter im Home-Office, die sich fünf oder sogar zehn Tage nicht in das Firmennetzwerk eingeloggt hatten. Einige waren nur noch mit ihren eigenen Firmen beschäftigt. Trotzdem strichen sie weiter das Gehalt von Yahoo ein. Und hat die neue Anwesenheitspflicht junge Talente verschreckt? Im Gegenteil: In der kurzen Zeit, in der Marissa Mayer bei Yahoo bestimmt, hat sie bereits 1000 neue Ingenieure eingestellt und noch einmal 50 Spezialisten mit Doktortitel. Yahoo hatte 17000 Bewerber in nur drei Monaten nach dem Antritt von Marissa Mayer. Hier ist noch etwas wichtig zu sehen: Marissa Mayer ging es nicht nur um Vertrauen oder Misstrauen. Sie wollte Team-Spirit schaffen, den Leuten wieder einen Sinn vermitteln. Der war offensichtlich völlig abhandengekommen. Deshalb auch die wöchentlichen Vollversammlungen in der Kantine. Wir finden: Marissa Mayer hat unkonventionell gehandelt, aber in dieser Situation wahrscheinlich völlig richtig.

Wenn die Chefin mal eben die Website umprogrammiert

Extrem umstritten ist das tatsächliche oder vermeintliche Mikromanagement von Marissa Mayer. Es heißt ja heute immer: Du musst deinen Mitarbeitern maximale Freiheit geben, du darfst dich nicht einmischen, wo andere Experten sind, und du sollst nichts entscheiden, ohne dich mit allen beraten und ihre Meinung gehört zu haben. Für A-Mitarbeiter auf Erfolgskurs ist das auch alles richtig. Aber hier ging es um die Rettung eines von C-Mitarbeitern an den Rand des Ruins gebrachten Unternehmens. Schon an ihrem ersten Arbeitstag verschaffte sich Marissa Mayer Zugang zum Quellcode der Website und begann, Dinge umzuprogrammieren. Kein Problem für eine Informatikerin, die sich neben ihrem Job als CEO noch Zeit nimmt, an der Stanford-Universität Programmieren zu lehren. Im Wunsch, jedes Detail zu bestimmen, erinnert sie an den dafür einst berüchtigten Steve Jobs. Einmal entschied sie kurzfristig, dass eine neue mobile App blau statt violett zu sein hatte. Daraufhin arbeiteten die Programmierer die ganze Nacht, um jedes Detail der Anwendung mit einem anderen Farbcode zu versehen. Natürlich ist Mikromanagement für CEOs im Prinzip keine gute Idee. Aber auch hier muss man die Situation sehen. Was ist, wenn im Unternehmen alle nur noch vor sich hin wursteln? Und dann kommt jemand wie Marissa Mayer, die eine Vision hat. Soll sie sich zurückhalten? Oder soll sie – auch angesichts dramatischer Zahlen – einfach mal die richtigen Dinge anstoßen? Wie würden Sie entscheiden?

»Forced Ranking« macht den Mitarbeitern Druck

Wenn Sie das Kapitel über General Electric gelesen haben, dann wissen Sie, dass wir Autoren die Mitarbeiterbewertung nach der »ABC-Strategie« empfehlen, von starren Quoten für A-, B- und C-Mitarbeiter nach dem Modell eines »Forced Ranking« jedoch nicht viel halten. Das heißt, unter normalen Umständen und auf die Dauer halten wir wenig davon. Schauen wir uns die Situation bei Yahoo an. Während Mitarbeiterbeurteilungen hier früher jährlich durchgeführt werden, bestand Marissa Mayer auf einer Beurteilung pro Quartal. Und sie wollte unbedingt ein »Forced Ranking«. Es musste also jedes Quartal eine bestimmte Anzahl von Mitarbeitern gehen. Marissa Mayer legte die Quote auf fünf Prozent fest. Bereits in ihrem ersten Jahr mussten 600 Mitarbeiter ihren Hut nehmen. Bei Yahoo heißt das Ranking »Quarterly Performance Review« (QPR) und sieht fünf Leistungskategorien mit festen Quoten für jede Abteilung vor:

- 10 Prozent im hohen Maße überragend
- 25 Prozent übersteigen das Geforderte
- 50 Prozent erreichen ihre Zielvorgaben
- 10 Prozent versäumen gelegentlich Ziele
- 5 Prozent versäumen die Ziele

Eine Weile kann man das so oder ähnlich machen. Jack Welch hat es bei General Electric auch gemacht. Nur wenn das über Jahre so betrieben wird und immer die letzten Prozent weggeschnitten werden, dann schneidet man irgendwann in den A-Bereich rein. Das kann nicht mehr Sinn der Sache sein, ja, das wäre kontraproduktiv. Was wir auch kritisch sehen, ist eine vierteljährliche Bewertung. Der Aufwand ist doch sehr groß, und innerhalb eines Vierteljahres verändert sich auch nicht so viel. Eine jährliche Beurteilung hat sich in unseren Augen bewährt. Abgesehen davon: Wenn klar ist, dass man schrumpfen muss, und ebenso klar ist, dass es viele Minderleister im Unternehmen gibt – und das war bei Yahoo glasklar –, warum dann nicht für eine gewisse Zeit ein Forced Ranking? Wenn schon Leute gehen müssen, dann ist es nur gerecht, wenn die Minderleister gehen und nicht A-Mitarbeiter, die für die Firma alles geben würden.

Minderleister sollen gehen – oh, oh, das gibt Ärger!

So sehr wir Autoren ja zustimmen, dass »Forced Ranking« keine Dauerlösung sein kann, so sehr haben wir uns über die deutschen Reaktionen auf die Personalpolitik von Marissa Mayer gewundert. Man konnte fast meinen, C-Mitarbeiter zu identifizieren und sich von ihnen zu trennen, sei ein Verbrechen. Einige behaupteten, wer sich von einem C-Mitarbeiter trenne, schaffe schlechte Stimmung. Schlechte Stimmung aber sei kontraproduktiv für das Geschäft. Unsere Prämisse lautet ganz anders: Wenn Sie sich von einem C-Mitarbeiter trennen, haben Sie das einzig Richtige getan. Die Leistungsträger im Unternehmen atmen auf und geben wieder Gas. Leistung spielt im deutschen Arbeitsrecht jedoch kaum eine Rolle. Dieser Tage wurde in Deutschland einem Außendienstler gekündigt, der in 18 Monaten keinen einzigen Vertrag an Land gezogen hatte. Das Bundesarbeitsgericht sah die Kündigung allerdings als Ausnahme. Arbeitnehmer schulden grundsätzlich keinen Erfolg ihrer Tätigkeit, sondern das, was in der Sprache der Arbeitszeugnisse die Note 6 umschreibt: »sich bemühen« im Rahmen der eigenen Fähigkeiten.

Wolfgang Grupp, Chef von Trigema mit 1200 Mitarbeitern im Textilbereich, sagt: Von solchen Methoden wie bei Yahoo halte er nichts, weil sie langfristig negative Konsequenzen für die Unternehmen haben müssten, die diese anwenden. Was Herr Grupp möglicherweise nicht weiß: General Electric als Erfinder dieser Methode erfreut sich bester Gesundheit. Dem Unternehmen geht es seit Jahrzehnten blendend. Der deutsche Managementexperte Reinhard Sprenger fuhr in einer Kolumne für die *Wirtschaftswoche* besonders scharfe Geschütze auf: Marissa Mayer sei »eine begnadete Selbstdarstellerin«, der »jedes Marketingmittel« recht sei, »um den Kampf um Aufmerksamkeit gegen mächtige Wettbewerber zu gewinnen«. Ihre »Minderleisterquote« sei »totalitär und dümmlich«. Sprenger war sich dann nicht einmal zu schade, den Vergleich mit Hitler, Stalin und Mao zu bemühen. Zum Schluss sendete er vergiftete Wünsche in Richtung Kalifornien: »Bleibt zu hoffen, dass Frau Mayer Yahoo mit Karacho an die Wand fährt.«

Yahoo zählt(e) zu den Besten – auch wenn Marissa Mayer scheitern sollte

Jeder Unternehmer weiß, dass ein Unternehmen immer in eine Krise geraten kann. Zum Beispiel, weil der Markt sich durch disruptive Technologien völlig verändert. IBM hat das erlebt, Apple hat das erlebt, SAP hat das erlebt. In einer Krisensituation ist die Frage: Halte ich an einem Personalmanagement fest, das in Schönwetterperioden funktioniert? Fahre ich weiter das Wohlfühlprogramm und lasse ich die Mitarbeiter machen, auch wenn sie ihre Freiheiten schamlos ausgenutzt haben? Oder beweise ich Mut zu unorthodoxen Maßnahmen? Mut, meine Mitarbeiter auch einmal vor den Kopf zu stoßen oder ihnen Rätsel aufzugeben, damit sie ins Nachdenken kommen? Mut, unpopuläre Einschnitte durchzusetzen? Mut, Minderleistern zu zeigen, wo die Tür ist? Marissa Mayer hat großen Mut bewiesen. So wie Jack Welch damals auch. Wir wünschen ihr, dass sie den Turnaround schafft. Eine Erfolgsgarantie gibt es im Business nirgendwo. Zum Geheimnis der Champions gehört, dass Champions niemals aufgeben.

Was macht Yahoo, um die besten Mitarbeiter zu finden und zu binden?

- Yahoo ist ein angeschlagener Internetpionier, der ums Überleben kämpft. In dieser Situation gelingt es CEO Marissa Mayer dennoch, die besten Mitarbeiter zu halten und sogar noch neue Top-Talente zu gewinnen. Ihr Rezept: mutig sein und gegen den Strom schwimmen.
- Marissa Mayer ist überzeugt, dass es entscheidend ist, die besten, ja die allerbesten Mitarbeiter zu beschäftigen. Sie fordern heraus, und sie bringen Wachstum und Innovation. Sie sagt: »Weil ich mit den Besten unterwegs sein wollte, habe ich damals bei Google angefangen.« (Bei Google war sie Cheftechnologin.)
- Kaum im Amt, zog Marissa Mayer die Notbremse und hat alle Mitarbeiter aus den Home Offices zurückgeholt. Denn bei einigen Mitarbeitern galt das Motto: So wenig arbeiten wie möglich!
- Yahoo zeigt: In der Krise kann es wichtig sein, enger zusammenzurücken, um sich wieder auf gemeinsame Ziele einzuschwören. Ist der Turnaround geschafft, können A-Mitarbeiter dann auch wieder zurück ins Home Office.
- Zum Zusammenrücken in der Krise zählt bei Yahoo auch eine wöchentliche Betriebsversammlung in der Kantine, die Marissa Mayer eingeführt hat. Sie wird live auch an alle Arbeitsplätze übertragen. Die Chefin redet den Mitarbeitern hier nicht nach dem Mund, sondern schockiert sie auch schon mal.
- Marissa Mayer betreibt hin und wieder Mikromanagement. Doch anscheinend weiß sie genau, was sie da tut. Ähnlich wie einst Steve Jobs bei Apple setzt sie Mitarbeiter unter Druck, bei der Produktentwicklung ihr Bestes zu geben. Das gelingt ihr besonders gut, weil sie sich als Informatikerin überall auskennt und selbst programmieren kann.

- Während Mitarbeiterbeurteilungen früher jährlich durchgeführt wurden, besteht Marissa Mayer auf einer Beurteilung pro Quartal. Ganz im Sinne von Jack Welch müssen jedes Mal Mitarbeiter gehen.
- Yahoo hat Speck angesetzt und muss Leute entlassen. Doch die Leistung soll entscheiden, wer bleibt und wer geht, nicht irgendwelche Sozialpunkte wie in Deutschland. Im Silicon Valley gibt es mehr als genug Jobs. Niemand wird in die Armut entlassen.

In unserer Online-Mediathek zum Buch unter www.geheimnis-der-champions.de/mediathek finden Sie eine Fülle von kostenlosen Zusatzangeboten: Formulare und Vorlagen, Videos, Artikel, Buchtipps und mehr!

Regelbrecher Semco: Mitarbeiter wie erwachsene Menschen behandeln

Unternehmen: Semco Partners (seit 2012)
Hauptsitz: Itaim Bibi, São Paulo, Brasilien
Branche: Maschinenbau, Dienstleistungen, Portfoliomanagement
Umsatz: 240 Mio. US-Dollar
Website: www.semco.com.br
Gründungsjahr: 1953
Anzahl der Mitarbeiter: 3 000

Alles begann mit Curt Semler. 1953 war der Österreicher im Alter von 39 Jahren nach Brasilien gekommen. Im selben Jahr gründete er Semco und belieferte 25 Jahre lang Werften mit Pumpen für Schiffe. Er war ein disziplinierter und hart arbeitender Mann. Ganz anders sein Sohn Ricardo. Im Jahr 1979 war er 20 Jahre alt, zog mit seiner Gitarre durch die Kneipen und ließ sein Jurastudium schleifen. Der Vater holte ihn trotzdem in die Firma, denn er war verzweifelt. Die Werftindustrie war im Niedergang begriffen und Semco mit inzwischen über 1 000 Mitarbeitern beinahe pleite. Vater und Sohn stritten sich die meiste Zeit. Schließlich drohte der junge Ricardo damit, die Firma wieder zu verlassen. Um seinen Sohn nicht zu verlieren, gab der Vater nach. Er reiste nach Europa in den Urlaub und verabschiedete sich mit den Worten: »Mach mit der Firma, was du willst!« Ricardo Semler nahm das wörtlich. Bereits am Tag darauf feuerte er mehr als die Hälfte der Manager. Alle, die noch an eine Zukunft der Werften glaubten und keine Veränderungen wollten, mussten gehen. Der Verlust an Know-how war riesig. Ricardo Semler kämpfte jetzt um das Überleben der Firma. Lange Arbeitstage, inklusive der Wochenenden, waren für ihn keine Seltenheit. Fünf Jahre später war er gesundheitlich am Ende und wurde ins Krankenhaus eingeliefert. Dort kam ihm die Idee, sich als Chef komplett überflüssig zu machen. Er führte ein radikal demokratisches System ein und gab den Mitarbeitern alle Macht und alle Freiheiten. Es funktionierte! Aus 1000 wurden 3000 Mitarbeiter. Der Umsatz stieg zwischen 1982 und 2006 von 4 Mio. auf 240 Mio. US-Dollar.

Das »Semco-System« – hoch gepriesen, doch bisher kaum kopiert

Es ist still geworden um Ricardo Semler. Jedenfalls gemessen an der Aufregung um dessen revolutionäre Führungsprinzipien, die vor gut 20 Jahren herrschte. Ricardo Semler hat viele nationale und internationale Auszeichnungen gewonnen. Sein Buch über die Methoden von Semco ist das meistverkaufte Sachbuch in der Geschichte Brasiliens und wurde in 23 Sprachen übersetzt. Es erschien 1993 auf Deutsch unter dem Titel *Das Semco System*. In seiner reinen Form hat dieses System dennoch kaum Nachahmer gefunden. Nur bei Semco selbst scheint es dauerhaft Erfolg gehabt zu haben. Ist es für andere zu radikal? Oder war es bloß eine Antwort auf »brasilianische Verhältnisse« – mit Hyperinflation, Rechtsunsicherheit und ausufernder Korruption? Obwohl Ricardo Semler nicht nur fließend Englisch, sondern auch tadelloses Deutsch spricht, war und ist von ihm hierzulande wenig zu hören. Immerhin scheint er zufrieden. Er hat alle seine Ziele erreicht und sich tatsächlich als Chef überflüssig gemacht. In internationalen Managementkreisen gilt er als Guru.

Das Erfolgsrezept von Ricardo Semler ist im Kern denkbar einfach: Behandle deine Mitarbeiter wie Erwachsene, dann verhalten sie sich auch so. Je mehr Freiheiten du ihnen gibst, desto produktiver, zufriedener und innovativer werden sie. Die Mitarbeiter wählen ihre Vorgesetzten demokratisch und bestimmen selbst ihre Arbeitszeiten und Gehälter. Es gibt keine Personalabteilung und so gut wie keine Hierarchie. Gehälter und Bilanzen sind für alle einsehbar, die E-Mails dafür strikt privat. Wie viel Geld die Mitarbeiter für Geschäftsreisen oder ihre Computer ausgeben, ist ihnen selbst überlassen. Es wird strikt getrennt zwischen Arbeitsplatz und Privatleben. Deshalb sind firmeneigene Küchen, Swimmingpools, Fitnessräume und ähnliche Goodies im Stil des Silicon Valley verpönt. Die Büroeinrichtungen sind spartanisch. Zwei Mal im Jahr wird ausgemistet, die Firma macht für einen Nachmittag dicht und wirft zum Beispiel

In der pulsierenden Millionenmetropole São Paulo befindet sich der Firmensitz eines der ungewöhnlichsten Unternehmen der Welt. Quelle: Nicolas de Camaret

überflüssige Akten weg. Sekretärinnen oder persönliche Assistenten gibt es nicht. Wer einen Kaffee haben will, bereitet ihn sich selbst zu und wäscht danach auch das Geschirr ab. E-Mails und Briefe werden selbst getippt, Kopien selbst erstellt und Besucher selbst abgeholt.

Gemeinsamkeit und Selbstbestimmung statt üblichem Personalmanagement

Wird ein neuer Mitarbeiter gesucht, dann diskutieren alle gemeinschaftlich, was er können muss. Gemeinsam wird dann eine Anzeige geschrieben, und sobald die Bewerbungen kommen, werden sie im Team aufgeteilt: Jeder, der möchte, nimmt einfach ein paar mit nach Hause und bringt die interessantesten Bewerbungsunterlagen später wieder mit. Statt Vorstellungsgesprächen gibt es ein Gruppengespräch mit allen Kandidaten gleichzeitig – auch hier darf kommen, wer will. Soll jemand befördert werden, kann der Kandidat befragt werden, um die Sinnhaftigkeit einer Beförderung zu beurteilen. Zweimal im Jahr wird jeder Mitarbeiter gebeten, in einem Fragebogen zu notieren: »Was denkst du über deinen Vorgesetzten?« Die einzigen Mitarbeiter, die regelmäßig formal bewertet werden, sind also jene in Entscheidungspositionen. Sollte einer dieser Manager immer wieder schlechte Bewertungen erhalten, wird erwartet, dass er die Firma aus freien Stücken verlässt.

Die Idee der totalen Selbstverantwortung funktioniert wohl nur, wenn es sowohl materielle als auch immaterielle Anreize gibt. Zu den konkreten Maßnahmen im Semco-System zählen:

- *Jobrotation:* Mitarbeiter werden ermuntert, alle drei bis fünf Jahre den Tätigkeitsbereich zu wechseln, um sich zusätzliche Qualifikationen anzueignen und einen besseren Überblick zu bekommen.
- *Gewinnbeteiligung:* Dies ist ein enorm wichtiger Baustein der Mitarbeitermotivation. Der Belegschaft stehen 23 Prozent des Gewinns nach Steuern zu. Über die genaue Verteilung wird demokratisch entschieden.
- *Risikogehalt:* In einem schlechten Jahr erhalten Mitarbeiter nur 75 Prozent ihres Gehalts ausgezahlt, in einem guten Jahr dafür 150 Prozent des normalen Einkommens. Die Teilnahme an diesem Programm ist freiwillig.
- *Empowerment:* Das Team entscheidet gemeinsam über alle wesentlichen Themen. Viele Entscheidungen können selbstverantwortlich vom einzelnen Mitarbeiter getroffen werden. Allerdings muss er seine Entscheidungen gegenüber dem Team rechtfertigen.
- *Entbürokratisierung:* Die Länge sämtlicher Memos ist auf eine Seite begrenzt, wobei eine knackige Überschrift erwartet wird, die die Sache auf den Punkt bringt. Es gibt keine Richtlinien, sondern nur ein bebildertes »Überlebenshandbuch«.

Der »Organisationskreis« – eine Alternative zu üblichen Hierarchien

In seinem Buch *Das Semco System* hat Ricardo Semler die Grobstruktur seines Unternehmens als eine Kreisstruktur mit drei Ebenen beschrieben: Es gibt einen inneren Kreis aus »Beratern« (Counselors), die für Strategie zuständig sind. Der zweite Kreis besteht aus den »Partnern« (in der damaligen Terminologie, nicht der heutigen von »Semco Partners«), die als Leiter einzelner Unternehmenseinheiten fungieren. In einem dritten Kreis befinden sich schließlich sämtliche Mitarbeiter als »Kollegen« (Associates). In jeder Unternehmenseinheit gibt es 6 bis 12 selbstverantwortliche Teams aus 5 bis 20 Mitarbeitern, die von einem Teamleiter (Koordinator) geführt werden und sich bunt über die dritte Kreisebene verteilen können. An einem einzelnen Standort befinden sich typischerweise 150 bis 200 Mitarbeiter. Dies ist eine optimale Betriebsgröße. Andere erfolgreiche Firmen, wie ABB oder auch W. L. Gore, haben ähnliche Erfahrungen gemacht.

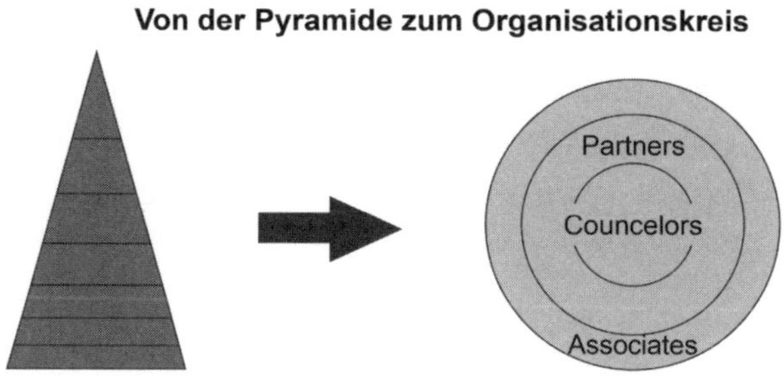

Die Organisationsstruktur im Semco-System kennt keine klassische Hierarchie

Semco hat sich 2012 von »Semco Group« in »Semco Partners« umbenannt und tritt im Internet als »Portfoliomanager« auf. Ricardo Semler fungiert als Chairman und Non-Executive Partner. Ein weiterer Partner, Alexandre Bonfim de Azevedo, ist aktuell der CEO. Schon vor Jahrzehnten arbeitete Ricardo Semler oft mit ausländischen Unternehmen zusammen. Ihm kam zugute, dass viele Firmen nicht die nötigen Kontakte hatten, um in Brasilien Fuß zu fassen. Schließlich ist Brasilien kein ganz einfacher Markt. Heute ist das Geschäftsmodell von Semco Partners ausdrücklich so definiert, dass ausländische Investoren für neue »Fifty-fifty-Joint-Ventures« in Brasilien gewonnen werden. Semco will sich für jeweils 5 bis 7 Jahre in einem Joint Venture engagieren. Was Investoren begeistern soll? »Unsere Erfolge der Vergangenheit sprechen für sich«, erklärt Semco Partners selbstbewusst.

Was macht Semco, um die besten Mitarbeiter zu finden und zu binden?

- Der Kern des in internationalen Managementkreisen schon fast legendären Semco-Systems lautet: Vertrauen ist gut – Kontrolle ist schlecht. Mitarbeiter werden wie Erwachsene behandelt. Die Firma lässt maximale Freiheit zu, überträgt jedem Einzelnen Verantwortung und vertraut vollständig.

- Die Mitarbeiter wählen ihre Vorgesetzten demokratisch und bestimmen selbst ihre Arbeitszeiten und Gehälter.
- Die einzelnen Bereiche werden bewusst klein gehalten, damit sich die Mitarbeiter untereinander kennen und die Projekte überschaubar bleiben. Statt Hierarchien gibt es eine kreisförmige Organisationsstruktur.
- Der Belegschaft stehen 23 Prozent des Gewinns nach Steuern zu. Die Gehälter sowie die Bilanzen sind für alle einsehbar.
- Wie viel Geld der Mitarbeiter für Geschäftsreisen oder für seine Computer ausgibt, ist ihm selbst überlassen. Sekretärinnen und Assistenten gibt es allerdings nicht.

In unserer Online-Mediathek zum Buch unter www.geheimnis-der-champions.de/mediathek finden Sie eine Fülle von kostenlosen Zusatzangeboten: Formulare und Vorlagen, Videos, Artikel, Buchtipps und mehr!

Teamwork-Pionier W. L. Gore:
Wo alle Mitarbeiter auch Mitinhaber sind

Unternehmen: W. L. Gore & Associates, Inc.
Hauptsitz: Newark, Delaware, USA
Branche: Kunststoff, Textilien, Medizinprodukte u. v. m.
Umsatz: ca. 3 Mrd. US-Dollar
Website: www.gore.com
Gründungsjahr: 1958
Anzahl der Mitarbeiter: ca. 10 000

Wenn es irgendwo auf der Welt bei Gore einen Chef gibt, dann ist das so eine Art Betriebsunfall. Bei dem US-Unternehmen sind Chefs nämlich nicht vorgesehen. Schuld an den drei Geschäftsführern der deutschen Gore GmbH in Putzbrunn ist einzig und allein unser GmbH-Gesetz. Es schreibt einen oder mehrere Geschäftsführer zwingend vor. Der Hersteller der weltbekannten »Gore-Tex«-Membran passt sich dem an – und tut gleichzeitig alles, um seine Chefs zu verheimlichen. Bei einem Wechsel in der Geschäftsführung gibt es keine Pressemitteilung. Ja, es gibt dazu nicht einmal eine offizielle Stellungnahme. Auf der Website von Gore Deutschland tauchen die Chefs nirgendwo auf. Außer im Impressum, weil das wieder der Gesetzgeber verlangt. Bei Gore gilt die Regel: »No ranks, no titles«. Möglichst flache Hierarchien und keine Titel zur Verzierung der Visitenkarte. Jeder ist gleichermaßen – ja, was? Mitarbeiter? Streng genommen auch das nicht. In seinem Selbstverständnis hat Gore gewissermaßen weder Chefs noch Mitarbeiter. Alle, wirklich alle sind »Associates«, Partner also, und Miteigentümer des Unternehmens. Wer in Deutschland zu Gore kommt, erhält pro Jahr Geschäftsanteile im Wert von 11 Prozent seines Bruttogehalts. Das Resultat ist eine für ein Unternehmen dieser

Größe einzigartige Verantwortungskultur. »Alle Associates fühlen sich unglaublich stark verantwortlich für die Ergebnisse des Unternehmens«, erklärt Terri Kelly, seit über 30 Jahren Associate bei Gore. »Wenn sie denken, wir bewegen uns in die falsche Richtung, oder wenn sie eine Entscheidung für falsch halten, fühlen sie sich verpflichtet, Einwände zu erheben. Führungskraft bei Gore zu sein, ist deshalb einer der schwierigsten Jobs.« Terri Kelly muss es wissen. Nach außen ist die Managerin »President & CEO« von W. L. Gore. Aber nur, weil die US-Gesetze bei Kapitalgesellschaften so jemanden sehen wollen. Intern ist auch sie nichts weiter als eine von 10 000 Associates. Allerdings der Associate mit den meisten »Followern« im Unternehmen. Denn so funktioniert Führung bei Gore: Wer viele »Follower« hat – Partner, die freiwillig bereit sind, sich führen zu lassen –, der steigt auf. Klingt, als ob die »Generation Facebook« sich das ausgedacht hätte. Tatsächlich gibt es das bei Gore schon seit jeher.

Am Anfang war die Wut von Bill Gore auf bürokratische Innovationskiller

Wenn es nach dem US-Chemieriesen DuPont gegangen wäre, hätte es den Welterfolg mit »Gore-Tex« nie gegeben. Das Geheimnis der wasserdichten und trotzdem atmungsaktiven Funktionskleidung ist eine Membran, die aus der Chemikalie Polytetrafluorethylen (PTFE) besteht. Bill Gore war in den 1950er-Jahren Mitarbeiter bei DuPont, experimentierte mit PTFE und hatte ganz viele Ideen, was man mit diesem erstaunlichen Zeug machen könnte. Doch seine Chefs sagten: Bill, du bist hier ein einfacher Mitarbeiter. Kümmere du dich um deinen Chemiebaukasten. Was für Produkte auf den Markt kommen, das entscheiden wir hier oben in der Chefetage. Bill Gore war stocksauer. Er sah ein Riesenpotenzial für PTFE, doch die Bürokraten bei DuPont hatten kein Interesse. Gore warf hin und gründete seine eigene Firma – natürlich in der Garage, wie es sich für einen Amerikaner gehört. Und er schwor sich: In meiner Firma werden niemals Chefs die Ideen killen. Das war der Startschuss für ein einzigartiges Partner- und Teamkonzept. Gore ist heute führend in der Verarbeitung von expandiertem PTFE zu unterschiedlichsten Produkten. Immer neue Ideen kommen hinzu, was mit dem Material alles möglich ist.

Das Angebot von Gore ist überaus vielseitig: Kabel und Dichtungen, Medizinprodukte, Be- und Entlüftungen für Autoindustrie sowie Luft- und Raumfahrt, ja sogar beschichtete Gitarrensaiten. In der bald 60-jährigen Geschichte wurde noch kein Verlust ausgewiesen. Das Erfolgsrezept: Kleine Teams und sprudelnde Kreativität durch ein Minimum an

Innovativer Auftritt: Repräsentative Chefbüros gibt es bei Gore ebenso wenig wie luxuriöse Dienstwagen oder Vorzimmer. Dafür gibt es für die Mitarbeiter tolle Möglichkeiten, sich auszutauschen – wie hier am neuen Communication Point. Quelle: W. L. Gore

Kontrolle und ein Maximum an Selbstverpflichtung. Keiner der 10000 Partner bei Gore bekommt Aufgaben zugewiesen. Alle verpflichten sich selbstständig zu sogenannten »Commitments«. Beim Einstieg erhält jeder neue Associate einen Mentor und eine Liste mit nützlichen Kontakten. Sich in der Firma vernetzen und später einmal »Follower« sammeln – das geschieht komplett eigenverantwortlich. Personaler? Ja, es gibt sie. Sie sind Berater und Moderatoren und helfen zum Beispiel, Teamprozesse effektiv zu gestalten. Augenhöhe heißt bei Gore nicht zuletzt auch: Man trägt in der Regel Freizeitkleidung. Dienstwagen oder Sekretariate? Fehlanzeige. Die Gehälter richten sich nach einem Ranking, in das sowohl eine Leistungsbeurteilung durch die anderen Teammitglieder als auch der »Marktwert« auf dem Arbeitsmarkt einfließen.

Die Bezahlung bei Gore gilt als okay, aber nicht fürstlich. Selbstverwirklichung ist der größte Lohn.

Das Prinzip der Amöbe: Wenn du zu groß bist, dann teile dich

Gore vergleicht seine Organisationsstruktur mit einem Gitternetz, das die Mitarbeiter, sorry: die Partner, selbst schaffen. Zwischenmenschliche Beziehungen sind eine wichtige Basis der gesamten Zusammenarbeit. Daraus entsteht automatisch die passende Organisation. Das Prinzip der Amöbe gibt dabei Orientierung: Wächst der Einzeller heran, dann teilt er sich. Und so funktioniert das bei Gore gewissermaßen auch. Gore-Werke haben in der Regel rund 250 Associates. Wenn noch mehr Leute benötigt werden, wird entweder die Arbeit auf andere Standorte verteilt, oder es wird ein neuer Standort aufgemacht. Das Entscheidende: In kleinen, überschaubaren Einheiten ist schnelle und direkte Kommunikation möglich. Ständiger persönlicher Austausch ist ein Erfolgsfaktor bei Gore. Nur so kann die Innovationsgeschwindigkeit gehalten werden. Die Basis bilden ständiges Lernen und Weiterentwicklung. Dafür ist beim Einstieg ins Unternehmen zunächst der Mentor zuständig, später jeder selbst. Die Arbeit auf Augenhöhe mit allen, die überschaubaren Teams, die große Selbstverantwortung – das lieben die Leute bei Gore. Hier verbringen viele gerne ihr gesamtes Arbeitsleben. Einmal Gore, immer Gore. Einfach, weil es diese Kultur nirgendwo sonst gibt. Wer doch irgendwann gehen will, bekommt übrigens seine Firmenanteile ausbezahlt.

Immer wieder wird Gore als Arbeitgeber ausgezeichnet. Bei Great Place to Work ist die Firma zum Beispiel auf Platz 3 der »besten multinationalen Arbeitgeber in Europa 2015«. Dafür muss man in mindestens drei europäischen Ländern bester Arbeitgeber sein. Gore ist das unter anderem in Deutschland, Frankreich, Italien, Spanien, Schweden und Großbritannien. Im Recruiting setzt Gore auf das Prinzip »Gleich und gleich gesellt sich gern«. Es gibt Leute, für die ist diese Kultur der hohen Selbstständigkeit und Augenhöhe genau das, was sie wollen. Und es gibt andere. Die Tageszeitung *Die Welt* nannte Gore »die seltsamste Firma in Deutschland«. Wer so denkt, wem das System nicht geheuer ist, wer das alles viel zu anstrengend findet, der bewirbt sich meist gar nicht erst. Gore beschäftigte sogar einmal eine ehemalige Schauspielerin, die an der zentralen Bewerber-Hotline schnell herausfand, ob jemand zu Gore passt oder nicht. Sie ist nun schon ein paar Jahre im Ruhestand. Doch auch heute noch ist Gore ein Unternehmen, bei dem für Bewerber die Chemie stimmen muss – und mit Chemie ist nicht PTFE gemeint. Wo Teamwork über alles geht und es keine wirklichen Chefs gibt, da ist für Riesen-Egos nun mal kein Platz. Ein hohes Maß an sozialer Kompetenz und die Fähigkeit, sich selbst zu organisieren, sollte man hier schon mitbringen.

Was macht W. L. Gore, um die besten Mitarbeiter zu finden und zu binden?

- Keine Chefs, keine Mitarbeiter im herkömmlichen Sinn. Gore besteht aus rund 10 000 Partnern (Associates), die alle Miteigentümer der Firma sind. Führung übernimmt, wer viele »Follower« hat – Partner, die freiwillig bereit sind zu folgen.
- Keiner bekommt Aufgaben zugewiesen. Alle verpflichten sich selbst zu sogenannten »Commitments«. Jeder baut sich sein Netzwerk von Teamkollegen auf. Ein Mentor hilft dabei. Das bedeutet hohe Selbstverantwortung.
- Personaler sind keine Kontrolleure, sondern Berater und Moderatoren für die Teams. Sie bringen ihr Fachwissen für eine bessere Zusammenarbeit ein.
- In sogenannten »Round Table Sessions« holen die HR-Teams von den übrigen Associates Feedback zu ihrer Arbeit ein und erhalten Verbesserungsvorschläge.
- Das Gehalt richtet sich nach der Bewertung durch die Teamkollegen. Es fließt auch der »Marktwert« auf dem Arbeitsmarkt ein. Aus Bewertung und Marktwert wird ein Ranking sämtlicher Partner erstellt.
- Beim Recruiting geht es stark darum, ob jemand von der Persönlichkeit her in die besondere Kultur von Gore passt. Es lockt vor allem die Eigenverantwortung. Die Verdienstmöglichkeiten sind durchschnittlich.
- Für Associates, die am Rekrutierungsprozess beteiligt sind, werden regelmäßig sogenannte »Hiring-the-best-Workshops« angeboten. In den Workshops gibt es sowohl einen Theorieteil als auch praktische Übungen, um den Auswahlprozess zu verbessern.
- Elf Prozent des Jahres-Bruttogehalts der Associates der deutschen Gore GmbH wird in Form von Aktien ausgezahlt. Da Gore nicht börsennotiert ist, wird deren Wert vierteljährlich von einer Wirtschaftsprüfungsgesellschaft ermittelt.

- Alle dürfen einen Teil ihrer Zeit in scheinbar verrückte Projekte investieren. So überzog ein Ingenieur die Bowdenzüge seines Mountainbikes mit ePTFE. Dann kam ihm die Idee, dass man das auch mit Gitarrensaiten machen könnte. Heute gehört Gore mit seinen »Elixir«-Gitarrensaiten zu den Marktführern.

In unserer Online-Mediathek zum Buch unter www.geheimnis-der-champions.de/mediathek finden Sie eine Fülle von kostenlosen Zusatzangeboten: Formulare und Vorlagen, Videos, Artikel, Buchtipps und mehr!

Revoluzzer Resourceful Humans: Unternehmensdemokratie 2.0

Unternehmen: Resourceful Humans GmbH
Hauptsitz: Berlin, Deutschland
Branche: Unternehmensberatung, Software-Entwicklung
Umsatz: k. A.
Website: www.resourceful-humans.com
Gründungsjahr: 2011
Anzahl der Mitarbeiter: 25

»Wenn wir euch zu wild sind, müssen wir nicht ins Buch – ich versteh' das«, meinte Heiko Fischer. Wir hatten den Gründer der Resourceful Humans gebeten, uns genauer zu berichten, wie sein Business funktioniert. Auf dem Radar haben wir Heiko Fischer schon länger. Für das Buch *Die Chef-Falle* recherchierten wir unter der Überschrift »Abschied vom Mittelmanagement« zu Firmen ohne übliche Hierarchien – und stießen auf die verblüffende Geschichte von Heiko Fischer. Bis 2011 war er Personalchef von Crytek, mit 600 Mitarbeitern einer der größten Entwickler von Computerspielen in Europa. Diese Firma, deren Ruf in der Game-Szene sich auf sogenannte Killerspiele gründet, hätte uns ohne Heiko Fischer nie interessiert. Doch der junge Personaler gab Parolen aus, die sich ungefähr so anhörten: »Kill HR!« »Die Personalabteilung muss sich selbst abschaffen.« »Der Personaler soll sich überflüssig machen.« »Resourceful Humans statt Human Resources!« Das Verblüffende ist, dass Heiko Fischer dieses Programm bei Crytek tatsächlich durchgezogen hat. Er lagerte den administrativen Teil der HR aus und legte die wertschöpfenden Aufgaben der Personalabteilung, vor allem Recruiting und Weiterbildung, vollständig in die Hände der Mitarbeiter. Am Ende dieses Prozesses war er als Personalchef wirklich überflüssig –

und verließ das Unternehmen. Wow – da ziehen wir unseren Hut! Heute leitet Heiko Fischer in Berlin eine eigene Beratungsfirma. Sie heißt so wie sein Ansatz: Resourceful Humans. Das Angebot an seine Kunden? Anstiftung zur Revolution. Darunter macht er's nicht. Heiko Fischer ist überzeugt: Die besten Firmen der Zukunft sind sich selbst organisierende Netzwerke mit einem demokratischen »Betriebssystem«. Sie locken Top-Mitarbeiter mit Autonomie, höchstem Innovationstempo und »null Prozent Bürokratie«. Die digitalen Tools zur Umsetzung der radikalen Ideen gibt es bei den Resourceful Humans gleich dazu, inspiriert von – Überraschung: Computerspielen. Und worin besteht diese Inspiration? »Visualisierung – alles sehen und alles erleben«, erklärt Angela Maus, Co-Geschäftsführerin bei den Resourceful Humans. Die klassischen HR-Instrumente seien doch langweilig: »Welches HR-Tool ist schon sexy?« Neuartige Tools also, plus totale Selbstbestimmung der Mitarbeiter – ähnlich wie bei den Vorreitern Semco oder W. L. Gore –, ergeben bei den Resourceful Humans die Unternehmensdemokratie 2.0.

Die Vision eines »Democratic Entrepreneurship« selbst vorleben

Heiko Fischer sagt über seine Firma mit 25 Mitarbeitern: »Wir arbeiten seit unserer Gründung 2011 demokratisch nach demselben Management Framework und mit denselben Technologien, welche wir auch als Lösung unseren Kunden anbieten. Wir essen sozusagen unser eigenes Hundefutter.« Das ist uns sympathisch, denn wir halten es bei tempus ganz ähnlich – auch wenn wir es nicht unbedingt mit einem Bild beschreiben würden, in dem Hundefutter vorkommt. Beeindruckend ist, wen die Resourceful Humans in nicht einmal fünf Jahren als Mitstreiter gewinnen konnten: einen ehemaligen Global Head of Change Management der Deutschen Bank zum Beispiel, dazu Top-Talente vom Max-Planck-Institut oder der Bayer AG. Zur ersten Sitzung des Beirats im Jahr 2014 erschienen unter anderem Dan Walker, der ehemalige HR-Mann von Steve Jobs, Clovis Bojikian von Semco, Gilbert Probst, Geschäftsführer des World Economic Forum in Davos sowie Thomas Sattelberger, Ex-Vorstand der Deutschen Telekom. Noch imposanter ist, dass die 25 Leute der Resourceful Humans bereits von zwei DAX-Unternehmen beauftragt wurden, bei ihnen einen kulturellen Wandel anzustoßen.

Schon in jungen Jahren hat Heiko Fischer viel von der Welt gesehen –

vielleicht fällt ihm das ständige »Think Big« deshalb so leicht. Er studierte in Los Angeles, Paris und Kairo und bekam seinen ersten Job als Personaler 2001 bei Hewlett-Packard in Barcelona. Weitere Stationen des Jungmanagers hießen Bayer AG, General Motors und eBay. Nebenher machte er noch einen Master in Organisational Change an der Ashridge Business School in der Nähe von London. Im Jahr 2008 dann wie aus dem Nichts das Angebot von Crytek, einem Entwickler von Produkten, die einige Politiker am liebsten verbieten würden. Heiko Fischer fragte einen der Manager von Crytek: »Wie kann ich euch als Personalleiter am besten helfen?« Er bekam zur Antwort: »Am besten wäre es, wir bräuchten gar keine HR.« Heiko Fischer fühlte sich erst einmal angegriffen. Mehr noch: an der Familienehre gepackt – denn schließlich war sein Vater auch schon Personaler. Es ist kein Geringerer als Heinz Fischer, ehemals Bereichsvorstand Personal der Deutschen Bank, heute Professor, eine Koryphäe seines Fachs. Doch zurück zu Crytek. Da sagte Heiko Fischer schließlich: Okay, dann schaffen wir die HR eben ab. Wir lagern den Papierkram aus und lassen den Rest die Mitarbeiter selbst machen. So begann die Revolution. Für seine Ideen und Konzepte hat Heiko Fischer inzwischen auch den Segen seines Vaters. Das war ihm wichtig.

Talent-Magnete trauen Menschen mehr zu, als sie sich selbst zutrauen

Nur zu sagen »Kill HR«, das allein sei »Idiotie«, meint Heiko Fischer. Sowohl in seiner eigenen Firma, die Versuchslabor, Vorzeigeunternehmen und Ideenschmiede in einem ist, als auch bei seinen Kunden geht es darum, Mitarbeiter zu befähigen, sich selbstständig weitere, neue Mitarbeiter zu suchen. Außerdem lernen sie, selbst dafür zu sorgen, dass ihr Wissen und Können immer auf der Höhe der Zeit ist. Ein Anspruch, dem nur die Besten gewachsen sind. Heiko Fischer spricht von einer »Demokratie der Willigen und Fähigen«. Es müsse die Bereitschaft für maximale Verantwortung da sein, gleichzeitig aber auch die Fähigkeit zur Selbstorganisation in kleinen Teams – nach dem Vorbild von zum Beispiel W. L. Gore – schrittweise erlernt werden. Zweite Voraussetzung sei Transparenz, der freie Informationsfluss. Und schließlich müsse es drittens bei der Verteilung von Gewinnen gerecht zugehen. Wo Menschen Selbstorganisation erst lernen müssen, da wird Lehrgeld fällig, keine Frage. Bei Crytek stellte ein Team aus lauter Männern einmal eine Mitarbeiterin allein wegen ihres guten Aussehens ein. Heiko Fischer ließ die Leute gewähren, auf die Nase fallen und anschließend die Scherben selbst wieder aufkehren.

Der beste Talent-Magnet überhaupt ist für die Resourceful Humans ein »Geist der Garage«, eine immerwährende Start-up-Kultur. Das sei bereits das Erfolgsrezept der HP-Gründer Bill Hewlett und Dave Packard oder der Apple-Gründer Steve Jobs und Steve Wozniak gewesen. »Hundert Prozent Unternehmertum, null Prozent Bürokratie« – das soll Top-Talente inspirieren. Heiko Fischer zitiert Goethe: »Man muss den Menschen überschätzen, um sein volles Potenzial freizusetzen.« Motivation allein genügt den Resourceful Humans jedoch nicht. Die »Willigen und Fähigen« brauchen auch Spiele, sorry: Tools. Eines dieser Tools heißt »netwoRHk« (kein Druckfehler, sondern die neue Rechtschreibung des Unternehmens, das sein Kürzel in etliche Wörter einpflanzt). Die App dient dem internen und externen Talentmanagement. Jeder Mitarbeiter – hier »Mitunternehmer« genannt – kann sogenannte Wertbeiträge (Projekte oder andere Aktivitäten) selbst vorschlagen und dafür Mitstreiter finden. Alternativ kann man sich bestehenden Projekten anschließen, sofern das jeweilige Team zustimmt. Finden sich zu viele Leute, wird demokratisch abgestimmt, wer mitmacht. Legt auch nur ein etablierter Mitstreiter sein Veto ein, ist ein Bewerber abgelehnt. In den Teams sind alle gleichgestellt, es zählt allein der Beitrag. Unternehmensgrenzen sollen keine Rolle spielen. »Mit netwoRHk wird alles zu Projektaufträgen«, erklärt Heiko Fischer. »Diese werden von den Teams in Arbeitseinheiten – Wertbeiträge – aufgeteilt, sodass sie weltweit ausgeschrieben werden können.« Recruiting in der Crowd. Kann das funktionieren? Anscheinend ja.

Ein weiteres Tool der Resourceful Humans heißt »staRHs« und bietet wechselseitige Mitarbeiterbewertung in Echtzeit. Das funktioniert so: Jeder Mitarbeiter kann pro Woche bis zu 10 Sterne als Anerkennung an andere Mitarbeiter vergeben. Maximal 5 Sterne auf einmal sind erlaubt. Theoretisch könnte ein Mitarbeiter also einem Kollegen an zwei Tagen hintereinander 5 Sterne geben – oder über die Woche verteilt zehn Kollegen jeweils einen. Gefragt ist ehrliches Feedback, das etwas über den tatsächlichen Fortschritt der Zusammenarbeit, zum Beispiel an einem Projekt, aussagt. Lediglich Sterne anzuklicken ist dafür zu wenig. »Der Kommentar dahinter ist ebenso wichtig«, erläutert Co-Geschäftsführerin Angela Maus. Die Feedbacks sind ein ständiges Geben und Nehmen, wodurch jeder weiß, wo er gerade steht. Klar, dass es Diskussionen gibt, wenn jemand etwas geleistet hat, aber keine oder nur wenige Sterne bekommt. Vergibt jemand überhaupt keine Sterne, wird er zum »Schwarzen Loch« – weil er Anerkennung lediglich nimmt, aber nicht gibt und sich dadurch als Energieräuber entpuppt. Das Raffinierte an dem Tool ist, dass es die Summe der Feedbacks als »Sternenkarte« zeigt und damit das aktuelle Beziehungsnetzwerk zwischen den Mitarbeitern visualisiert. Das System wird so gleichzeitig zum Frühwarnsystem: Wenn Mitarbeiter, die gerade ein gemeinsames Projekt haben, nicht durch ihre Feedbacks eng verbunden sind, dann stimmt etwas nicht.

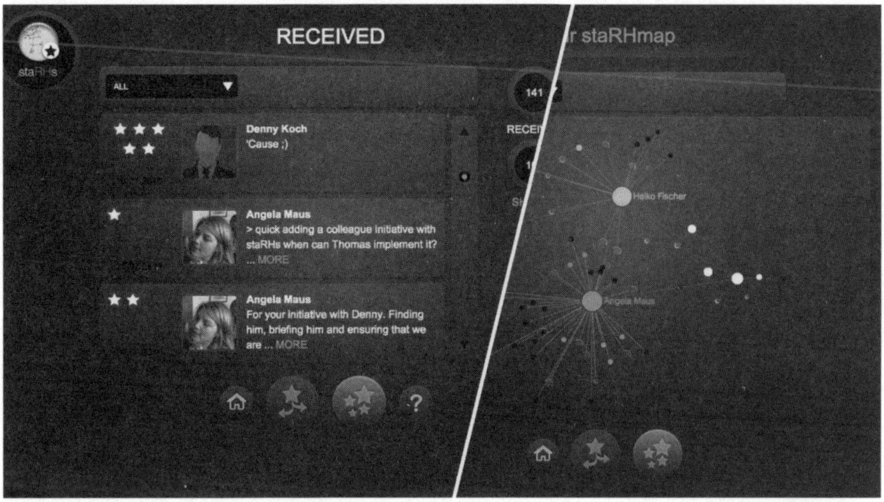

Das Tool »staRHs« der Resourceful Humans soll »360-Grad-Feedback in Echtzeit« bieten. Jeder Mitarbeiter kann pro Woche bis zu 10 Sterne als Anerkennung an andere Mitarbeiter vergeben. Durch die ständigen Feedbacks wird gleichzeitig das Beziehungsnetzwerk sichtbar. Quelle: Resourceful Humans

Maximale Flexibilität durch mündige und zufriedene Mitarbeiter

Die Besten gehen oft zu denen, über die die Zweitbesten und Drittbesten den Kopf schütteln. Das lässt sich von den Resourceful Humans lernen. A-Mitarbeiter lieben es, dabei zu sein, wo die Welt verändert wird. Oder man das zumindest versucht. B- und C-Mitarbeiter schauen lieber, wo sie das bekommen, was sie gewohnt sind. Bei den Resourceful Humans geht es um das Maximum dessen, was heute an Demokratie in Unternehmen möglich ist. Für einige ist das Spinnerei. Für Heiko Fischer ist seine »wilde« Firma bloß die logische Antwort auf wild gewordene Märkte, wo sich ständig alles ändert. Demokratie ist der Weg zu maximaler Flexibilität und Agilität. Wer die Wahl hat und das auch weiß, bewegt sich schneller als derjenige, der keine Wahl zu haben glaubt. Der Gedanke ist plausibel. Doch ist es wirklich so einfach? Keine Frage: Das Versprechen demokratisch organisierter Mitarbeit lockt Talente. Mündigkeit führt zu Zufriedenheit, meinen die Resourceful Humans. Das gilt zumindest für A-Mitarbeiter, und nur die sind gefragt. Heiko Fischer: »Die Besten suchen nach befähigenden Strukturen, um sich zu entwickeln, zu experimentieren und auch, um sich zu Hause zu fühlen.« Am Ende klingt das alles ein bisschen zu schön, um wahr zu sein. Doch für Preise reicht es allemal: 2014 gab es den HR Excellence Award in der Sonderkategorie »Innovation des Jahres« von einer Jury bestehend aus Google, W. L. Gore, Deutscher Telekom und Lufthansa. Und kein Geringerer als Businessguru Gary Hamel überreichte im selben Jahr einen Preis für das innovativste HR-Konzept. Nicht schlecht für einen Ansatz, der laut Heiko Fischer »in der Theorie nicht funktioniert, dafür umso besser in der Praxis«.

Was machen die Resourceful Humans, um die besten Mitarbeiter zu finden und zu binden?

- Authentizität: Das Beratungsunternehmen ist selbst so revolutionär organisiert, wie es seine Konzepte propagieren. Vorbilder sind Semco und W. L. Gore. Hinzu kommt Software, die von der Spieleindustrie inspiriert ist – und schon deshalb Spaß macht.
- Radikale Demokratie: Teams organisieren sich selbst. Mitarbeiter starten eigenständig Projekte oder schließen sich bestehenden an. Jeder hat ein Vetorecht.
- Think Big: Die Firma geizt nicht mit Pathos und hat keine Angst vor schillernden Visionen. Mitarbeiter, die in diese Welt eintauchen, bekommen schnell das Gefühl, das ganz große Rad zu drehen.
- Beste Kontakte: Vordenker, Fach-Koryphäen und internationale Businessgurus geben sich bei den Resourceful Humans die Klinke in die Hand. Wer möchte da nicht dabei sein?

- Recruiting in der Crowd: Projektmitarbeiter finden sich über Unternehmensgrenzen hinweg quasi in der »Crowd«.
- Feedback in Echtzeit: Alle bewerten, loben und belohnen sich gegenseitig.
- Fairness: Gerechte Belohnung gehört neben Demokratie und Transparenz zu den drei wichtigsten Säulen.

In unserer Online-Mediathek zum Buch unter www.geheimnis-der-champions.de/mediathek finden Sie eine Fülle von kostenlosen Zusatzangeboten: Formulare und Vorlagen, Videos, Artikel, Buchtipps und mehr!

Trendsetter Microsoft: Der Arbeitsplatz der Zukunft für die besten Mitarbeiter

Unternehmen: Microsoft
Hauptsitz: Redmond, Washington, USA
Branche: Entwicklung und Vertrieb von Hard- und Software
Umsatz: 85,83 Mrd. US-Dollar
Website: www.microsoft.com
Gründungsjahr: 1975
Anzahl der Mitarbeiter: 123 000

Die besten Mitarbeiter finden und halten – das wünschen sich viele. Doch wo landen eigentlich die tollen Talente, die eine Firma gewonnen hat? An welchen Arbeitsplätzen sollen sie es – möglichst lange – aushalten? Über Jahrzehnte wurde der Arbeitsumgebung für »Kopfarbeiter« keine besondere Beachtung geschenkt. Bürogebäude waren nüchterne Kästen, gerne mit repräsentativem Foyer, doch für Mitarbeiter entweder nach dem Vorbild der Legebatterie oder der Bahnhofshalle gestaltet – je nachdem, ob man auf Einzel- oder Großraumbüros schwor. Als größte Errungenschaften galten lange der höhenverstellbare Schreibtisch und der ergonomische Drehstuhl. Mit dem Segen ihrer Chefs flüchteten die Mitarbeiter irgendwann aus ihrer seelenlosen Umgebung ins Home Office. Doch als der Weisheit letzter Schluss erwies sich das Arbeiten in Laufweite zum eigenen Kühlschrank auch nicht. Jedenfalls nicht für alle. Heute sind sich die meisten Forscher einig: Arbeiten kann man überall – doch wird zukünftig eine klug gestaltete Arbeitsumgebung den Erfolg einer Firma wesentlich beeinflussen. Wer Top-Talente anziehen will, der muss ihnen eine Umgebung bieten, in der sie ihr volles Potenzial entfalten können. Das bedeutet Räume, in denen neue Ideen sprudeln und wo lebendiger Austausch ebenso möglich ist wie konzentrierte Einzelarbeit.

Die neueste Version von »Microsoft Office« entsteht in München

Wer wäre berufener als Microsoft, Trendsetter für den Arbeitsplatz der Zukunft zu sein? Schließlich hat der Softwareriese aus dem äußersten Nordwesten der USA die Büroarbeit schon einmal revolutioniert. Seit es das Paket »Microsoft Office« gibt, macht es weltweit in Millionen von Büros die tägliche Arbeit einfacher und effizienter. Vorausgesetzt, die Programme arbeiten reibungslos zusammen. Dem Branchenkenner Jeff Jarvis kamen sie einmal vor, »als seien sie von miteinander verfeindeten Arbeitsgemeinschaften entwickelt worden«. Doch das ist eine andere Geschichte. Microsoft hat sich vorgenommen, die bestmöglichen Arbeitsumgebungen für die Wissensarbeiter der Zukunft zu schaffen. Und nicht zuletzt damit die größten Talente anzulocken. Während wir dieses Buch schreiben, errichtet Microsoft einen Meilenstein dieser neuen Arbeitswelt in München: Die Microsoft Deutschland GmbH mit ihren rund 2 700 Mitarbeitern erhält an der Isar eine neue Zentrale.

Innovative Architektur für die Arbeitswelt von morgen: Neue Zentrale von Microsoft Deutschland im Münchner Stadtteil Schwabing. Quelle: GSP-Architekten

Wie wir noch zeigen werden, geht es Microsoft nicht allein um neue Gebäude, sondern auch um ein bisher nicht gekanntes Maß an Flexibilität bei der Arbeit. Vertrauensarbeitszeit gibt es schon lange, jetzt spricht Microsoft vom »Vertrauensarbeitsort« – jeder Mitarbeiter entscheidet eigenverantwortlich, wo für seine aktuelle Aufgabe der geeignetste Ort ist und welche anderen Leute er jeweils treffen muss. Das alles bedeutet jedoch nicht das langsame Sterben des Büros. Im Gegenteil, es führt zu dessen Wiedergeburt. Wenn Mitarbeiter gemeinsam vor Ort arbeiten, dann sollen sie dort die bestmöglichen Bedingungen für Kreativität, Vernetzung und Konzentration vorfinden. Damit folgt Microsoft einem Trend, den auch die Forscher vom Fraunhofer-Institut für Arbeitswirtschaft und Organisation erkannt haben: Das Büro wird zum Zukunftsthema! Außerdem werde es Chefsache, erklärt Josefine Hofmann vom Fraunhofer-Institut, denn es gehe um die Attraktivität als Arbeitgeber. Die Arbeitsumgebung entscheidet mit über die Zukunftsfähigkeit.

Mensch, Ort, Technologie – die drei neuen Prinzipien von Microsoft

Es erinnert ein wenig an die Expo 2000 in Hannover: »Mensch, Natur, Technik« hieß das Motto der ambitionierten Zukunftsschau, zu der die Elektropop-Pioniere von »Kraftwerk« den langweilig dahinwabernden Titelsong darboten. »Mensch, Ort, Technologie« heißen nun die drei neuen Kernprinzipien von Microsoft. Dahinter verbirgt sich jedoch Konkreteres als das, was auf der gefloppten Weltausstellung in Niedersachsen zu bestaunen war. Dass sich eine Software-Schmiede intensiv mit Technologie beschäftigt, überrascht nicht. Die effektive Zusammenarbeit von Mitarbeitern in auf dem Globus verstreuten »virtuellen Teams« wird durch den Einsatz digitaler Kommunikationslösungen erst möglich. Der neueste Trend ist der »virtuelle Assistent«, der jedem einzelnen Mitarbeiter eine Art »digitales Vorzimmer« bieten und etliche Routineaufgaben automatisieren soll. Wir wollen uns in diesem Buch jedoch weniger das Thema Technologie als die Aspekte »Mensch« und »Ort« anschauen. Wie und wo sollen die Mitarbeiter bei Microsoft Deutschland in Zukunft arbeiten?

Der Faktor Mensch macht sich bereits dadurch bemerkbar, dass Microsoft seine Mitarbeiter beim Bau der neuen Zentrale von Anfang an einbezogen hat. Aus drei Möglichkeiten für den Standort konnten die Mitarbeiter wählen, was ihnen lieber ist. Vor allem ging es dabei um die Frage: Stadtrand oder Stadtmitte? Die Mitarbeiter haben sich mehrheitlich für den angesagten Stadtteil Schwabing entschieden. Bevor Sie also Ihre neue Firmenzentrale zwischen zwei Autobahnkreuzen und der Einflugschneise eines Flughafens errichten, könnten Sie Ihre Mitarbeiter ja auch einmal fragen, ob diese vielleicht andere Vorstellungen haben. Bei

Microsoft in München ging es durchaus nicht nur um die Nähe zum nächsten Edel-Italiener, sondern auch ganz praktisch um die Erreichbarkeit mit öffentlichen Verkehrsmitteln. Zwei von drei Mitarbeitern werden das neue Gebäude schneller erreichen als das alte, sofern sie die »Öffentlichen« nutzen. Auch bei der Gestaltung der eigentlichen Arbeitsplätze wurden die Mitarbeiter nach ihrer Meinung gefragt. Microsoft schätzt die Erfahrungen derjenigen, die täglich in den Räumlichkeiten arbeiten sollen, als genauso wichtig ein wie die Meinungen der Architekten und Experten.

A bisserl Raumschiff mitten in Schwabing

Die neue Deutschlandzentrale ist Teil des globalen Programms »Workplace Advantage« (WPA) von Microsoft. In dieser englischen Bezeichnung klingt sowohl »vorteilhafter Arbeitsplatz« als auch »Wettbewerbsvorteil Arbeitsplatz« an. Es geht dabei um Umgebungen, welche die Talente von Menschen unterstützen und es ihnen ermöglichen, ihr volles Potenzial zu entfalten. Anders als Konkurrent Apple, der seinen Mitarbeitern sogar noch die Wortwahl im Kundengespräch diktiert, will Microsoft hier jedoch keine starren Vorgaben machen, sondern Empfehlungen geben. Die Mitarbeiter vor Ort setzen dann gemeinsam mit Experten ihre genauen Vorstellungen um. In München bringen sich die Wissenschaftler vom Fraunhofer-Institut für Arbeitswirtschaft und Organisation beim Neubau mit ein. Wie es sich für ein Technologieunternehmen gehört, darf das Ergebnis dann auch ziemlich futuristisch wirken. Auf 26 000 Quadratmetern und über sieben Etagen lässt in Schwabing so manches an ein gelandetes Raumschiff denken. Datenbrillen, interaktive Stifte oder die Steuerung der Klimaanlage über Sprachbefehle sind heute allerdings längst kein Science-Fiction mehr.

Immer wieder geht es um die drei oben genannten Prinzipien: Die richtigen *Menschen* sollen mit der passenden *Technologie* an *Orten* sitzen, in denen Wissensarbeiter sich wohlfühlen. Und endlich kann auf individuelle Bedürfnisse eingegangen werden! Herkömmliche Büros kranken vor allem daran, dass die jeweilige Umgebung nie für jeden passt. Da will dann etwa ein Designer seine neuste Idee herumzeigen, aber seine Kollegen sitzen in einem Nachbargebäude. Oder jemand erstellt eine komplizierte Kalkulation und wird dabei vom Lärm des ihn umgebenden Großraumbüros schier in den Wahnsinn getrieben. Bei Microsoft liegt der Schlüssel für mehr Individualität – scheinbar paradox – in der Abschaffung des eigenen, festen Arbeitsplatzes. Alle Mitarbeiter suchen sich täglich neu den Ort, der für ihre aktuelle Aufgabe am besten passt – offen und kommunikativ oder abgeschottet und leise. Die meisten heutigen Einzelbüros stehen ohnehin häufig leer, weil Mitarbeiter auf Reisen sind. Selbstverständlich plant Microsoft so, dass auch bei »vollem Haus« niemand mit einem Stehplatz vorliebnehmen muss.

Das »Neue Arbeiten« bei Microsoft: Moderne Bürolandschaften regen die Kreativität der Mitarbeiter an. Dazu gehören Graffitis in einem Besprechungszimmer. Quelle: Eva Kelety

Bei allem Futurismus: Zu den allerwichtigsten Räumen im Büro der Zukunft zählt eine gemütliche Küche! In einer Studenten-WG ist die Küche der natürliche Treffpunkt, und in vielen Unternehmen ist die Kaffee-Ecke Nachrichtenbörse und kreatives Labor in einem. Am Arbeitsplatz der Zukunft wird dieser Effekt bewusst aufgegriffen und verstärkt. Vorreiter wie Microsoft bringen Büroküchen nicht neben dem Abstellraum unter, sondern schaffen wahre Luxusküchen für ihre Mitarbeiter – lichtdurchflutet und mit zahlreichen Sitzgelegenheiten. So wird der informelle Austausch zwischen den Mitarbeitern gefördert. Arbeitsforschern zufolge gibt es kaum etwas Wichtigeres für die Kreativität als den lockeren Austausch zwischen Kollegen. Dass in der Küche oft die besten Ideen entstehen, wissen die meisten Leute allerdings auch ohne

Forschung. Und noch eine innovative Idee von Microsoft: Unterschiedliche Arbeitsumgebungen für »Pedanten« und »Chaoten« – clean und puristisch hier, bunt und wuselig dort. Warum ist da eigentlich niemand früher drauf gekommen?

Der »Vertrauensarbeitsort« – arbeiten, wo und wann man will

Microsoft hat die Anwesenheitspflicht für Mitarbeiter im Büro vollständig abgeschafft – und damit für reichlich Wirbel gesorgt. So radikal war bisher nur Richard Branson von Virgin gewesen, der die Devise ausgab, seine Mitarbeiter könnten so viel Urlaub haben, wie sie wollten, solange sie ihre Arbeit schafften. Microsoft hat nun 2014 nach der schon recht verbreiteten »Vertrauensarbeitszeit« auch den »Vertrauensarbeitsort« eingeführt: Die Mitarbeiter entscheiden jetzt jeden Tag neu, ob sie ihre Arbeit zu Hause, im Büro, bei Starbucks, im Zug oder auf einer Skihütte in 2000 Metern Höhe erledigen. Natürlich ist so etwas in der Praxis nicht neu. Neu ist, dass die Mitarbeiter laut Betriebsvereinbarung überall dort als »am Arbeitsplatz« gelten, wo sie gerade ihre Arbeit machen. »Anwesenheit sagt nichts über die Qualität der Leistung von Mitarbeitern aus, sondern liefert häufig sogar ein falsches Bild«, sagte Personalchefin Elke Frank gegenüber der *FAZ*. Feste Arbeitszeiten schuf Microsoft deshalb schon im Jahr 1998 ab. Jetzt gibt es auch keinerlei Vorgaben mehr hinsichtlich des Arbeitsorts.

Wer seine Ruhe braucht, beispielsweise um eine Präsentation zu erstellen, der bleibt einfach zu Hause. Es sei denn, zu Hause toben kleine Kinder herum, und an Ruhe ist nicht zu denken. Dann kommt er ins Büro und findet hier eine schallisolierte Nische für konzentrierte Einzelarbeit. Ein kreatives Brainstorming mit fünf Kollegen lässt sich am Besprechungstisch, in der Büroküche, in einem Café oder im Sommer auf einer Wiese im Englischen Garten machen. Das kennen viele ja noch aus der Schule, dass man bei schönem Wetter einfach raus auf eine Wiese geht. In Branchen, wo für die Arbeit letztlich kaum mehr als ein Notebook, ein Mobiltelefon und der Zugang zum Internet gebraucht wird, können es die Mitarbeiter einfach genauso machen. Was spricht dagegen? Vogelgezwitscher als Hintergrundgeräusch bei Telefonaten oder Skype-Konferenzen scheint die Kunden und Partner von Microsoft bisher jedenfalls nicht zu stören.

Flexibel bis zum Burnout? Eigenverantwortlich Grenzen setzen

»Vertrauensarbeitsort« – das klingt nach großer Freiheit, nach Abwechslung im Alltag und einem lässigen, entspannten Arbeitsstil. Doch die Gewerkschaften sehen auch hier – wie könnte es anders sein? – wieder Unheil auf die Arbeitnehmer zukommen. Die Grenzen zwischen Arbeit und Freizeit würden vollkommen verwischt, argumentieren sie. Flexibilität dürfe keine Rund-um-die-Uhr-Verfügbarkeit bedeuten. Führt volle Flexibilität wie bei Microsoft geradewegs in den Burnout? Es ist nicht so, als würde Microsoft das Problem drohender Selbstausbeutung ignorieren. Allerdings setzt das Unternehmen auch hier lieber auf Einsicht und Eigenverantwortung als auf bürokratische Vorschriften. Microsoft appelliert deutlich an die Mitarbeiter, der Arbeit niemals ihre körperliche und seelische Gesundheit zu opfern. Die Mitarbeiter verpflichten sich ausdrücklich, selbst Verantwortung für ihre Zeiteinteilung zu übernehmen und Überlastung frühzeitig und deutlich zu signalisieren. In einer Richtlinie von Microsoft heißt es unmissverständlich: »Wer keine klaren Grenzen setzt, darf sich nicht wundern, wenn die Kollegen auf Freizeit oder Krankheit keine Rücksicht nehmen.«

Bereits rund 90 Prozent der Mitarbeiter von Microsoft nutzen die Möglichkeit, selbst zu entscheiden, wo und wann sie arbeiten. Eine Zahl, die zum Thema Akzeptanz eine eindeutige Sprache spricht. Mögen wenige auch jammern, die meisten wollen es so. Und es funktioniert! Neueste Technologien wie zum Beispiel Cloud Services, Unified Communications Software und Social Business Tools ermöglichen den Zugriff auf sämtliche Unterlagen und erleichtern die Kommunikation mit den Kollegen. Mit der flächendeckenden Verfügbarkeit des Mobilfunknetzes der vierten Generation (4G bzw. LTE) sind die Zugriffe unterwegs nun endlich auch nicht mehr langsamer als im Büro. Effiziente Terminplanung mit Zugriff auf gemeinsame digitale Kalender gibt es im Prinzip schon seit 20 Jahren. Jetzt wird diese Möglichkeit auch intensiv genutzt.

Was zählt, sind die Ergebnisse – sonst nichts

Alison Maitland, Co-Autorin des Buchs *Future Work*, sagte gegenüber der *Wirtschaftswoche:* »Ich glaube, es spielt in vielen Jobs keine Rolle, ob die Menschen Mittwochmittag um drei Tennis spielen oder Donnerstagmorgen einkaufen gehen oder Zeit mit ihren Kindern verbringen – solange sie ihre Arbeit erledigen.« Außerdem belegten viele Studien, dass Menschen wesentlich produktiver sein können, wenn sie zu Hause arbeiten. IBM soll nach Informationen der Autorin dank flexibler Strukturen pro Jahr rund 100 Millionen US-Dollar an Bürokosten sparen. Auch habe eine Studie von IBM ergeben, dass Menschen im Home Office ganze 19 Stunden pro Woche mehr arbeiten könnten, ohne das Gefühl zu haben, ihr Privatleben leide darunter. Eine aktuelle Studie des Kieler Instituts für Weltwirtschaft (IfW) kam zu dem Ergebnis, dass Unternehmen mit flexiblen Arbeitsbedingungen durchschnittlich 11 bis 14 Prozent mehr neue oder verbesserte Produkte auf den Markt bringen als Unternehmen, in denen nach der Stechuhr gearbeitet wird.

Wir sprechen hier wohlgemerkt immer in erster Linie von »Wissensarbeitern«, die ein Unternehmen wie Microsoft ja fast ausschließlich beschäftigt. Fabrikarbeiter am Band, Notärzte bei der Feuerwehr oder Verkäufer im Einzelhandel können weder von überall aus arbeiten noch wann sie wollen. Doch wenn schon nicht *volle* Flexibilität, so ist doch zumindest *mehr* Flexibilität fast überall möglich. Eine Krankenschwester zum Beispiel kann ihre Berichte auch zu Hause schreiben und muss dazu nicht auf der Station anwesend sein. In Teilen des britischen Gesundheitswesens werden inzwischen die Schichtpläne von den Mitarbeitern komplett eigenverantwortlich abgestimmt. Man braucht einfach nur etwas mehr Fantasie als bisher, um Arbeitsbedingungen flexibler zu gestalten. Und man braucht Vertrauen in die Mitarbeiter. Die junge Generation wünscht sich Freiheit und Selbstbestimmung – durch den Fachkräftemangel werden die Unternehmen es der jungen Generation schließlich recht machen müssen. Das Markt- und Trendforschungsunternehmen Future Foundation bringt die Entwicklung so auf den Punkt: »Wir werden im Jahr 2020 nicht mehr zur Arbeit gehen, sondern einfach unsere Arbeit machen.«

Bye-bye »Forced Ranking« – doch wo, bitte, bleibt die Alternative?

Wenn Sie das Kapitel über General Electric gelesen haben, dann wissen Sie, dass wir Mitarbeiterbewertungen nach dem Muster eines »Forced Ranking« sehr kritisch sehen. Noch einmal zur Erinnerung: »Forced

Ranking« bei Mitarbeiterbewertungen bedeutet, dass es bei den »Noten«, die die Mitarbeiter bekommen, starre Quoten gibt. Das ist also so, als ob in der Schule ein Lehrer bereits vor der Klassenarbeit beschließt, dass vier Schüler eine Eins und zwei Schüler eine Fünf bekommen werden. Selbst wenn jetzt alle Klassenarbeiten annähernd gleich gut ausfallen, wird es trotzdem viermal die Eins und zweimal die Fünf geben – nur, um die Quote zu erfüllen. Das ist totaler Blödsinn und obendrein ungerecht. Trotzdem wurde und wird »Forced Ranking« von Unternehmen auf der ganzen Welt praktiziert. Neben General Electric zählte auch Microsoft jahrelang zu diesen Unternehmen. Bei Microsoft war »Forced Ranking« unter dem Namen »Stack Ranking« bekannt – und in der Öffentlichkeit umstrittener als Windows 95, Windows Millennium und Windows Vista zusammen.

Im Jahr 2012 erschien im US-Magazin *Vanity Fair* ein viel beachteter Artikel über Microsoft, der an dem System der Mitarbeiterbeurteilung kein gutes Haar ließ. Der Autor des Artikels, Kurt Eichenwald, zählt zu den profiliertesten Journalisten der USA, schrieb ein Buch über den Enron-Skandal und war für den Pulitzer-Preis – den »Oscar für Journalisten« nominiert. Seine damalige Beobachtung: »Jeder heutige oder frühere Mitarbeiter von Microsoft, den ich interviewt habe – wirklich jeder –, bezeichnete das Stack Ranking als den zerstörerischsten Prozess innerhalb von Microsoft, als etwas, das unzählige Mitarbeiter vertrieben hat. Es produziert Mitarbeiter, die sich mehr auf den Wettkampf untereinander konzentrieren als auf den Wettbewerb mit anderen Unternehmen.« Entsprechend vernichtend fiel sein Urteil aus: »Unterm Strich hat Stack Ranking die Innovationskraft von Microsoft zerstört.«

Ziemlich genau ein Jahr nach diesem Donnerschlag in der Presse, im November 2013, verkündete Microsoft-Personalchefin Lisa Brummel in einer E-Mail an sämtliche Mitarbeiter das weltweite Aus für Forced Ranking. Ab sofort werde »mehr Wert auf Teamwork gelegt«, hieß es in der Mail. Damit gab das Management von Microsoft indirekt zu, dass der Journalist Kurt Eichenwald Recht hatte und Forced Ranking die Mitarbeiter gegeneinander aufhetzte. Auch in Deutschland war das Forced Ranking von Microsoft oft kritisiert worden. Und zwar immer wieder auch wegen der zerstörerischen Wirkung auf das Betriebsklima und die Kollegialität. So schrieb ein Microsoft-Mitarbeiter auf der deutschen Arbeitgeber-Bewertungsplattform Kununu zu einer Zeit, als es das Forced Ranking an seinem Arbeitsplatz noch gab: »Willkommen in einer Welt der Einzelkämpfer!«

Gestern Haifischbecken, heute Streichelzoo?

Microsoft hat eine totale Kehrtwende im Umgang mit Mitarbeitern vollzogen. Das politische Magazin *Der Spiegel* nannte es sogar eine »Kulturrevolution«. Seit Neuestem heißt es bei Microsoft also »Menschen, Orte, Technologie«, es gibt die »Vertrauensarbeitszeit« und den »Vertrauensarbeitsort«, Microsoft-Mitarbeiter veröffentlichen Bücher darüber, »warum wir die Arbeit neu erfinden müssen« und Götz Werner, der ein Image für Menschlichkeit hat wie kaum ein anderer deutscher Business-Vordenker, darf dazu das Vorwort schreiben. Vom Haifischbecken zum Streichelzoo in nur zwei Jahren? So sehr wir Autoren es begrüßen, dass Microsoft den Unsinn des Forced Ranking endlich abgeschafft hat, fragen wir uns doch auf der anderen Seite, ob hier nun die Mitarbeiterbewertung windelweich gemacht oder ganz aufgegeben werden soll. Die Äußerungen von Microsoft dazu, was auf Forced Ranking folgen soll, kommen uns jedenfalls bisher eher schwammig vor. Da war beispielsweise davon die Rede, die Mitarbeiterbeurteilungen sollten »individualisiert« werden. Auch werde man »weiterhin an leistungsbezogenen Prämien festhalten«. Was heißt das konkret?

Wir haben hier eine klare Meinung, und die heißt »ABC«. Unternehmen sollten das Forced Ranking, wenn sie es bisher betrieben haben, schleunigst abschaffen, aber sie sollten nicht das Ranking als solches verteufeln. Eine ABC-Einstufung ohne starre Quoten ist die ebenso einfache wie naheliegende Alternative. Wir gehen sogar noch einen Schritt weiter und sagen: Gerade dort, wo die Mitarbeiter, wie bei Microsoft, volle Flexibilität gewährt bekommen und das Arbeitsverhältnis ganz auf Vertrauen und Eigenverantwortung basiert, sind regelmäßige Leistungsbewertungen der Mitarbeiter wichtig. Und zwar nicht »individuell«, was ja dann schnell mal »subjektiv« bedeutet, sondern nach einem transparenten System, das sämtliche Mitarbeiter nach denselben Maßstäben bewertet. Eine Differenzierung zwischen A, B und C, so wie wir sie propagieren, ist nicht von gestern, sondern sollte gerade im »Büro der Zukunft«, wo jeder kommen und gehen kann, wann er will, Einzug halten. Die Leistungsbeurteilung ohne Quote hilft, die Dinge klar zu sehen. Am Ende fühlt sich keiner betrogen, sondern alle fühlen sich gerecht behandelt.

Top-Mitarbeiter brauchen vor Rankings keine Angst zu haben

Ähnlich wie die beiden Google-Gründer Sergey Brin und Larry Page sowie der verstorbene Apple-CEO Steve Jobs hat auch schon Bill Gates bei Microsoft das Thema Personalmanagement – und insbesondere das Recruiting – zur Chefsache gemacht. Bill Gates, der sich inzwischen aus dem operativen Geschäft zurückgezogen hat, rief beispielsweise Hochschulabgänger schon einmal höchstpersönlich an, wenn er ihnen einen Job anbieten wollte. Das Ergebnis dieser Bemühungen: Microsoft zählt heute zu den besten Unternehmen der Welt und beschäftigt zum überwiegenden Teil A-Mitarbeiter. Solche Mitarbeiter brauchen keine Angst vor Bewertungen und Rankings zu haben. Unsere Erfahrung ist diese: Je stärker die Mitarbeiter sind – man könnte auch sagen, je mehr A-Mitarbeiter es gibt –, desto unproblematischer ist eine Beurteilung. Wo alle ein Team sind, da wollen auch alle als Team gewinnen.

Es ist genau wie bei einem Verein der Fußball-Bundesliga. In einem solchen Team ist völlig klar, welcher Spieler was wert ist. Auf Internetseiten wie transfermarkt.de kann nicht nur jeder Fußballfan, sondern auch jeder Spieler selbst nachlesen, was er und seine Mannschaftskameraden dem Verein aktuell an Ablösesummen einbringen würden. Da steht dann bei dem einen 50 Mio. Euro als Marktwert, und bei seinem Mitspieler, einem schon etwas in die Jahre gekommenen Ersatz-Torwart, sind es »nur« 500 000 Euro. Trotzdem wollen beide für die Mannschaft ihr Bestes geben und im Team gewinnen. Neid und Missgunst sind im Fußball verpönt. Spieler, die sich unkameradschaftlich verhalten oder auch nur äußern, werden vom Trainer und der Vereinsleitung sofort zur Rede gestellt. Wir sagen: Im Business ist das genauso. Mitarbeiterbewertung und Teamgeist schließen einander keineswegs aus.

Was macht Microsoft, um die besten Mitarbeiter zu finden und zu binden?

- Microsoft ist Vorreiter für die Arbeit der Zukunft. Unter dem Motto »Mensch, Ort, Technologie« entstehen neue Arbeitsbedingungen für Wissensarbeiter. Es gibt dazu ein globales Programm mit dem Namen »Workplace Advantage« (WPA).
- In München, Berlin, Wien und vielen anderen Städten der Welt schafft Microsoft das »Büro der Zukunft« als ideale Umgebung für Top-Talente.

Feste Arbeitsplätze gibt es nicht mehr. Unterschiedlich gestaltete Bereiche ermöglichen entweder Kommunikation oder Konzentration. Luxuriöse Küchen fördern Wohlbefinden und Kreativität.

- Die Mitarbeiter werden bei der Gestaltung neuer Arbeitsumgebungen von Anfang an einbezogen. Sie dürfen unter Standortalternativen wählen. Ihre Erfahrungen werden genauso wichtig genommen wie das Wissen von Experten. Interessierte Externe sind eingeladen, die fertigen Räumlichkeiten zu besichtigen.
- Feste Arbeitszeiten wurden bei Microsoft bereits 1998 abgeschafft. Seitdem herrscht vollständige Vertrauensarbeitszeit.
- Seit kurzem gibt es zusätzlich den »Vertrauensarbeitsort«. Mitarbeiter entscheiden täglich frei, ob sie zu Hause, im Büro oder irgendwo in der Öffentlichkeit arbeiten. Neueste Technologien unterstützen das mobile Arbeiten von jedem beliebigen Ort aus.
- Die Mitarbeiter werden angehalten, eigenverantwortlich Grenzen zu setzen und für ausreichend Pausen zu sorgen. Es soll dazu keine bürokratischen Regeln geben. Entscheidend sind die Arbeitsergebnisse, nicht die aufgewendete Arbeitszeit.
- Microsoft orientiert sich an der Großzügigkeit des Silicon Valley, wenn es um Zusatzleistungen für die Mitarbeiter geht: eigene Altersvorsorge, riesiges Weiterbildungsangebot, freie Getränke, eigene Fitness-Studios, gesponserte Freizeitaktivitäten und so weiter.
- Bei Microsoft wurde die Mitarbeiterbeurteilung nach starren Quoten (Forced Ranking) im November 2013 abgeschafft. Kritiker hatten seit langem beklagt, dass dadurch Mitarbeiter zu Konkurrenten geworden waren und es zu wenig Teamgeist gab.
- Auf einer eigenen Website informiert Microsoft seine Mitarbeiter über sämtliche Benefits. Hier gibt es zum Beispiel Informationen über Dienstwagen und die Versteuerung der privaten Nutzung oder alles Wissenswerte zum Thema Aktienoptionen.

In unserer Online-Mediathek zum Buch unter www.geheimnis-der-champions.de/mediathek finden Sie eine Fülle von kostenlosen Zusatzangeboten: Formulare und Vorlagen, Videos, Artikel, Buchtipps und mehr!

Konsumgüterriese Unilever: Ampel auf Grün für die Mitarbeiterbeurteilung

Unternehmen: Unilever N.V./PLC
Hauptsitz: Rotterdam, Niederlande und London, Großbritannien
Branche: Lebensmittel, Putzmittel und Kosmetik
Umsatz: 53,3 Mrd. Euro
Website: www.unilever.com
Gründungsjahr: 1929
Anzahl der Mitarbeiter: 172 000

Es ist erst wenige Jahre her, da erhielt eines der renommiertesten Architekturbüros in Deutschland, Behnisch Architekten in Stuttgart, einen ungewöhnlichen Großauftrag. In der Hamburger Hafencity sollte die neue Deutschlandzentrale des Konsumgüterriesen Unilever entstehen. Der niederländisch-britische Konzern, bekannt durch Rama-Margarine oder Langnese-Eis, wollte ein architektonisches Highlight setzen. Doch damit nicht genug: Die Arbeitsumgebung sollte vitalisierend wirken, den Teamgeist stärken, abteilungsübergreifende Kommunikation fördern und vor allem Spaß am Arbeiten vermitteln. So etwas hatten die Architekten noch nicht erlebt – einen Auftraggeber, der sein Gebäude konsequent von den Mitarbeitern her denkt. Für die Arbeitsplatzkonzeption holte Unilever zusätzlich das Quickborner Team ins Boot. Früher, erklärt einer der Planer, gingen die Menschen ins Büro, weil dort die anderen Mitarbeiter, die Bürotechnik und die Unterlagen waren. Heute sind die Bürotechnik und die Unterlagen als mobile Computer und Daten aus der Cloud überall verfügbar. Man geht nur noch ins Büro, um Menschen zu treffen und mit ihnen zu kommunizieren. Für ein innovatives Unternehmen wie Unilever ist diese Kommunikation jedoch entscheidend. Laut einer MIT-Studie entstehen 80 Prozent aller Innovationen durch zufällige, ungeplante Kommunikation. Die neue Zentrale von Unilever wurde deshalb so gestaltet, dass informelle Kommunikation wie von selbst stattfindet. In dem lichtdurchfluteten Gebäude gibt es überall Brücken und Treppen als Verbindungswege zwischen den Mitarbeitern. Mehrere große »Meeting-Points« haben überhaupt keinen Bürocharakter, sondern sind mit ihren Tischen, Stühlen und Sesseln möbliert wie private Wohnungen. Sogar die kleinsten Details sind durchdacht, etwa die Platzierung der Postfächer in den Teeküchen. Das neue Unilever-Haus wurde Ende 2009 eröffnet und erhielt auf Anhieb den World Architecture Festival Award als bestes Bürogebäude.

Teile des Unilever-Hauses in der Hamburger Hafencity sind öffentlich zugänglich. Es gibt Shops mit Unilever-Produkten, ein Café und Konferenzräume zur Miete. Quelle: Unilever – Adam Mørk

Grünes Licht für High Potentials, Rotlicht für Low Performer

Mit der neuen Deutschlandzentrale hat Unilever sowohl nach außen als auch nach innen ein starkes Signal gesetzt. Nach außen wurde der Name Unilever, unter dem es keine Produkte für Endverbraucher gibt, als Arbeitgebermarke gestärkt. Nach innen erhielten die Mitarbeiter die Botschaft: Wir tun alles, damit ihr euch wohlfühlen, optimal kommunizieren und eure Kreativität entfalten könnt. Nicht zufällig hat gerade Unilever ein so wegweisendes Gebäude geschaffen. Wir beobachten schon länger, dass der Konzern im Vergleich zu anderen Unternehmen top geführt ist.

Auch Work-Life-Balance ist bei Unilever nicht nur ein Feigenblatt. So bietet das Unternehmen etwa sogenannte Wellbeing-Workshops an, um das Thema Achtsamkeit im Umgang mit sich selbst stärker hervorzuheben. Eine Firma, die sehr viel für ihre Mitarbeiter tut, darf allerdings auch Fragen stellen – zum Beispiel die Frage nach der Leistung. Wenn ein mittelmäßig oder schlecht geführtes Unternehmen eine ABC-Beurteilung für Führungskräfte einführt, besteht die Gefahr eines Flächenbrands. In einem exzellent geführten Unternehmen ist ABC-Beurteilung dagegen kein Drama. Bei Unilever steht sogar der Betriebsrat voll dahinter.

Statt der Buchstaben A, B und C gibt es bei Unilever ein Ampelsystem. A-Mitarbeiter werden High Potentials genannt und bekommen bei der Beurteilung die Farbe Grün. Sie empfehlen sich automatisch für höhere Aufgaben. C-Mitarbeiter heißen Low Performer und haben die Farbe Rot. Sie erhalten Angebote für Mentoring-Gespräche und Weiterbildung. B-Mitarbeiter werden mit Weiß gekennzeichnet. Es sei denn, sie laufen Gefahr, zu Low Performern zu werden. Für diesen Fall gibt es als Zwischenstufe die Farbe Gelb. Autofahrer kennen diesen Zwischenton als »Dunkelorange« – da kommt man so gerade noch über die Kreuzung. Im Management hat sich die Ampel schon seit Jahren bewährt. »Das System hilft uns, früh zu erkennen, wo ein Mitarbeiter Potenzial zur Weiterentwicklung hat, aber auch, wenn ein Mitarbeiter auf seiner aktuellen Position Schwierigkeiten hat. Wir können dann rechtzeitig gegensteuern und Mitarbeitern Angebote machen, damit sie wieder ihre volle Leistungsfähigkeit und damit auch Spaß an ihrer Arbeit erhalten«, sagen Alexandra Büßer und Anke Kann, die mit einer Stimme sprechend im Job-Sharing HR-Direktorinnen sind. Umstritten ist bei Unilever, ob es Quoten für die einzelnen Farben geben soll. Die Personalberatung Kienbaum ist dafür. Wir sind eher dagegen, weil das Ziel einer Top-Firma wie Unilever sein sollte, mindestens 80 Prozent A-Mitarbeiter und null Prozent C-Mitarbeiter zu haben. Mit Quoten ist dieses Ziel unerreichbar.

Spaß schon bei der Bewerbung beim Vorreiter des »Recruitainment«

Das Ampelsystem für die Mitarbeiter bei Unilever hat in Personalerkreisen hohe Wogen geschlagen. Dabei konnte schnell ein falscher Eindruck von der Unternehmenskultur bei Unilever entstehen. Unilever hat eine

Leistungs- und eine Spaßkultur – beides gehört hier zusammen, ja gerade die positive, vitale Kultur macht es erst möglich, Leistung zu fordern und zu bewerten, ohne dass Unmut entsteht. Wie sehr Unilever auf Arbeitsfreude setzt, zeigt sich bereits beim Recruiting, denn der Konzern zählt zu den Pionieren des Recruitainment. Das englische Kunstwort bezeichnet eine Mischung aus »Recruiting« und »Entertainment«. Der Bewerber soll Spaß haben und locker an die Bewerbung herangehen. So sind etwa Online-Spiele das Vorbild für einen spielerischen Bewerbertest im Internet. In einer virtuellen Umgebung werden Betriebsabläufe vereinfacht, aber realistisch dargestellt. Die Bewerber können testen, wie gut sie damit zurechtkommen.

Mit der Einführung des Recruitainments war es bei Unilever möglich, dass sich Bewerber zum Beispiel in eine virtuelle Eisfabrik klickten, die dem US-Produktionsstandort der beliebten Marke Ben & Jerry's detailgetreu nachempfunden war. Die Anwendung fungierte als virtueller Auswahltest. Das sogenannte E-Assessment ist nichts Neues, doch meistens sind das ganz öde Testfragen. Hier war alles aufwendig in eine Rahmenstory eingebettet. Figuren, die realen Mitarbeitern nachempfunden waren, begrüßten den Bewerber und führten ihn durch das Werk zu Stationen, an denen jeweils Aufgaben zu bewältigen waren. Und zwar unter Zeitdruck. Ziel des Spiels war es, eine neue Eissorte auf den Markt zu bringen. Dafür mussten Marktstudien ausgewertet, Preise kalkuliert und Produktionsanlagen optimiert werden. Ganz schön anspruchsvoll! Aktuell befindet sich der Auswahlprozess in der Überarbeitung, um auch vor dem Hintergrund des digitalen Wandels, auf globaler Ebene einheitliche Standards zu schaffen. Unilever ist eines der ersten Unternehmen, die Auswahltests komplett ins Internet verlegt haben. In den Niederlanden ist Unilever übrigens der beliebteste Arbeitgeber für Studenten und Absolventen. In Deutschland ist Unilever der beliebteste Arbeitgeber in der Konsumgüterindustrie und zählt zu den 20 attraktivsten Unternehmen für Studenten und Absolventen.

Was macht Unilever, um die besten Mitarbeiter zu finden und zu binden?

- ABC-Beurteilung für Führungskräfte findet bei Unilever mit einem Ampelsystem statt. Grün = A, Rot = C, Weiß = B, Orange = B-. Unseres Wissens ist Unilever das einzige Großunternehmen, das eine ABC-Beurteilung durchführt und dabei den Betriebsrat integriert. Der Betriebsrat befürwortet das System, weil es transparent ist, Probleme früh erkennen lässt und A-Mitarbeitern Aufstiegschancen eröffnet.

- Die neue Zentrale für Deutschland, Österreich und Schweiz in der Hamburger Hafencity ist ein Meilenstein der Büroarchitektur und ermöglicht Mitarbeitern intensive Kommunikation und Spaß bei der Arbeit.
- Das Unternehmen ist top geführt. Führungskräfte lernen in sogenannten UMDP-Workshops (Unilever Management Development Programme), ihre Mitarbeiter mit effektivem Feedback oder Coaching zu stärken und zu fördern.
- Auch Work-Life-Balance ist bei Unilever nicht nur ein Feigenblatt. So bietet das Unternehmen etwa sogenannte Wellbeing-Workshops an, um das Thema Achtsamkeit stärker hervorzuheben.
- Ein kultureller Wandel von Monolog zu Dialog hat eingesetzt. Alexandra Heinrichs, Vice President Human Resources DACH erklärt: »Ich denke, wir sind etwas Besonderes und haben uns verändert von einer Firma, die über sich informiert, zu einer, die mit potenziellen Kandidaten ins Gespräch kommt.«
- Unilever hat sich das Thema Nachhaltigkeit groß auf die Fahnen geschrieben. Ziel ist es, das Geschäft zu verdoppeln und gleichzeitig den »ökologischen Fußabdruck« deutlich zu verkleinern.

In unserer Online-Mediathek zum Buch unter www.geheimnis-der-champions.de/mediathek finden Sie eine Fülle von kostenlosen Zusatzangeboten: Formulare und Vorlagen, Videos, Artikel, Buchtipps und mehr!

Glücksfirma Happy Limited:
Lies keine Zeugnisse, suche nach dem Leuchten in den Augen

Unternehmen: Happy Ltd.
Hauptsitz: London, Großbritannien
Branche: IT-Schulungen, E-Learning, Unternehmensberatung
Umsatz: 6 Mio. Britische Pfund
Website: www.happy.co.uk
Gründungsjahr: 1988
Anzahl der Mitarbeiter: 50

Der Unternehmer Henry Stewart ist ein optimistischer Mensch. Als er vor über 25 Jahren in London eine IT-Schulungsfirma gründete, nannte er sie »Happy Computers«. Seine Vision: glückliche Kunden, glückliche Mitarbeiter und ein glücklicher Chef. Dummerweise geriet der Weg zum Glück am Anfang so steinig wie eine Wanderung auf dem Mars. Das lag zum Großteil am Chef selbst. Wie so viele Gründer schaffte er es nicht, loszulassen und seine Mitarbeiter machen zu lassen, was sie am besten können. Eines Tages hatte der Engländer ein Schlüsselerlebnis. Er erzählt das heute gerne ungefähr so:

Es war im Urlaub an einem traumhaften Strand. Henry Stewart hatte eine wunderschöne Villa gemietet. Gleich nebenan lockte ein Restaurant mit dem besten Hummer weit und breit. Die ganze Familie genoss die Sonne und das Meer. Die ganze Familie? Nein, Henry hing die meiste Zeit an seinem Mobiltelefon. Seit Stunden versuchte er jetzt schon, seinen Verkaufsleiter zu erreichen, und bekam ihn einfach nicht an die Strippe. Die Sache war ihm wirklich wichtig, deshalb versuchte er es immer wieder. Irgendwann begannen die Kinder zu weinen, weil Papi mit ihnen keine Sandburgen baute. Der Unternehmer war völlig entnervt. Er stand auf und ging ein paar Schritte am Strand entlang. Sein

Telefon hielt er immer noch in der Hand. Da kam er an einem anderen Urlauber vorbei, der mit seinen beiden Kindern fröhlich Frisbee spielte. Die Blicke der Männer trafen sich.

»Du siehst aber gestresst aus«, meinte der andere Urlauber.

»Was weißt du schon über Stress?«, entgegnete Henry verstimmt.

»Oh, eine ganze Menge«, antwortete der andere Familienvater. »Vor allem darüber, wie man ihn loswird. Am besten fängst du damit an, dein Handy zu Hause zu lassen, wenn du in den Urlaub fährst.«

»Das geht nicht. Ich bin Unternehmer. Ich muss mein Unternehmen am Laufen halten.«

»Wirklich? Ich bin auch Unternehmer. Aber während meines Urlaubs muss ich weder meine Mitarbeiter anrufen, noch melden die sich bei mir.«

Henry starrte ihn ungläubig an. »Wie machst du das?«

»Indem ich jedem einzelnen Mitarbeiter vollständig vertraue.«

»Wie meinst du das?«

»Schon mal was von Ricardo Semler und seiner Firma Semco gehört? Lies einfach mal sein Buch. Darin erklärt er, wie alles funktioniert.«

Henry Stewart ließ das kurze Gespräch nicht mehr los. Immer musste er an den anderen Unternehmer denken, der so glücklich wirkte und sich im Urlaub einfach entspannen konnte. Er bestellte das Buch von Ricardo Semler über das Semco-Prinzip (siehe auch unser Kapitel zu Semco in diesem Buch) und verschlang es an einem Tag. Er war so begeistert, dass er sich sofort daran machte, die Prinzipien von Vertrauen, Freiheit und Selbstbestimmung für seine Mitarbeiter einzuführen. Doch würde es wirklich funktionieren? Plötzlich erkrankte Henry Stewart und musste für mehrere Wochen ins Krankenhaus. Nur zwei Mal war er kurz telefonisch in Kontakt mit seiner Firma. Als er an seinen Schreibtisch zurückkehrte, rief er als Erstes am Computer die Zahlen auf – und traute seinen Augen nicht: Die Umsätze waren in seiner Abwesenheit gestiegen! Da wusste er, dass er auf dem richtigen Weg war.

Eine Firma, die ihr Glück bereits im Namen trägt

Happy Limited, wie die Firma von Henry Stewart inzwischen heißt, ist das vielleicht bekannteste kleine Unternehmen in Großbritannien. Das Personalmanagement wird von der Fachpresse in den höchsten Tönen gelobt. Zudem regnet es Preise und Auszeichnungen. So kürte die *Financial Times* Happy in einem Jahr zum zweitbesten Arbeitgeber auf der gesamten Insel. Einen weiteren Preis gab es in einem anderen Jahr als kleines Unternehmen mit dem größten positiven Einfluss auf die Gesellschaft. Ebenfalls bei der *Financial Times* war Happy der Sieger in der Kategorie Work-Life-Balance. Auf die Auszeichnungen für die besten IT-Trainingsfirmen scheint man bei Happy Limited schon ein Abo zu haben. Die Firma mit gerade einmal 50 Mitarbeitern hat, kurz gesagt, einen Ruf wie Donnerhall und kann im hart umkämpften Markt für IT-Trainings doppelt so hohe Preise verlangen wie durchschnittlich gezahlt werden. Neben dem Kerngeschäft mit IT-Schulungen unter der Marke Happy Computers gibt es inzwischen auch Happy E-Learning als Sparte für Selbstlernprogramme. Der am schnellsten wachsende Geschäftsbereich heißt jedoch Happy People. Unter dieser Marke beraten Henry Stewart und seine Leute andere Unternehmen und zeigen ihnen, wie man ein großartiger Arbeitgeber wird.

Unternehmer im Zeichen des Mitarbeiterglücks: Henry Stewart. Quelle: Happy Computers

Nur wenige europäische Unternehmen haben die Impulse von Ricardo Semler und Semco so konsequent umgesetzt wie Happy Limited. Über die Jahre hat Henry Stewart das Semco-System seinen eigenen Bedürfnissen angepasst und es ständig verfeinert. Mittlerweile ist seine ganz eigene Philosophie daraus geworden. Henry Stewart hat die wichtigsten Prinzipien in einem Büchlein mit dem Titel *The Happy Manifesto* auf den

Punkt gebracht. Der Dreh- und Angelpunkt des Manifests (die Kurzform haben wir für Sie im Kasten am Ende dieses Abschnitts abgedruckt) ist der besondere Umgang mit Mitarbeitern. Wie können Mitarbeiter ihr Bestes geben? Henry Stewart ist überzeugt: indem Chefs ihnen absolutes Vertrauen schenken und ihnen die Freiheit geben, Herausforderungen eigenverantwortlich zu meistern. Vorgesetzte dürfen nicht Polizei spielen, sondern müssen *enabler* sein – »Ermöglicher«, Förderer, Unterstützer. Bei Happy Limited ist man davon überzeugt, dass die Mitarbeiter selbst am besten wissen, wer das Zeug dazu hat, sie optimal zu fördern und zu unterstützen. Deshalb propagiert Henry Stewart, dass Mitarbeiter ihre Vorgesetzten selbst wählen.

Das Happy-Manifest

(Kurzfassung)

1. *Vertraue deinen Mitarbeitern*
   Höre auf mit Lob und Anerkennung. Erkenne lieber an, was schon da ist, und konzentriere dich darauf, deine Mitarbeiter zu unterstützen.
2. *Sorge dafür, dass deine Mitarbeiter sich gut fühlen*
   Mache das zur Hauptaufgabe des Managements.
3. *Gewähre Freiheit auf der Basis klarer Regeln*
   Menschen wollen wissen, was von ihnen erwartet wird. Aber sie wollen auch Freiheit, um selbst herauszufinden, wie sie ihre Ziele am besten erreichen.
4. *Sei offen und transparent*
   Je mehr Informationen verfügbar sind, desto mehr Mitarbeiter können Verantwortung übernehmen.
5. *»Recruit for attitude, train for skill«*
   Achte beim Recruiting nicht auf Qualifikationen und Erfahrungen, sondern auf die Haltung und das Potenzial eines Bewerbers.
6. *Feiere Fehler*
   Schaffe eine Kultur, die vollkommen frei ist von Vorwürfen und Schuldzuweisungen.
7. *Nutze nicht allein dir, sondern auch der Gesellschaft*
   Habe einen positiven Einfluss auf die Gesellschaft, während du deine Organisation erfolgreich machst.

8. *Liebe deine Arbeit, aber gönne dir auch ein Leben*
   Die Welt und dein Job verlangen, dass du gut ausgeruht bist, dich gesund ernährst und von deinem privaten Umfeld unterstützt wirst.
9. *Wähle Manager aus, die gut managen*
   Stelle sicher, dass deine Mitarbeiter von jemandem unterstützt werden, der das auch wirklich gut kann, und gib denjenigen, die keine guten Führungskräfte sind, lieber andere Aufgaben. Lass am besten die Mitarbeiter ihre Führungskräfte selbst wählen.
10. *Setzt eure Stärken ein!*
    Sorge dafür, dass deine Mitarbeiter die meiste Zeit das tun, was sie am besten können.

Die etwas andere Art von Recruiting und Mitarbeiterbindung

Happy Limited hat nicht nur einen ungewöhnlichen Namen, sondern auch sonst seine Eigenarten. Das fängt bei der Rekrutierung an. Statt Stellen auszuschreiben oder gar Anzeigen zu schalten, hat die Firma im Internet eine Interessentenliste. Wer also Interesse an einer Mitarbeit bei Happy hat, kann das online bekunden und wird dann laufend informiert. Aktuell stehen rund 2000 Interessenten auf der Liste. Nicht schlecht für eine Firma mit 50 Leuten. Wenn neue Mitarbeiter benötigt werden, verschickt Happy einfach eine Mail an alle Interessenten. Auf eine Trainerstelle melden sich dann etwa 100 Bewerber. Der Einstellungsprozess? Nun, dazu muss man wissen, dass Henry Stewart von Zeugnissen ebenso wenig hält wie von Bewerbungsgesprächen. Richard Branson würde mit seinen Zeugnissen bei Virgin niemals einen Job bekommen, meint der Happy-Chef. Und im Bewerbungsgespräch um eine Stelle als Mittelstürmer würde ein Fußball-Kommentator besser abschneiden als jeder Spieler. Es komme jedoch nicht darauf an, über einen Job möglichst gut reden zu können, sondern ihn möglichst gut zu machen.

Die Vergangenheit eines Kandidaten sage nichts über seine Zukunft, glaubt Henry Stewart. Happy Limited ist allein am Potenzial interessiert. Deshalb soll jeder Bewerber einen Tag lang zeigen, wie gut er den jeweiligen Job macht. Statt Zeugnisse zu lesen, will Henry Stewart ein Leuchten in den Augen des Kandidaten sehen. Die innere Haltung zählt. Was an Kenntnissen und Fähigkeiten noch fehlt, kann man lernen. Henry Stewart sagt: »Verkäufer sollen Spaß am Verkaufen haben, Trainer sollen begeistert lehren, und Führungskräfte sollen gut mit Menschen umgehen können und dies auch noch gerne tun.« Manchmal bekommen Quereinsteiger den Vorzug vor erfahrenen Fachleuten, weil Happy in ihnen mehr Potenzial erkennt. Dass unter diesen Bedingungen nicht alles auf Anhieb klappen kann, ist klar. Bei Happy Limited begegnet man diesem Umstand mit einer ausgeprägten Fehlerkultur. Vorwürfe und Beschuldigungen sind tabu. Klares Feedback genügt. Jeder soll seine Fehler machen und daraus lernen dürfen.

Ein weiterer großer Baustein ist Transparenz. Bei Happy Limited werden alle Gehälter intern offengelegt. Jeder Mitarbeiter hat Zugang zu einer Tabelle, die nicht nur das aktuelle Gehalt zeigt, sondern zurückgeht bis zum Einstiegsgehalt. Was Gründer und Geschäftsführer Henry Stewart verdient? Auch das ist für die Mitarbeiter kein Geheimnis. Übrigens: In manchen Ländern ist der transparente Umgang mit Gehältern und Einkommen längst Normalität, so zum Beispiel in Schweden und Norwegen. Bei der Arbeitgeberbewertungsplattform Glassdoor bewerten Mitarbeiter auch hierzulande nicht nur ihre Arbeitgeber, sondern auch ihr Gehalt. Wir schätzen, dass sich diese Entwicklung in den nächsten Jahren deutlich fortsetzen wird. Denjenigen Unternehmen, die heute noch ein großes Geheimnis um ihre Gehaltsstruktur machen, können wir nur empfehlen, sich rechtzeitig darauf einzustellen. Vorreiter wie Happy Limited beweisen, dass die Angst vor solcher Transparenz unbegründet ist. Also: Don't worry, be happy.

Was macht Happy Limited, um die besten Mitarbeiter zu finden und zu binden?

- Bei Happy Limited sieht man es als die wichtigste Management-Aufgabe, dass Mitarbeiter sich wohlfühlen. Jedem Einzelnen wird maximales Vertrauen geschenkt. Die Mitarbeiter arbeiten eigenverantwortlich und wählen ihre Führungskräfte selbst.
- Statt Stellenausschreibungen und Stellenanzeigen gibt es online eine Interessentenliste. Wer Interesse an einer Mitarbeit hat, trägt sich hier ein. Ist eine Stelle zu besetzen, geht eine E-Mail an alle Interessenten.
- Zeugnisse werden nicht gelesen, Bewerbungsgespräche finden keine statt. Die Kandidaten sollen durch Probearbeit überzeugen. Die innere Haltung und das vermutete Potenzial entscheiden.

- Happy Limited hat eine ausgeprägte Fehlerkultur. Vorwürfe und Beschuldigungen sind tabu. Jeder soll Fehler machen und daraus lernen dürfen.
- Alle Gehälter werden intern offengelegt. Jeder Mitarbeiter hat Zugang zu einer Tabelle, die nicht nur das aktuelle Gehalt zeigt, sondern zurückgeht bis zum Einstiegsgehalt.
- Work-Life-Balance spielt eine große Rolle. Die Mitarbeiter sollen sich nach der Arbeit ausruhen und erholen. Ständige Verfügbarkeit ist verpönt. Im Urlaub darf und soll man unerreichbar sein.
- Die Arbeit von Happy Limited will gleichzeitig dem Gemeinwohl dienen. 10 Prozent des Gewinns werden gespendet: 4 Prozent in bar und 6 Prozent in Form von bezahlter Arbeit der Mitarbeiter für gemeinnützige Zwecke. Neben Motivation über Sinnstiftung ist hier auch das Ziel, den Erfahrungshorizont der Mitarbeiter zu erweitern.

In unserer Online-Mediathek zum Buch unter www.geheimnis-der-champions.de/mediathek finden Sie eine Fülle von kostenlosen Zusatzangeboten: Formulare und Vorlagen, Videos, Artikel, Buchtipps und mehr!

Die 25 Erfolgsfaktoren der Champions

Wir haben Ihnen in diesem Buch 30 exzellente Unternehmen vorgestellt. Alle haben dasselbe »Geheimnis«, das ihren Erfolg ausmacht: die besten Mitarbeiter finden und binden. Das hat überall höchste Priorität. An erster Stelle kommen die Mitarbeiter, daraus ergibt sich alles andere. Der amerikanische Management-Experte Jim Collins sagte einmal: »Die altbekannte Weisheit, dass Menschen das größte Kapital einer Firma sind, stellt sich mittlerweile als falsch heraus. Nicht irgendwelche Menschen sind es, sondern die Besten und aus den Besten die Richtigen.« Jedes der 30 Unternehmen hat die Besten und die Richtigen. Und es hat seinen eigenen Fußabdruck. Alle Firmen sind auf ihre eigene Art erfolgreich. Beim Schreiben dieses Buchs hat es uns enormen Spaß gemacht, diese Vielfalt zu entdecken, einzuordnen und für unsere Leser zu einer Inspirationsquelle zu machen. Bei aller Vielfalt sind uns gleichzeitig etliche Gemeinsamkeiten aufgefallen: Werte und Prinzipien, Strategien und Maßnahmen, die sich bei allen – oder fast allen – dieser 30 Unternehmen in der einen oder anderen Form finden. In unserem abschließenden Kapitel stellen wir Ihnen die Gemeinsamkeiten vor und verraten Ihnen, warum wir gerade diese Herausforderungen für so erfolgsentscheidend halten.

1. Radikale Fokussierung auf A-Mitarbeiter

Vorreiter: Apple, Google, McKinsey, tempus, Schindlerhof, Ritz-Carlton

Die besten Unternehmen der Welt haben fast ausschließlich A-Mitarbeiter. Steve Jobs von Apple hat einmal gesagt: »Sobald du jemanden aus der B-Kategorie einstellst, fängt der an, andere B und C ins Boot zu holen.« Bei Google und vielen anderen Unternehmen denkt man genauso: Nur die Besten sind gut genug. Die Unternehmensberatung McKinsey betreibt eine fast schon fanatische Auslese, um nur die Allerbesten hereinzulassen. Fünf Berater entscheiden nach fünf Gesprächen über eine Zu- oder Absage. Ist einer dagegen, bleibt der Bewerber draußen. Das entspricht auch unserer Devise: Lieber keinen neuen Mitarbeiter einstellen, als einen B-Mitarbeiter. Eine gute Faustregel besteht darin, dass Sie nur Leute einstellen, die besser sind als Sie selbst.

Gallup liefert im Frühjahr jedes Jahres die aktuellen Zahlen zum Thema ABC-Mitarbeiter. Eine Mitarbeiterbeurteilung (als Download auf der Website zu diesem Buch erhältlich) zeigt Ihnen, wo Sie mit Ihren Mitarbeitern stehen. Aktuell sind die Gallup-Zahlen für Deutschland im Durchschnitt 15 Prozent A, 70 Prozent B und 15 Prozent C. Unsere Zielvorgabe, wenn wir als Berater gerufen werden, ist 80–20–0. Das ist ein Wert, der in der Regel nach drei bis vier Jahren erreicht werden kann. Solche Firmen sind dann global wettbewerbsfähig. Annähernd 100–0–0 ist der Wert, der meisten Firmen in diesem Buch. Nicht nur im Silicon Valley betreibt man eine unduldsame Mitarbeiterauswahl. In Spitzen-Companies weiß man: Nur wenn wir diese rigorose Auswahl weiter durchhalten, werden wir die nächsten 10 bis 20 Jahre an der Spitze bleiben. Unser wichtigster Rat: Machen Sie bei der Mitarbeiterauswahl keine Kompromisse – niemals.

2. Systematische Mitarbeiterbeurteilung

Vorreiter: General Electric, Google, Yahoo, Unilever, tempus, Willow Creek, Mars

A, B oder C? Wenn schlecht geführte Unternehmen eine Mitarbeiterbeurteilung einführen, dann steht das Haus kurz darauf in Flammen. Ein Unternehmen muss also zuerst mal an seiner Kultur arbeiten, bevor es Mitarbeiterbeurteilungen einsetzt. Es müssen Offenheit und Vertrauen herrschen. Bei exzellent geführten Unternehmen gehört die systematische Mitarbeiterbeurteilung häufig selbstverständlich dazu. In einer Vertrauenskultur ist das auch kein Problem. Google bewertet seine Mitarbeiter sogar vierteljährlich. Vielleicht ist das übertrieben, bei A-Mitarbeitern in einer Vertrauenskultur allerdings auch kein Problem.

Problematisch ist aus unserer Sicht lediglich das sogenannte Forced Ranking. Hier kommt es auf die Situation an. Wenn kein Weg daran vorbeiführt, dass Sie Leute entlassen müssen, dann können Quoten dabei helfen, dass Sie die richtigen entlassen. Nämlich die Minderleister. Bei gesunden Unternehmen, die kein Personal abbauen müssen, wirkt Forced Ranking oft zerstörerisch. Dazu haben Sie in diesem Buch Beispiele gelesen.

Aktuell beobachten wir, dass Firmen sich von der Mitarbeiterbeurteilung generell verabschieden. Klar, sie macht weder Mitarbeitern noch Vorgesetzten Spaß. Wo es sie gibt, ist sie oft nicht ehrlich. Mitarbeiter sagen: »Lieber Vorgesetzter, wenn du mir eine halbwegs ordentliche Note gibst, dann werde ich dich bei der Vorgesetztenbeurteilung auch nicht im Regen stehen lassen.« Aus unserer Sicht eine bedenkliche Entwicklung. Es geht darum, das Unternehmen voranzubringen, und da ist die Frage, ob etwas Spaß macht oder nicht, völlig unangebracht. Mitarbeiterbeurteilung ist zielführend, fair und effektiv. Sie gehört zu gutem Personalmanagement dazu.

3. Neue Architektur und Arbeitsumgebungen

Vorreiter: Unilever, Microsoft, Apple, Google, Mars

Menschen werden von ihrer Umgebung stark beeinflusst. Die besten Unternehmen haben begonnen, Architektur von den Mitarbeitern her zu denken und Arbeitsumgebungen nach den Bedürfnissen der Mitarbeiter zu gestalten. Das betrifft insbesondere Firmen wie Microsoft, Apple oder Google, die fast ausschließlich Wissensarbeiter beschäftigen. Dank der heutigen IT können sie theoretisch überall arbeiten. Wenn sie dennoch ins Büro kommen, soll vor allem Kommunikation mit anderen Mitarbeitern stattfinden. Das Beispiel Mars zeigt, dass offene, die Kommunikation fördernde Arbeitsumgebungen mit kurzen Wegen auch in der Produktion große Vorteile haben.

Die neue Architektur, verbunden mit Vertrauensarbeitszeit, ist oft deutlich teurer als die alte, da durch die verschiedenen Anwesenheitszeiten deutlich mehr Quadratmeter pro Mitarbeiter gebraucht werden. Das könnte Unternehmen zunächst abschrecken. Unilever und andere weisen jedoch nach, dass sich die Investition in wenigen Jahren amortisiert. Neue Architektur kann ein Turbo für die Produktivität sein. Wir können Ihnen nur empfehlen, sich gelungene neue Arbeitsumgebungen anzusehen und sich Inspiration zu holen. Microsoft zum Beispiel hat interessante Angebote für Interessenten an seinen neuen Bürowelten.

4. Hire for Attitude, Train for Skills

Vorreiter: Happy Computers, Schindlerhof, easySoft, Chick-fil-A, Ritz-Carlton

Früher schauten Personaler auf den Lebenslauf und hakten ab, ob ein Bewerber die nötigen Kenntnisse und Fähigkeiten für einen Job mitbrachte. Exzellente Unternehmen achten oft viel mehr auf Persönlichkeit, Werte und Einstellung eines Bewerbers. Das Motto lautet: »Hire for attitude, train for skills.« Kenntnisse und Fähigkeiten müssen heute ohnehin ständig neu erlernt werden. Schon deshalb ist die Einstellung wichtiger als ein Wissen, das im Zweifel schnell veraltet ist. Wir gehen sogar noch einen Schritt weiter und sagen: Je mehr die charakterlichen Fragen geklärt sind und je besser das Miteinander funktioniert, desto erfolgreicher wird das Unternehmen sein.

Auf dem alten 50-D-Mark-Schein war das Holstentor in Lübeck abgebildet. Dort steht in Stein gehauen: »Friede drinnen und Wohlstand draußen.« Mit anderen Worten: Wenn sich die Menschen innerhalb der Stadtmauer vertragen, dann wird es allen hervorragend gehen. Viele Unternehmer haben daraus den Schluss gezogen: Weil ich das Zusammenleben meiner Mitarbeiter nicht hinbekomme, bleibe ich alleine. Aber Achtung: Ein großes und bedeutendes Unternehmen können Sie nur mit einem Team entwickeln, das einen wertschätzenden Umgang pflegt – innerhalb und außerhalb des Unternehmens.

5. Work-Life-Balance

Vorreiter: easySoft, Upstalsboom, Phoenix Contact

Die einen mögen den Begriff »Work-Life-Balance«, die anderen hassen ihn, weil sie sagen: Arbeit ist doch auch Leben! Manche werden kreativ, so wie zum Beispiel easySoft, wo man von Work-Life-Blend spricht. Im Kern sind sich die besten Unternehmen jedoch einig: Alle fördern in irgendeiner Form, dass sich ihre Mitarbeiter nicht auspowern, sondern ausreichend Möglichkeit haben, ihre Batterien wieder aufzuladen. Im Silicon Valley passiert da unglaublich viel, wie Sie im Kapitel über Google lesen konnten. Eine Firma wie Google hat allein Sportplätze, die sich auch als Leistungszentren für Spitzensportler eignen würden. Kostenloses Essen in riesiger Auswahl wird im Silicon Valley schon fast erwartet. In unserem Mittelstand darf alles gerne etwas bescheidener sein, solange gute Laune herrscht und Sie gute Ideen haben. Gemeinsame Freizeitaktivitäten der Mitarbeiter zu organisieren muss nicht zwangsläufig teuer sein. Ein einzelnes Büro als Eltern-Kind-Büro einzurichten ist auch schnell umgesetzt. A-Mitarbeitern mehr zu vertrauen und ihnen größere Freiheit und Flexibilität einzuräumen ist sogar komplett kostenlos.

6. Freiheit und Selbstverantwortung

Vorreiter: Semco, W. L. Gore, dm-drogerie markt, Resourceful Humans, Pike Place Fish

Ein Höchstmaß an Freiheit und Selbstverantwortung für die Mitarbeiter ist einer der wichtigsten Trends überhaupt bei exzellenten Unternehmen. Bei W. L. Gore gibt es zum Beispiel keine Chefs im herkömmlichen Sinn. Die Mitarbeiter suchen sich selbst ihre nächste Aufgabe und verpflichten sich gegenüber ihrem Team dazu. Bei dm-drogerie markt leiten Azubis im letzten Ausbildungsjahr für einige Wochen komplett eigenverantwortlich eine Filiale. Erfolgreiche Firmen suchen nicht Mitarbeiter, die verwalten, sondern Mitarbeiter, die gestalten. In den Reihen der Champions sind viele Mitarbeiter, die selbst das unternehmerische Gen haben. Steve Jobs von Apple hat Chefs immer davor gewarnt, sich nur mit angepassten Leuten zu umgeben, die alles abnicken und mit ihrer Meinung hinterm Berg halten. In den besten Unternehmen der Welt sitzen eine Menge Querdenker, deren Meinung manchmal nur wenige teilen. Diese Menschen sind nicht immer angenehm im Umgang. Aber sie bringen die Firma voran. Werden sie mundtot gemacht, dann sitzen sie morgen bei der Konkurrenz – oder machen ihre eigene Firma auf.

7. Transparenz für alle Mitarbeiter

Vorreiter: Semco, Happy Ltd., tempus, easySoft, mindsquare, Ritz-Carlton

Hier bei tempus steht in der 23 Meter langen Infothek alles Wissen täglich upgedated allen zur Verfügung, bis hin zu täglichen Informationen über Umsatz, Gewinn und andere Kennzahlen. easySoft setzt ebenfalls auf Open-Book-Management. Transparenz ist für viele der besten Unternehmen ein Erfolgsfaktor. Unternehmerisch handelnde Mitarbeiter wollen – wie ein echter Unternehmer – Entscheidungen treffen, und dazu brauchen sie alle Informationen. Hierarchien über den Grad von Informiertheit zu definieren funktioniert immer weniger. Wichtig ist es allerdings, Mitarbeiter einzustellen, die sich für die ihnen zur Verfügung gestellten Informationen auch interessieren und damit etwas anfangen können. Auch daran erkennen Sie A-Mitarbeiter. Haben Sie Mitarbeiter, die nicht einmal den Jahresumsatz oder die Gesamtzahl ihrer Kollegen grob im Kopf haben? Die werden sich auch für detailliertere Informationen kaum interessieren.

8. Spaß bei der Arbeit und danach

Vorreiter: Pike Place Fish, easySoft, mindsquare, Coplaning, Maschinenringe

Top-Talente suchen sich heute ihren Arbeitgeber aus – statt umgekehrt. Da spielt der Spaßfaktor eine immer größere Rolle. Ein Unternehmen, wo die Arbeit keinen Spaß macht, kann noch so viele Herausforderungen bieten und bleibt doch zweite Wahl. Viele der besten Unternehmen fördern auch gemeinsame Aktivitäten der Mitarbeiter abseits der eigentlichen Arbeit. Bei der Softwarefirma easySoft wird mittags gemeinsam gekocht. Beim Handwerksbetrieb Coplaning gibt es regelmäßig einen »Fun-Tag« mit Ausflügen und Events. Steve Jobs von Apple liebte sogar mehrtägige Ausflüge mit seinen besten Leuten. Also: Geben Sie Kandidaten einen guten Grund, um bei Ihnen zu arbeiten, denn bei Licht betrachtet ist es doch so: Nicht der Kandidat bewirbt sich bei Ihnen. Es ist umgekehrt: Sie bewerben sich beim Kandidaten. Spaß bei der Arbeit bedeutet ja nicht, dass alles immer lustig sein muss. Bei den besten Unternehmen der Welt sind einfach alle engagiert und mit Freude bei der Sache.

9. Mehrstufige Einstellungsfilter

Vorreiter: Apple, Schindlerhof, tempus, Chick-fil-A, Ritz-Carlton, Maschinenringe, Coplaning, mindsquare

Wer die besten Leute will, verlässt sich bei Bewerbern nicht auf ein einziges Gespräch oder allein auf einen geschickt ausgefüllten Fragebogen. Mehrstufige Einstellungsprozesse sind der neue Goldstandard. Unser Einstellungsprozess bei tempus hat zum Beispiel neun Stufen, der vom Schindlerhof hat 13 Stufen. Im Silicon Valley ist es durchaus üblich, Interviews über mehrere Tage fortzusetzen und dann noch ein Interview mit den zukünftigen Kollegen und dem zukünftigen Chef draufzusatteln. Überlassen Sie die Entscheidung nicht nur einem Einzelnen. Wenn Sie zukünftige Kollegen und auch Personen der darunter liegenden Hierarchien einladen, müssen diese nicht unbedingt Fragen stellen. Sie sollten sich jedoch Notizen machen, die man hinterher abgleichen kann. So entsteht ein möglichst umfangreiches Bild des Bewerbers. Und das nächste Interview wird schon wieder deutlich aussagefähiger.

10. Feedback-Kultur

Vorreiter: Schindlerhof, dm-drogerie markt, easySoft, Resourceful Humans, tempus

Kaum etwas motiviert mehr als unmittelbares, positives Feedback auf gute Leistungen. Exzellente Unternehmen haben eine ausgeprägte Feedback-Kultur. Bei der Handelskette dm-drogerie markt wird zum Beispiel auf spontanes Lob für kleine Dinge viel Wert gelegt. Bei easySoft gibt es im Intranet die »tägliche Erfolgsgeschichte«. Der Schindlerhof und die Resourceful Humans haben originelle Tools entwickelt: bei dem Nürnberger Hotel den »Mitarbeiter-Aktienindex« (MAX) als spielerisches Instrument der Selbsteinschätzung und bei der Berliner Unternehmensberatung ein Punktesystem, das an die Verkäuferbewertung bei eBay erinnert. Eines der Werte hier bei tempus ist: »Geben Sie angemessene und echte Anerkennung.« In jeder Sitzung der Geschäftsleitung wird am Anfang oder Ende gefragt: »Hast du heute schon einen Mitarbeiter gelobt? Falls nein, weißt du denn noch, wie es geht?« Quartalsgespräche helfen, die Zielerreichung zu diskutieren. Das sollte immer verbunden sein mit der Frage: Wie kann ich einen Mitarbeiter noch besser unterstützen, seine Ziele zu erreichen? Eine echte Feedback-Kultur zeichnet sich also durch ein breites Spektrum aus, das von kleinen, mündlichen Feedbacks im Alltag bis hin zu strukturierten und zieleorientierten Mitarbeitergesprächen reicht.

11. Blogs, Videos und Social Media

Vorreiter: VBZ, Festo, Phoenix Contact

Der Hype um Social Media ist vorbei – Social Media gehören jetzt selbstverständlich zum Recruiting-Mix. Blogs, Online-Videos und Auftritte bei Facebook, XING & Co. sind der zukünftige Standard. Die Champions machen es vor. Der Azubi-Blog, erfunden von Festo, wurde mittlerweile viel kopiert. Die zahlreichen Online-Aktivitäten von mindsquare haben wir in diesem Buch einmal genauer aufgezeigt: Stepstone, Monster, XING, Absolventa, Get in IT, Kununu – alles vertreten. YouTube-Videos haben heute fast alle der Vorreiter-Unternehmen. Sechsstellige Beträge als Investition in Jobvideos sind schon längst keine Seltenheit mehr. Ein originelles, unterhaltsames und dabei gleichzeitig informatives Video hat das Zeug zu einem Renner im Internet. Sie müssen auch nicht nur das machen, was alle machen. Einige nutzen auch weniger bekannte Kanäle, wie zum Beispiel Watchado. Und wenn es bei Ihrem Unternehmen im wahrsten Sinn des Wortes viel zu sehen gibt, dann präsentieren Sie sich doch nicht nur auf Facebook, sondern auch bei Instagram. Übrigens: Kennen Sie den »Klout-Score«? Klout ist ein in San Francisco beheimatetes Unternehmen, das auf der Grundlage der Analyse von Social Media ein Rating des Einflusses von Nutzern erstellt. Die Skala von Klout, eben der Klout Score, reicht von 1 bis 100 und gibt den Online-Einfluss einer Person wider. Barack Obama hat einen Klout Score von 99. So wird Einfluss über Social Media messbar.

12. Weiterbildungs- und Qualifikationsoffensiven

Vorreiter: General Electric, Apple, Thullesen, Phoenix Contact, Festo, domino-world

Ein Mega-Trend, den wir klar sehen: Unternehmen schließen die Lücken, die das staatliche Schul- und Ausbildungssystem lässt. Top-Unternehmen gehen in die Offensive. Sie bilden ihren eigenen Nachwuchs aus und sorgen dafür, dass ihre bestehenden Mitarbeiter ständig besser werden. Thullesen und Phoenix Contact machen junge Menschen ausbildungsfähig, die das Schulsystem nicht mehr erreicht hat. Festo steckt 1,5 Prozent vom Umsatz in seine Academy und seine Lernzentren. Die firmeneigene Universität von General Electric in Crotonville hat die halbe Business-Elite Amerikas geprägt, und um die Apple University ranken sich bereits Legenden.

Schulen vermitteln Schülern heute indirekt folgende Botschaft: »Es ist egal, was du tust, Hauptsache, du machst es gut.« Leider stimmt das nicht. Die richtige Botschaft wäre: »Richte deine Kräfte unermüdlich auf etwas, das du gut kannst. Konzentriere dich. Mach dir aber vorher Gedanken darüber, ob dein Wissen und deine Fähigkeiten in Zukunft noch einen Wert haben werden.« Eigenverantwortung ist richtig. Doch manchmal brauchen gerade junge Menschen auch einen Anstoß. Ein weiterer Trend: durch höhere Ansprüche bei Bildung und Fortbildung die Attraktivität als Arbeitgeber erhöhen. A-Mitarbeiter lieben Zusatzqualifikationen. Sie wollen einfach immer besser werden. Bei mindsquare durchlaufen deshalb sämtliche (!) Mitarbeiter die interne Managementausbildung. Es sind eben A-Mitarbeiter.

13. Employer-Branding-Kampagnen

Vorreiter: Unilever, SICK, VBZ

Employer Branding, die oft kampagnenartige Stärkung der Arbeitgebermarke, hat den Mittelstand erreicht. Insbesondere Unternehmen, die keine Produkte für Endverbraucher haben, investieren in die Bekanntheit ihrer Marke. Ein Leuchtturm, der nicht weit ins Land hinausstrahlt, wird keine Mitarbeiter anziehen. Das gilt auch für kleine Firmen, deren Leuchtturm dann eben regional funktionieren muss. Unter dem Stichwort »demografische Lücke« wird diskutiert, wie man hier in Zukunft noch Mitarbeiter findet. Wer seine Employer-Branding-Hausaufgaben gemacht hat, der wird immer genug Bewerber haben. Lassen Sie sich beim Employer Branding kein Programm von der Stange verkaufen. Die Werbung für die Arbeitgebermarke muss authentisch sein. Zahlreiche Mittelständler, die den Mut zu ungewöhnlichen Aktionen und Kampagnen hatten, wurden für ihren Mut belohnt. Bei der jungen Generation kommen Humor und Selbstironie in der Außendarstellung häufig gut an.

14. Strategisches Personalmanagement

Vorreiter: Apple, Google, Phoenix Contact, VBZ

Personalmanagement wird für Top-Unternehmen zum Schlüsselbereich. Entweder der Personaler kommt in die Geschäftsleitung, so wie bei Phoenix Contact, oder Personal ist ohnehin absolute Chefsache, so wie bei Google. In traditionellen Firmen gilt HR als eher langweilig. Im Personalbereich werden Daten gesammelt, die dann an die nächsthöhere Instanz weitergegeben werden. Jetzt allerdings hat sich das Ganze umgekehrt. HR stellt den Mitarbeitern vielfältige Infos zur Verfügung. Unternehmensstrategie wird damit mehr und mehr von den Mitarbeitern her entwickelt. Es ist einfach zunehmend so, dass Unternehmen nur das »unternehmen« können, wozu sie auch die passenden Leute haben. Je mehr Talent da ist, desto größer sind die Möglichkeiten. Strategisches Personalmanagement hat dafür zu sorgen, dass es immer die richtigen Leute für die richtigen Schritte gibt. Und dafür, dass sich die bestehenden Mitarbeiter ständig weiterentwickeln.

15. Active Sourcing

Vorreiter: Apple, Phoenic Contact, Coplaning

Warten auf Bewerbungen war gestern. Die Champions werden bei der Suche nach den Besten selbst aktiv. »Active Sourcing« lautet das Schlagwort. Steve Jobs galt bei Apple als der »oberste Headhunter«. Wer nicht direkt »abwerben« will, der spricht interessante Kandidaten zumindest an – bei Lehrveranstaltungen, auf Messen oder online über Social Media. Der Handwerksbetrieb Coplaning ermutigt seine Mitarbeiter, sich ständig in der Nachbarschaft und im Bekanntenkreis nach guten Leuten umzuschauen. Google zahlt für Empfehlungen der eigenen Mitarbeiter sogar viel Geld. Google hat für jede offene Stelle 6000 Bewerbungen – und trotzdem zahlen sie auch noch für die Empfehlungen eigener Mitarbeiter! 2000 Dollar gibt es für die Empfehlung, weitere 2000 Dollar, wenn der Arbeitsvertrag unterschrieben ist, und nochmals 2000 Dollar, wenn die Probezeit erfolgreich überstanden ist. In Summe also 6000 Dollar. Google hat sogar herausgefunden, dass es bei den Empfehlungen der eigenen Leute eine besonders hohe Trefferquote an Kandidaten gibt, die am Ende tatsächlich eingestellt werden. Und: dass es nichts bringt, die Prämien weiter zu erhöhen. A-Mitarbeiter empfehlen andere Talente nicht wegen des Geldes, sondern weil sie sowohl von ihrer Firma als auch von dem Kandidaten überzeugt sind.

16. Mitarbeiter-Verwöhnprogramme

Vorreiter: Google, Coplaning, tempus, W. L. Gore, easySoft

Bei den Goodies für die Mitarbeiter ist das Silicon Valley kaum zu toppen: riesige firmeneigene Sportanlagen, Top-Kinderbetreuung, Fahrservice, Massagen, kostenloses Essen von Spitzenköchen und und und. Doch auch in unseren Breiten lassen sich die besten Unternehmen eine Menge einfallen. Mit unseren »33 Rosen« für die Mitarbeiter gehören wir bei tempus seit vielen Jahren zu den Vorreitern. Bei Coplaning gibt es täglich für alle ein üppiges Frühstücksbüfett, zubereitet vom eigenen Koch. Um das alles zu toppen, haben viele der genannten Firmen nicht nur eine Gewinnbeteiligung, sondern auch eine echte Kapitalbeteiligung. Was auch immer Sie Ihren Mitarbeitern Gutes tun – und da sind der Fantasie kaum Grenzen gesetzt –, die Devise lautet: Geben und nehmen. Verlangen Sie viel von Ihren Mitarbeitern, aber geben Sie ihnen auch viel zurück.

17. Motivation durch Sinn statt Geld

Vorreiter: W. L. Gore, domino-world, Phoenix Contact, Upstalsboom

Nicht nur die junge Generation legt heute immer mehr Wert auf eine sinnvolle und erfüllende Tätigkeit. Finanzielle Anreize haben demgegenüber an Überzeugungskraft deutlich eingebüßt. Die Altenpfleger bei domino-world erleben zum Beispiel positive Fortschritte bei den ihnen anvertrauten alten Menschen wie sonst kaum irgendwo in der Branche. Phoenix Contact und andere Hightech-Firmen erklären Bewerbern ausführlich, wie ihre Produkte am Ende das Leben von Menschen verbessern. Das erhöht nicht nur die Produktivität, sondern macht Menschen zufrieden und glücklich. Ein Sanitärhandwerker hilft, die Lebensqualität zu verbessern, weil er Wohnungen sauber und gesund erhält. Ein Bandarbeiter komplettiert Produkte, die jemand gerne kaufen will und die ihm Freude machen. Die Aufgabe von Vorgesetzten ist es, diese Sinnvermittlung zu leisten. Sinnstiftung wird manchmal überbewertet. Wer sich die Zeit nimmt, einem Azubi zu erklären, welche Auswirkungen ein einzelner Arbeitsschritt auf viele andere hat, der stiftet bereits Sinn.

18. Präsenz an Schulen und Hochschulen

Vorreiter: McKinsey, Phoenix Contact, Maschinenringe, SICK, Thullesen

Immer mehr Top-Unternehmen gehen an die Schulen und Hochschulen, um möglichst früh Kontakte zu jungen Talenten zu knüpfen. Maschinenringe zum Beispiel bietet regelmäßig ein »After-School-Event« mit spannendem Rahmenprogramm. SICK lädt Schüler in den Sommerferien zur »SICK Summer University« ein. McKinsey unterhält schon lange etliche Kooperationen mit Hochschulen. Der »McKinsey Campus« in Kitzbühel ist ein mehrtägiges Seminar für Studenten. Thullesen hat insgesamt nur 30 Mitarbeiter (davon 8 Azubis). Trotzdem wird ein hauptamtlicher Lehrer beschäftigt, der bis zu 40 schwachen Schülern Nachhilfeunterricht gibt. Das funktioniert nur in enger Abstimmung mit den Schulen und ihren Lehrern. Der nächste Schritt ist vorprogrammiert: Unternehmen zeigen nicht nur Präsenz an bestehenden Schulen und Hochschulen, sondern gründen selbst welche. Oder tun sich mit anderen in einer Region für eine Gründung zusammen. Je mehr die deutschen Hochschulen im Vergleich zum Beispiel mit den Elite-Unis in den USA zurückfallen, desto mehr ist Initiative gefragt.

19. Platz für Individualität und Kreativität

Vorreiter: Apple, Unilever, dm-drogerie markt, W. L. Gore

Steve Jobs wollte bei Apple nie nur »die Braven und Angepassten«. Das gilt für viele Top-Unternehmen. Je bunter die Truppe, desto kreativer. Bei W. L. Gore dürfen Mitarbeiter auch scheinbar noch so verrückte Projekte verfolgen. Die Kette dm-drogerie markt lässt ihre Azubis und Mitarbeiter eigene Theaterstücke schreiben. Das ist nicht nur gut für die Kreativität, sondern fördert auch das Selbstbewusstsein. Jeder soll zu sich selbst stehen und sich Kunden gegenüber zeigen. Wichtig ist, dass die Stärke des Einzelnen und die Situation im Unternehmen optimal zusammenpassen. Wo das nicht der Fall ist, und das Unternehmen auch keine andere Stelle zu bieten hat, muss man über Trennung reden können. Solche Firmen sind nicht rücksichtslos, sondern sie helfen einem Menschen raus aus einer Looser-Position, und hinein in ein Umfeld, wo er sich wieder entwickeln kann. Je größer das Unternehmen, desto mehr Möglichkeiten gibt es in der Regel, Individualität und Kreativität zu leben. Bei Google ist man in der Vergangenheit so weit gegangen, für besonders kreative Köpfe eigens Stellen zu schaffen, wo eigentlich keine vorgesehen waren. Auf diese Weise kam Sheryl Sandberg zu Google. Die Chefs fanden sie einfach interessant und wollten, dass sie für Google arbeitet. Heute leitet Sheryl Sandberg das operative Geschäft von Facebook und wird zu den reichsten Frauen der Welt gezählt.

20. Überschaubare Teams

Vorreiter: W. L. Gore, Semco, Apple, Google

Die Besten der Besten arbeiten am liebsten in kleinen Teams, wo es kurze Kommunikationswege gibt und gute Ideen nicht in der Bürokratie versanden. Google hat zum Beispiel rund 52 000 Mitarbeiter, und trotzdem gibt es die »Zwei-Pizzen-Regel«: Wenn das Team von zwei Familienpizzen nicht satt wird, ist es zu groß. Auch W. L. Gore teilt größere Teams immer wieder in kleinere auf. Nicht Größe macht stark, sondern kleine schlagkräftige Teams sichern die Zukunft. Nicht das große Schiff, der schwerfällige Tanker, sondern Schnellboote sind gefragt. Bereits ein Mittelständler wie easySoft hat seine rund 60 Mitarbeiter auf mehrere Standorte aufgeteilt. In kleineren Teams gibt es einen viel größeren Zusammenhalt als in einer anonymen Bürokratie. Es gibt schnellere Entscheidungswege und ein höheres Maß an Kreativität. Wenn Sie sich die Architektur der neuen Arbeitswelt ansehen, dann werden Sie feststellen, dass auch diese das Arbeiten in kleinen Gruppen oft besonders begünstigt.

21. Verpflichtung auf Unternehmenswerte

Vorreiter: Apple, Google, tempus, domino-world, Upstalsboom

Gemeinsame Werte spielen für Top-Firmen eine Schlüsselrolle. Je mehr Freiheit einzelne Mitarbeiter haben, desto mehr sind Werte ein Kompass, der Orientierung gibt. Bei Google ist der Grundsatz »Tue nichts Böses« (do no evil) schon legendär. Die Altenpfleger von domino-world verpflichten sich auf »Die 10 domino-Regeln«, und hier bei tempus haben wir Wertekärtchen für alle Mitarbeiter. Es gibt ein verbreitetes Missverständnis: Werte definiert man einmal, um sie sich dann an die Wand zu hängen beziehungsweise sich im Internet damit zu schmücken. Wertekataloge, die nicht gelebt werden, gehen allerdings nach hinten los. Es ist wichtig, wirklich an gemeinsamen Werten zu arbeiten und diese dann auch zu leben. Manche Unternehmen entscheiden sich bewusst für christliche Werte – auch das kann Menschen verbinden und zu besonderen Leistungen motivieren. Jack Welch hat Wahrhaftigkeit und Vertrauen zu seinen obersten Werten erklärt und diese seinen Mitarbeitern immer wieder vorgelebt.

22. Wertschätzung für ältere Mitarbeiter

Vorreiter: Festo, Phoenix Contact

Alle wollen die besten Azubis und Hochschulabsolventen – dabei wissen Top-Unternehmen längst auch das Wissen und die Erfahrung der älteren Generation zu schätzen. Phoenix Contact etwa stellt gezielt Ältere ein, die zum Beispiel durch eine Insolvenz ihren Job verloren haben. Leuchtturm ist Festo mit seiner strukturierten »Ausarbeitungszeit« für ältere Mitarbeiter. Generell wird die Wertschätzung für ältere Mitarbeiter in den nächsten Jahren zunehmen. Wir können es uns nicht erlauben, auf ihre Erfahrung und auf ihre Fähigkeiten zu verzichten. Außerdem wollen heute immer mehr Ältere länger arbeiten und noch etwas Sinnvolles tun. Möglichst früh in Rente zu gehen ist für viele nicht mehr attraktiv. Ältere Menschen sind heute fitter und gesünder als früher. Unternehmen sollten darauf eingehen und entsprechende Angebote machen.

23. Kultur der Augenhöhe

Vorreiter: W. L. Gore, Semco, Mars, Upstalsboom

In exzellenten Unternehmen beobachten wir oft einen besonderen zwischenmenschlichen Umgang. Die Hierarchien sind flach, und alle bewegen sich auf Augenhöhe. Jeder wird wertgeschätzt für das, was er kann. Vertrauen entsteht da, wo Vorgesetzte bereit sind, etwas von ihrer Autorität abzugeben. Der Mitarbeiter hat jetzt die Chance, in diesen Bereich reinzuwachsen. Dabei können die Anfänge ruhig ganz bescheiden sein. Eine Box für Verbesserungsvorschläge, von der der Mitarbeiter weiß, dass sie regelmäßig geleert wird und die Vorschläge sorgfältig bedacht werden, ist ein Beispiel für einen ersten Schritt. Fragen Sie Ihre Mitarbeiter immer wieder: Was würdet ihr anders machen, wenn es eure Firma wäre? Oder: Wenn du 100 000 Euro zur freien Verfügung hättest, wofür würdest du die investieren? Statussymbole haben immer öfter ausgedient. Erfolge werden gemeinsam gefeiert, Gewinne miteinander geteilt. So werden Mitarbeiter zu Mit-Unternehmern. Und noch etwas: Augenhöhe zeigt sich oft in kleinen Dingen. Nehme ich andere Menschen wahr oder nicht? Bei der Probezeit im Hotel Schindlerhof wird zum Beispiel genau beobachtet, ob ein Azubi oder ein neuer Mitarbeiter nur seine Vorgesetzten grüßt oder alle Kollegen, bis hin zur Putzfrau.

24. Führen mit Zielen

Vorreiter: Apple, tempus, Festo, General Electric

Ziele sind erfolgsentscheidend. Es ist heute allerdings immer wieder davon die Rede, dass man nichts planen könne. Man müsse sich an den Kundenwünschen orientieren, Konsensprodukte herstellen und sich schrittweise vorantasten. Firmen wie zum Beispiel Apple sehen das ganz anders: Dort werden zielgerichtete Mehrjahrespläne aufgestellt und anschließend umgesetzt. So entstehen neue Produkte, die sich beinahe spielend verkaufen lassen. Die in diesem Buch beschriebenen Unternehmen würden in aller Regel sagen, dass man die Welt nicht durch Diskussionsgruppen verändert, sondern durch sorgfältige Planung. Nicht »der Weg ist das Ziel«, sondern »das Ziel ist das Ziel«. Jeder Mitarbeiter, egal ob Chef, Sachbearbeiter oder Auszubildender, hat sich in den erfolgreichsten Unternehmen zu messbaren und machbaren Zielen verpflichtet. Das Leben ist eben kein Glücksspiel.

25. »Unfaire« Bezahlung

Vorreiter: Google, Yahoo, tempus, Chick-fil-A, Semco

Das Prinzip »Bezahle unfair« wird von Google mit dem Schlagwort »pay unfairly« ins Extrem getrieben. Aus der Erkenntnis heraus, dass es in einem Unternehmen letztlich nur wenige AAA-Mitarbeiter gibt, die ganz überproportional am Erfolg des Unternehmens beteiligt sind, rechtfertigen sich enorme Gehaltsunterschiede. Vereinfacht könnte man auch hier von der 20-80-Regel sprechen. 20 Prozent der Mitarbeiter sind zu 80 Prozent für den Erfolg des Unternehmens verantwortlich. Die Mathematiker und akribischen Statistiker bei Google haben Folgendes errechnet: Das oberste 1 Prozent der Mitarbeiter ist für 10 Prozent des Erfolges verantwortlich, und die besten 5 Prozent der Mitarbeiter sind für 26 Prozent des Erfolges verantwortlich. Warum dann nicht einen Mitarbeiter, der das Vierfache am Erfolg bringt, nicht auch vierfach bezahlen? Nicht nur im Silicon Valley wird Google um dieses System beneidet. Mit Geld kann man deshalb keinen Mitarbeiter von Google abwerben. Andere Firmen, die wir in unserem Buch beschrieben haben, sind da weniger radikal. Aber eines haben alle gemeinsam, nämlich die Erkenntnis, dass ein Top-Mitarbeiter, egal wie viel Sie ihm bezahlen, immer unterbezahlt ist. Und ein schlechter Mitarbeiter immer überbezahlt ist, egal wie wenig Sie ihm bezahlen.

In unserer Online-Mediathek zum Buch unter www.geheimnis-der-champions.de/mediathek finden Sie eine Fülle von kostenlosen Zusatzangeboten: Formulare und Vorlagen, Videos, Artikel, Buchtipps und mehr!

Zum Schluss

Wir hoffen, mit diesem Buch »das Geheimnis der Champions« ein kleines Stück entschlüsselt zu haben. Wenn den Chefs im Silicon Valley vorgeworfen wird, dass sie den Großteil ihrer Zeit mit dem Thema Personal und Recruiting verbringen und diese antworten »Das ist okay, denn dafür werden wir bezahlt«, dann wissen Sie jetzt vielleicht ein wenig besser, warum die Antwort so ausfällt.

Unserer Erfahrung nach sind die beiden längsten Hebel ABC-Mitarbeiterbeurteilung (ABC) und die Arbeit mit messbaren und machbaren Zielen. Das sind die stärksten Beschleuniger.

Viele weitere Materialien und Anregungen finden Sie auf unserer Buchwebseite www.geheimnis-der-champions.de.

Und wenn Sie an irgendeiner Stelle noch mehr wissen möchten, dann schreiben Sie uns doch einfach eine E-Mail an j.knoblauch@tempus.de oder b.kuttler@tempus.de. Wir helfen Ihnen gerne weiter, ob mit einem kostenlosen Tipp oder einem Beratungsangebot.

Vergessen Sie nie: Der Weg an die Spitze dauert drei bis fünf Jahre. Und er ist unvermeidbar, denn allein 80-20-0-Unternehmen sind global wettbewerbsfähig. Wir, die Autoren, sagen das nicht als Theoretiker oder Wissenschaftler. Wir sind Praktiker, die jeden Tag in der Firma gefordert sind. Deshalb können wir aus Überzeugung sagen: Gute Saat bedingt gute Ernte. Was die 30 Firmen in diesem Buch vorleben, ist nachahmenswert. Ernten Sie reichlich!

Quellen

Wir danken allen Ansprechpartnern in den Unternehmen, die uns mit teils umfangreichen Materialien und Informationen unterstützt haben sowie telefonisch, per E-Mail und persönlich für Fragen zur Verfügung standen. Im Folgenden sind die wichtigsten frei zugänglichen Quellen aufgeführt, die wir darüber hinaus für dieses Buch verwendet haben. Bei englischsprachigen Büchern nennen wir hier, falls vorhanden, die deutsche Übersetzung, obwohl uns stets die Originalausgaben vorlagen.

Allgemein

Markus Albers: »Besuch bei Besserwissern« http://www.brandeins.de/archiv/2014/arbeit/gallup-markt-und-meinungsforschungsinstitut-besuch-bei-besserwissern/

Gary Hamel: *Worauf es jetzt ankommt! Erfolgreich in Zeiten kompromisslosen Wandels, brutalen Wettbewerbs und unaufhaltsamer Innovation.* Wiley-Verlag, 2012

Christoph Keese: *Silicon Valley. Was aus dem mächtigsten Tal der Welt auf uns zukommt.* Knaus-Verlag, 2014

Jörg Knoblauch: *Die Personalfalle. Schwaches Personalmanagement ruiniert Unternehmen.* Campus-Verlag, 2010

Jörg Knoblauch: *Die Chef-Falle. Wovor Führungskräfte sich in Acht nehmen müssen.* Campus-Verlag, 2013

Ruth Lemmer: »Mal mit, mal ohne HR«. *personalmagazin* 07/2014, S. 20f.

William Poundstone: *Are You Smart Enough to Work at Google? Trick Questions, Zen-like Riddles, Insanely Difficult Puzzles, and Other Devious Interviewing Techniques You Need to Know to Get a Job Anywhere in the New Economy.* Little, Brown and Company, 2012

Apple

Jay Elliot und William L. Simon: *Steve Jobs. iLeadership. Mit Charisma und Coolness an die Spitze.* Ariston-Verlag, 2011

Walter Isaacson: *Steve Jobs. Die autorisierte Biografie des Apple-Gründers.* C. Bertelsmann-Verlag, 2011

Luis Abreu: »700 Billion. My Experience Interviewing at Apple« https://lmjabreu.com/post/700-billion/
Benedikt Fuest: »So läuft ein Bewerbungsgespräch bei Apple« http://www.welt.de/wirtschaft/webwelt/article137863572/So-laeuft-ein-Bewerbungsgespraech-bei-Apple.html
Katrin Fischer: »Apple-Chef Tim Cook nimmt sich Zeit für Seele in Gersthofen« http://www.augsburger-allgemeine.de/wirtschaft/Apple-Chef-Tim-Cook-nimmt-sich-Zeit-fuer-Seele-in-Gersthofen-id33166197.html
Bill Taylor: »Was Sie von Steve Jobs lernen können«http://www.harvardbusinessmanager.de/blogs/a-790337.html
Sam Colt: »Here's what it's like to attend Apple's secret university« http://uk.businessinsider.com/heres-what-its-like-to-attend-apples-secret-university-2015-2?r=US

Chick-Fil-A

S. Truett Cathy: *Eat Mor' Chikin. Inspire More People*. Looking Glass Books, 2002

Coplaning

Daniel Mund: »Kunden werden Fans«. *Glaswelt* 08/2010, S. 26 ff.
N. N.: »Fensteranbieter Coplaning gewinnt europäischen Qualitätspreis« http://www.glaswelt.de/GLASWELT-Newsletter-2011-11/Fensteranbieter-Coplaning-gewinnt-europaeischen-Qualitaetspreis,QUlEPTMzNDU1NCZNSUQ9MzAwMDM.html

dm-drogerie markt

Götz W. Werner: *Womit ich nie gerechnet habe. Die Autobiographie*. Econ-Verlag, 2013
Sebastian Purps-Pardigol: »DM-DROGERIE MARKT«. Kulturwandel in Unternehmen und Organisationen – kulturwandel.org http://www.kulturwandel.org/content/die-unternehmen-des-gelingens/dm-drogerie-markt/
Lisa König: »Interview Erwin Harsch (dm): Praxiserfahrung kommt vor guten Noten«. *Frankfurter Allgemeine Hochschulanzeiger*, 16.04.2015

domino-world

Björn Engel: »Wahre Pflege kommt von innen« http://www.welt.de/sonderthemen/ludwig-erhard-preis/article122372648/Wahre-Pflege-kommt-von-innen.html
Kirsten Schiekiera: »Mitarbeiter wachküssen«. *kma Pflege* 03/2011, S. 24 ff.

Easysoft

Julia Wehmeier: »Bin ich ein guter Chef?« *impulse*, März 2015, S. 46 ff.

Festo

Stefan Dietl: »Attraktiver Arbeitgeber auch für Auszubildende – innovative Konzepte und Erfahrungen bei Festo«. In: Armin Trost (Hrsg.): *Employer Branding. Arbeitgeber positionieren und präsentieren.* Hermann Luchterhand-Verlag, 2010, S. 341 ff.

Hermann Neher: »Führen mit Zielen – eine integrierte Strategie in einem lernenden Unternehmen«. In: Markus-Oliver Schwaab, Günther Bergmann, Fritz Gairing und Meinulf Kolb (Hrsg.): *Führen mit Zielen. Konzepte – Erfahrungen – Erfolgsfaktoren.* Gabler-Verlag, 2010, S. 178 ff.

Peter Conrad und Peter Speck: »Employability«. In: Dieter Wagner und Susanne Herlt (Hrsg.): Perspektiven des Personalmanagements 2015. Gabler-Verlag, 2010, S. 165 ff.

Ulrike Heitze: »Hier bloggen Azubis« http://www.karriere.de/studium/hier-bloggen-azubis-7838/

General Electric

Jack Welch und Suzy Welch: *Winning. Das ist Management.* Campus-Verlag, 2. Aufl. 2014

Jack Welch und Suzy Welch: *The Real-Life MBA. Your No-BS Guide to Winning the Game, Building a Team, and Growing Your Career.* Harper Collins Publishers, 2015

Robert Slater: *Jack Welch & The G.E. Way. Management Insights and Leadership Secrets of the Legendary CEO.* McGraw-Hill Publisher, 1998

Miriam Rössig und Lars Reppesgaard: »Zuckerbrot und Peitsche« http://www.handelsblatt.com/unternehmen/management/belegschaft-muss-bei-verankerung-des-systems-mitspielen-zuckerbrot-und-peitsche/2273054.html

Google

Eric Schmidt und Jonathan Rosenberg: *Wie Google tickt.* Campus-Verlag, 2015

Laszlo Bock: *Work Rules! Insights from Inside Google That Will Transform How You Live and Lead.* Twelve Publishing, 2015

N. N. »Xing-Salabim – und raus bist du« http://www.faz.net/aktuell/beruf-chance/arbeitswelt/bewerbercheck-online-xing-salabim-und-raus-bist-du-13625568.html

N. N.: »Eric Schmidt zeigt, wie Google tickt« http://www.business-bestseller.com/magazin/eric-schmidt-zeigt-wie-google-tickt

N. N.: »Bewerbung bei Google: Muss es immer Harvard sein?«http://www.faz.net/aktuell/beruf-chance/arbeitswelt/bewerbung-bei-google-auch-ohne-elite-universitaetsabschluss-13538923.html

Logan Whiteside: »Google doesn't care where you went to college« http://money.cnn.com/2015/04/09/technology/google-people-laszlo-bock/

Happy Limited

Henry Stewart: *the happy manifesto. Make Your Organisation a Great Place to Work – Now!* Published by Happy, 40 Adler Street, London E1 1EE, 2012

Henry Stewart, Cathy Busani und James Moran: *Relax! A Happy Business Story. Get More from Your Business by Doing Less.* Published by Happy, 40 Adler Street, London E1 1EE, 2009

Stuart Crainer und Des Dearlove: »Virgin would Never Recruit Branson«. Interview mit Henry Stewart http://forbesindia.com/interview/the-thinkers-50/virgin-would-never-recruit-branson/5402/1

Mars

Joël Glenn Brenner: *The Emperors of Chocolate. Inside the Secret World of Hershey & Mars.* Random House, 1999

Silke Biester: »Mars nutzt HR-Tool für Lieferanten«. *Lebensmittel Zeitung* 08.01.2015

Maschinenringe

N. N.: »›After-School-Event‹ beim Maschinenring«. http://www.augsburger-allgemeine.de/neuburg/After-School-Event-beim-Maschinenring-id34746067.html

N. N. »Maschinenring ersteigert Legoland für 12 500 Euro« http://www.augsburger-allgemeine.de/schwabmuenchen/Maschinenring-ersteigert-Legoland-fuer-12-500-Euro-id4315571.html

Ingo Malcher: »Weniger ist mehr« http://www.brandeins.de/archiv/2009/arbeit/weniger-ist-mehr/

McKinsey

Dietmar Student: »Die McKinsey-Story« http://www.manager-magazin.de/finanzen/artikel/berater-50-jahre-mckinsey-in-deutschland-a-940230.html

Hannes Auer: »Adieu, McKinsey« http://www.zeit.de/2010/25/A-Unternehmungsberatung-McKinsey

Stefanie Sammet: »Blut, Schweiß und Träumen« http://www.focus.de/finanzen/karriere/bewerbung/tid-15455/recruiting-events-blut-schweiss-und-traeumen_aid_434066.html

Bärbel Schwertfeger: »MBA-Recruiting: McKinsey buhlt mit Maniküre um Frauen«http://www.mba-journal.de/mba-recruiting-mckinsey-buhlt-mit-manikuere-um-frauen/

Microsoft

Elke Frank und Thorsten Hübschen (beide Microsoft Deutschland): *Out of Office. Warum wir die Arbeit neu erfinden müssen.* Redline-Verlag, 2015

Alison Maitland und Peter Thomson: *Future Work. Changing organisational culture for the new world of work.* Palgrave Macmillan Publishers, 2. Aufl., 2014

Felix Wadewitz: »Hereinspaziert! Büro der Zukunft« *impulse*, März 2015, S. 81 ff.

N. N.: »Microsofts Mitarbeiter können arbeiten, wo sie wollen«http://www.faz.net/aktuell/wirtschaft/unternehmen/microsoft-schafft-anwesenheitspflicht-fuer-beschaeftigte-ab-13195180.html

Kerstin Dämon: »Büro der Zukunft: Arbeiten aus der Hängematte« http://www.wiwo.de/erfolg/beruf/buero-der-zukunft-arbeiten-aus-der-haengematte/5868470.html

Julia Graven: »Microsoft kippt Bewertung von ›Minderleistern‹«http://www.spiegel.de/karriere/berufsleben/minderleister-microsoft-schafft-bewertungssystem-ab-a-933372.html

Mindsquare

Thomas Tschörner: »Mindsquare ist Top-Arbeitgeber« http://www.haz.de/Hannover/Aus-der-Region/Seelze/Nachrichten/Mindsquare-ist-Top-Arbeitgeber-in-Seelze-Guemmer

Phoenix Contact

Olesch, Gunther: *Der Weg zum attraktiven Arbeitgeber. Employer Branding in der Unternehmenspraxis.* Haufe-Verlag, 2014

Ulrich Althauser: »Mit Empathie wirksam führen«. Interview mit Gunther Olesch. *Weiterbildung* 5/2012, S. 6 f.

tempusconsultingTV: »Personaler an den Vorstandstisch!« https://www.youtube.com/watch?v=n-giifiXOo0

ZVEI nachgefragt mit Prof. Dr. Gunther Olesch (Thema: Nachwuchs)https://www.youtube.com/watch?v=lmd_tND60gk

Gero Hesse: »Employer Branding bei Phoenix Contact – Interview mit Prof. Dr. Olesch« https://www.saatkorn.com/employer-branding-bei-phoenix-contact-interview-mit-prof-dr-olesch/

Katrin Kanellos: »Phoenix Contact: Kennenlernen mit Aha-Effekt« http://jobandcareer.de/phoenix-contact-kennenlernen-mit-aha-effekt/

Pike Place Fish

John Yokoyama und Joseph Michelli: *When Fish Fly: Lessons for Creating a Vital and Energized Workplace from the World Famous Pike Place Fish Market.* Hachette Books, 2004

Stephen C. Lundin, Harry Paul und John Christensen: *Fish! Ein ungew*öhnliches Motivationsbuch. Ueberreuter-Verlag, 2001

Lynda V. Mapes: »Famed fishmonger plans a sea change« http://www.seattletimes.com/seattle-news/famed-fishmonger-plans-a-sea-change/
DeAnn Rossetti: «Flying fish – Islander shares personal strategies for developing a successful business«http://www.whenfishfly.com/Mercer%20Island%20Reporter.htm

Resourceful Humans

Stefanie Krügl, Dirk Murschall, Daniel M. Richter (Hrsg.): *HR Innovation: Gemeinsam Unternehmenskultur umdenken.* Insight Innovation Press, 2014
Jan C. Weilbacher: »Der Sohn will die Revolution«. *Human Resources Manager* Juni/Juli 2012, S. 44 ff.

Ritz-Carlton

Tom Peters: *Der Wow!-Effekt: 200 Ideen für herausragende Erfolge.* Campus-Verlag, 1995
Nigel P. Beckett: »Qualitätsbewusstsein und Kundenorientierung der Mitarbeiter als Schlüssel zum Erfolg: Qualitätsmanagement bei der Ritz-Carlton Hotel Company« In: Armin Töpfer (Hrsg.): *Handbuch Kundenmanagement: Anforderungen, Prozesse, Zufriedenheit, Bindung und Wert von Kunden.* Springer-Verlag, 2008
Helge Bendl: »König Kollege«, *McK Wissen* 08, März 2004, S. 122 ff.
Bill Lampton: »My Pleasure – The Ritz-Carlton Hotel PART II« http://www.expertmagazine.com/EMOnline/RC/part2.htm

Schindlerhof

Klaus Kobjoll, Ulrich Scheiper, Markus Wiesmann: *max. Das revolutionäre Motivationskonzept.* Orell Füssli-Verlag, 2005
Klaus Kobjoll: *Motivaction. Begeisterung ist übertragbar.* Orell Füssli-Verlag, 1993
Klaus Kobjoll: *Virtuoses Marketing. Motivaction II.* Orell Füssli-Verlag, 1995

Semco

Ricardo Semler: *Das SEMCO System. Management ohne Manager.* Heyne, 1993
Ingo Malcher: »Mach es zu deinem Projekt!«http://www.brandeins.de/archiv/2010/nachfolge/mach-es-zu-deinem-projekt/

SICK

Bernd Konschak: »SICK AG – Die Evolution einer erfolgreichen Arbeitgebermarke«. In: Armin Trost (Hrsg.): *Employer Branding. Arbeitgeber positionieren und präsentieren.* Hermann Luchterhand-Verlag, 2010, S. 275 ff.

Martin-W. Buchenau, Hans-Jürgen Jakobs: »Der Wächter der schönen Mona Lisa« http://www.handelsblatt.com/unternehmen/mittelstand/hidden_champions/hidden-champion-sick-der-waechter-der-schoenen-mona-lisa-/10347272.html

N.N.: »Wer eine Rolle spielt, fliegt in der Probezeit auf«. Interview mit Andreas Griegerhttp://www.badische-zeitung.de/emmendingen/wer-eine-rolle-spielt-fliegt-in-der-probezeit-auf--50448833.html

Gunnar Knüpffer: »Sick steigert mit Employer Branding die Bewerberzahlen« http://www.produktion.de/veranstaltungen/sick-steigert-mit-employer-branding-die-bewerberzahlen/

Natalie Weirich: »Gewinner B2B Marketing Award 2014: This is Sick« http://www.marconomy.de/live/articles/461421/

tempus

Jörg Knoblauch und Jürgen Kurz: *Die besten Mitarbeiter finden und halten. Die ABC-Strategie nutzen.* 3., aktualisierte und erweiterte Auflage, Campus-Verlag, 2013

Thullesen

Kim Schöffler: »Florian W. – Ausbildung zum Dachdecker bei der Dachdeckerei Volker Thullesen« http://me2be.de/florian-3-ausbildungsjahr-bei-der-dachdeckerei-volker-thullesen/

Malte von Lüttichau: »Grundsteine für die Zukunft« http://www.ddh.de/grundsteine-fuer-die-zukunft/150/23123/

N. N.: »Dachdecker aus Neumünster ist bester Ausbilder« http://www.handwerk-magazin.de/dachdecker-aus-neumuenster-ist-bester-ausbilder-im-handwerk/150/5/116591

Unilever

Carmen Losmann: *Work hard, play hard* (Film). FilmKinoText / Schwarz Weiss Filmverleih, 2011

Kristin Schmidt: »Im Ampelsystem zum Chef aufsteigen« http://www.zeit.de/karriere/beruf/2012-10/management-chef-fuehrung-ampelprinzip/komplettansicht

Jo Diercks: »›unique.st‹ – der webbasierte Auswahltest von Unilever« http://blog.recrutainment.de/2011/09/14/unique-st-der-webbasierte-auswahltest-von-unilever/

Max Nisen: »What The World's 5th Most-In-Demand Employer Is Looking For« (Interview mit Paul Maxim) http://www.businessinsider.com/unilever-recruiting-strategy-2012-10?IR=T

Upstalsboom

Christoph Unrast: »Weckruf durch die Mitarbeiter«http://www.humanresourcesmanager.de/ressorts/artikel/weckruf-durch-die-mitarbeiter

Peter Laudenbach: »Wir haben keine Angst mehr« http://www.brandeins.de/archiv/2014/im-interesse-des-kunden/upstalsboom-hotels-bodo-janssen-wir-haben-keine-angst-mehr/

Sebastian Purps-Pardigol: »Upstalsboom«. Kulturwandel in Unternehmen und Organisationen – kulturwandel.orghttp://www.kulturwandel.org/content/die-unternehmen-des-gelingens/upstalsboom/

Kristian Gründling: *Der Upstalsboom Weg* (Film). Grünfilm Medienproduktion, 2014

Verkehrsbetriebe Zürich (VBZ)

Jörg Buckmann (Hrsg.): *Einstellungssache: Personalgewinnung mit Frechmut und Können. Frische Ideen für Personalmarketing und Employer Branding*. Springer-Gabler-Verlag, 2013

Jörg Buckmann: »Personalmarketing auf den Kopf gestellt: Die Vorgesetzten der Verkehrsbetriebe Zürich bewerben sich bei Interessenten.« In: Christoph Beck (Hrsg.): *Personalmarketing 2.0. Vom Employer Branding zum Recruiting*. Hermann Luchterhand Verlag, 2012

Jörg Buckmann: »Employer Branding: Unsichtbare Talente, kunstvoll inszeniert« http://buckmanngewinnt.ch/employer-branding-unsichtbare-talente-kunstvoll-inszeniert/

Kathrin Justen: »Wir hatten eigentlich mit mehr Gegenwind gerechnet«. Interview mit Jörg Buckmann http://www.humanresourcesmanager.de/ressorts/artikel/wir-hatten-eigentlich-mit-mehr-gegenwind-gerechnet

W.L. Gore

Doug Kirkpatrick: *Beyond Empowerment. The Age of the Self-Managed Organization*. Morning Star Self-Management Institute, 2011

Gerhard Hegmann: »Die seltsamste Firma in Deutschland kommt ohne Chef aus« http://www.welt.de/wirtschaft/article142907029/Die-seltsamste-Firma-in-Deutschland-kommt-ohne-Chef-aus.html

Willow Creek

Bill Hybels: *Die Kunst des Führens. Meine Führungsprinzipien auf den Punkt gebracht*. Gerth Medien, 2009

Bill Hybels: *Mutig führen*. Gerth Medien, 2002

Klaus Eickhoff: »I'm convinced, I'll come.« *WillowNetz* Nr. 4/2003, S. 5

Karsten Huhn: »Was sagt Bill Hybels seinen Kritikern?«http://www.advent-verlag.de/cms/cms/front_content.php?idart=3136

N. N.: »Landesbischof Ulrich Fischer: Methoden von Mega-Gemeinden an Volkskirche anpassen« http://www.ekiba.de/html/aktuell/aktuell_u.html?t=&&cataktuell=&m=5081&artikel=2303&stichwort_aktuell=&default=true
Fredmund Malik: »Freisetzung von Leistungsreserven« http://www.pfarrerverband.de/pfarrerblatt/archiv.php?a=show&id=3343

Yahoo

Nicholas Carlson: *Marissa Mayer and the Fight to Save Yahoo!* Twelve Publishing, 2015
Nicholas Carlson: »What Happened When Marissa Mayer Tried to Be Steve Jobs« http://www.nytimes.com/2014/12/21/magazine/what-happened-when-marissa-mayer-tried-to-be-steve-jobs.html?_r=1
Benedikt Fuest: »Yahoo-Chefin ist eine schlechte Steve-Jobs-Kopie«http://www.welt.de/wirtschaft/webwelt/article135985394/Yahoo-Chefin-ist-eine-schlechte-Steve-Jobs-Kopie.html